3 Antworten, die das Buch gibt

1   *Wie sieht der Arbeitsmarkt der Zukunft aus? Was wird ihn prägen?*

Die demografische Entwicklung wird nicht alleine die Koordinaten verändern: Wertewandel, atemberaubende Innovationsgeschwindigkeiten, lebenslanges Lernen auf höchstem Niveau und eine Informationsgesellschaft, die Kommunikation in virtueller Echtzeit ermöglicht, prägen die Arbeitswelt. Wie sich Arbeitgeber diesen Rahmenbedingungen erfolgreich stellen können, zeigt das Buch.

2   *Warum ist es so wichtig, dass die Mitarbeiter im Zentrum des strategischen Personalmanagements stehen?*

Nur motivierte und engagierte Mitarbeiter mit der richtigen Qualifikation können wirklich erfolgreich und nachhaltig für den Kunden Dienst leisten. Dazu muss der Mitarbeiter in den Fokus des Unternehmens rücken und zum Schlüsselspieler werden. Unternehmen, die das verstehen, können ihren Kunden einen wesentlichen Mehrwert bieten und damit wesentliche Wettbewerbsvorteile erzielen.

3   *Warum müssen Mitarbeiter jenseits von Geld und Status einen Sinn in ihrem Tun finden?*

Auch künftig werden Karriere- und Einkommensperspektiven eine wichtige Rolle spielen. Je mehr Wahlmöglichkeiten aber die Schlüsselspieler auf dem Arbeitsmarkt haben und je bewusster sie ihrem Werteempfinden nachgehen können, desto entscheidender wird die inhaltliche Komponente des Arbeitslebens. Sinn im eigenen Tun zu entdecken, entfacht Leidenschaft – und Leidenschaft ist die Grundlage für Engagement und Leistung.

Im Mittelpunkt steht der Mitarbeiter

Was die Arbeitswelt wirklich verändern wird

Christina Bösenberg, Bernhard Küppers

Haufe Gruppe
Freiburg · Berlin · München

Bibliografische Information der Deutschen Nationalbibliothek

Die Deutsche Nationalbibliothek verzeichnet diese Publikation in der Deutschen Nationalbibliografie; detaillierte bibliografische Daten sind im Internet über http://dnb.d-nb.de abrufbar.

ISBN: 978-3-648-02391-4   Bestell-Nr. 04464-0001

1. Auflage 2011

© 2011, Haufe-Lexware GmbH & Co. KG, Munzinger Straße 9, 79111 Freiburg
Niederlassung München
Redaktionsanschrift: Postfach, 82142 Planegg/München
Hausanschrift: Fraunhoferstraße 5, 82152 Planegg/München
Telefon: (089) 895 17-0
Telefax: (089) 895 17-290
www.haufe.de
online@haufe.de
Projektleitung und Produktmanagement: Ass. jur. Elvira Plitt

Lektorat und Desktop-Publishing: Helmut Haunreiter, 84533 Marktl
Umschlag: Grafikhaus, 80469 München
Druck: freiburger grafische betriebe, 79108 Freiburg

Zur Herstellung dieses Buches wurde alterungsbeständiges Papier verwendet.

Inhaltsverzeichnis

Warum dieses Buch entstanden ist

Welche Rolle spielt die Arbeit fürs Leben? Warum soll man sich engagieren und wofür? Was macht einen Arbeitgeber attraktiv? Was macht Sinn, was ist überhaupt Sinn? Und welche gesellschaftlichen Einflüsse wie z. B. der allgemeine Wertewandel, die Orientierung vom Geldwert hin zum Zeitwert, die demografische Entwicklung, das Aufeinandertreffen der Generationen X, Y, Z oder auch die rasante Innovationsgeschwindigkeit einer Wissensgesellschaft beeinflussen diese Aspekte und ihre Beziehungen zum Beruflichen?

Die Arbeitswelt der Zukunft stellt sich als ein komplexes Geflecht dar, zu dem es zahlreiche Fragen gibt. Auf der Suche nach Antworten überschreitet man schnell die Grenzen, die die Betriebswirtschaft mit ihren Disziplinen Strategie, Personal und Management sowie die (Wirtschafts-)Psychologie mit ihren Aspekten Motivation, Sinn und Veränderung ziehen. Klärende und weiterführende Antworten sind nur noch interdisziplinär möglich.

Die aus der beschriebenen Situation resultierende, fast tagtägliche, hochspannende Diskussion motivierte uns schließlich dazu, das vorliegende Buch zu verfassen. Mit unseren Antworten verweben wir grundlegende Theorie mit unseren persönlichen Erfahrungen, die wir in jahrelanger Praxis gesammelt haben.

Christina Bösenberg und Bernhard Küppers

Einleitung

Einhundertfünfundzwanzig Milliarden Euro an volkswirtschaftlichen Kosten – so schätzt die Gallup GmbH im Rahmen ihres Engagement Index Deutschland 2010 – entstehen jährlich aufgrund innerer Kündigung von Mitarbeitern, die ihr Engagement wegen geringer emotionaler Bindung ihrem Arbeitgeber gegenüber herunterfahren[1].

125.000.000.000 Euro – das ist fast so viel wie der Gesamtetat des Bundesministeriums für Arbeit und Soziales 2011 und auf jeden Fall deutlich mehr als die zu knapp 90 Mrd. Euro addierten Gewinne aller DAX-30-Unternehmen im Nachkrisenjahr 2010. Um diesen Ertrag zu erwirtschaften, engagierten die 30 Weltkonzerne über 3,7 Millionen Mitarbeiter weltweit[2]. Aber: Engagierten sie auch engagierte Mitarbeiter? Wie kann dieser gewaltige Schatz, diese enorme Reserve an ungenutztem Potenzial gehoben werden – zum Nutzen der Volkswirtschaft und auch jedes Einzelnen selbst?

Der gesellschaftliche Wandel ist ein zentrales Thema zu Beginn des neuen Jahrtausends. Ganz gleich, ob in Politik, Wirtschaft, Wissenschaft, Medien oder im Privatleben – überall beherrschen Werte- und Wachstumsdiskussionen unser Denken. Angetrieben auch von einschneidenden Finanzmarktkrisen, Energie- und Versorgungsdebatten verschärft sich derzeit die gesellschaftliche Diskussion.

Dass die demografische Entwicklung nachhaltige Auswirkungen auf die Sozialversicherungssysteme und den Arbeitsmarkt haben wird, ist offenkundig – für den Einzelnen und für das Gesamtsystem in Europa sowie in Japan, Nordamerika, Australien und Neuseeland.

Einig ist man sich, dass die Wettbewerbsfähigkeit und die Produktivität der Volkswirtschaften mit zu niedriger Geburtenrate auf dem Spiel stehen, wenn nicht zügig und grundsätzlich die Potenziale aller Erwerbsfähigen gleichermaßen gesehen und gezielt eingesetzt werden. Für Unternehmer, Unternehmen, die Personalabteilung und jeden Einzelnen in der Arbeitswelt besteht akuter Handlungsbedarf, den wir in diesem Buch von verschiedenen Seiten praktisch und theoretisch beleuchten werden.

1 Wertewandel und unbegrenzter Informationszugang

Aufgrund der globalen Vernetzung sind wir verfügbarer denn je und die Möglichkeit, an Informationen jeder Art zu gelangen, hat sich immens erhöht. Der vereinfachte Zugang zu jeder Art von Information auf der Welt macht die Menschen aufgeklärter und transparenter in ihrem Umfeld – lokal wie global. Gleichzeitig

---

[1] Gallup-Studie: Engagement Index Deutschland 2010, Pressegespräch Marco Nink, 9. Februar 2011, S. 9.
[2] Ernst & Young 2011: Entwicklung der Dax-30-Unternehmen 2009/2010, Eine Analyse wichtiger Bilanzkennzahlen, S. 10 und S. 16 (Gewinn hier: Jahresüberschuss vor Steuern).

überschwemmen diese Informationen die virtuellen Posteingänge und überfordern weite Teile der Gesellschaft.

Mobilität und Unabhängigkeit nehmen für bestimmte Gesellschaftsgruppen zu, gleichzeitig verringern sie sich für andere. Fach- und Führungskräfte haben zum Teil glänzende berufliche Perspektiven, während andere Mitglieder der Gesellschaft kaum welche zu haben scheinen. Wohlstand entwickelt sich nicht kongruent und die gesellschaftliche Schere öffnet sich weiter. Jenseits von jeglicher Bewertung findet, wohin man sieht, ein schneller Wandel statt.

Ändert sich die Gesellschaft, bewegt sich jeder Einzelne mit – oder andersherum gedacht: Weil sich jeder Einzelne bewegt, ändert sich die Gesellschaft. Es ist müßig und irrelevant, die Huhn- und Ei-Frage zu klären, denn dass sich beide Faktoren bedingen, ist zwingend und logisch.

Auch die mit dem Begriff Wachstum verbundenen Vorstellungen wandeln sich: Lag früher der Fokus auf bloßem materiellem Wachstum, zeigt sich inzwischen, dass qualitatives Wachstum immer stärker ins Blickfeld reifer Volkswirtschaften rückt. So beschreibt Meinhard Miegel[3] eindrücklich die Grenzen des konventionellen Wachstumsdenkens. Der britische Premier David Cameron[4] beauftragt die Statistiker zur Messung des Glücksbefindens seiner Landsleute und der Ökonom Stefan Bergheim[5], Gründer des Zentrums für gesellschaftlichen Fortschritt, hat einen neuen Index zum Messen und Vergleichen des jeweiligen Wohlbefindens eines Landes entwickelt. Wohlgemerkt: Ein Fortschrittsindex auf hochwissenschaftlicher Basis für über 20 Industrieländer – mit Deutschland im letzten Drittel des Rankings!

Es wundert daher kaum, wenn die makroökonomischen Betrachtungen mittlerweile in die mikroökonomischen übergehen, wenn sich volkswirtschaftliche Dimensionen auf der individuellen Ebene wieder finden, wenn fortschrittsorientierte Volkswirte wie Dr. Stefan Bergheim auf die bewährte Maslowsche Bedürfnispyramide[6] treffen. Doch fehlt hier nicht bei genauerer Betrachtung noch ein Bindeglied in unserer Industriegesellschaft? Es fehlt, und zwar handelt es sich dabei um die Unternehmen. Sie verbinden das makroökonomische Gesamtsystem mit dem Einzelnen. Und gerade dieses Bindeglied wird ein zentrales Thema dieses Buches sein.

---

[3] Miegel, M.: Exit – Wohlstand ohne Wachstum, Berlin Propyläen, 2010.

[4] Kielinger, T.: Sind Sie eigentlich glücklich? Der britische Premier Cameron will den Glücksindex der Gesellschaft messen. In: Die Welt v. 26.11.2019, S. 1.

[5] Bergheim, S.: Fortschrittsindex, Den Fortschritt messen und vergleichen, Zentrum für gesellschaftlichen Fortschritt, 2010. Faktoren der Zufriedenheit sind u. a. mentale und physische Gesundheit, Arbeitszufriedenheit, Bildungsniveau, abwechslungsreiche Aktivitäten, Sinn (im Leben, im Tun etc.), Dankbarkeit und Reflexion des eigenen Glücks, ebenda S. 10.

[6] Bedürfnispyramide nach Maslow: Grundbedürfnisse, Sicherheit, soziale Beziehung, soziale Anerkennung, Selbstverwirklichung.

2 Ein Paradigmenwechsel in viraler Ausbreitung

Auch über die Institution „Unternehmung" reflektieren immer häufiger und immer hörbarer die strategischen und gesellschaftlichen Vordenker.

Im Jahre 2002 verlieh die Nobelstiftung ihren Nobelpreis für Wirtschaft einem Mann, der nicht einmal Wirtschaftswissenschaftler ist, sondern Psychologe: Daniel Kahneman. Sie manifestierte damit eine signifikante Bewegung in Richtung Menschlichkeit in der Wirtschaft, die einen Paradigmenwechsel offiziell machte.

Der israelisch-US-amerikanische Psychologe Kahneman entwickelte die „Prospect Theory", im Deutschen auch „Neue Erwartungstheorie" genannt, als eine psychologisch realistischere Alternative zu der bis in die 2000er-Jahre vorherrschenden Erwartungsnutzentheorie im Sinne Taylors.[7] Kahneman lieferte so einen bahnbrechenden Beitrag zur Verhaltensökonomie und zum besseren Verständnis dessen, dass wir Menschen nicht nur rationale Rechner sind. Es ist vielmehr so, dass uns Aspekte wie Fair Play, der Wunsch nach Rache oder das Bedürfnis, einen positiven Beitrag für das größere Ganze – d. h. die Gemeinschaft, die Kommune, das Unternehmen – zu leisten, deutlich stärker antreiben als die Ratio.[8]

Bis dahin lehrte die Volkswirtschaft relativ einheitlich, dass wir permanent die Vor- und Nachteile unserer Handlungen abwägen und rational ausrechnen, was das Beste für uns sei, im Sinne des wirtschaftlichen Eigeninteresses. Dieses Bild des rationalen Menschen, der seine Entscheidungen auf der Grundlage von Informationen so trifft, dass Kosten minimiert und der Nutzen für ihn maximiert wird (der Homo oeconomicus) ist mittlerweile von allen wissenschaftlichen Disziplinen widerlegt und allgemein als dem tayloristischen Zeitalter zugehörig eingestuft.

Menschen werden weitgehend von intrinsischer Motivation gesteuert und haben das Bedürfnis, einen Beitrag zum Wohl des größeren Ganzen zu leisten, also etwas zu tun, das über das reine Eigeninteresse hinausgeht, und ihre Intelligenz und Fähigkeiten gezielt einzusetzen mit Freiraum für eigene Entscheidungen. Das unterscheidet uns vom Bild des Wirtschaftsroboters, welches das letzte Jahrhundert dominierte und zu einer eher maschinistischen Sichtweise auf Organisationen führte.

---

[7] Der US-Amerikaner Frederick Winslow Taylor (1856–1915) begründete das Prinzip einer Prozesssteuerung von Arbeitsabläufen, das den Menschen als ein roboterähnliches Wesen sah, das ausschließlich durch externe Motivatoren zu steuern sei (Begriff: Scientific Management). Prinzipien des Taylorismus waren z. B. detaillierte Vorgabe der Arbeitsmethode, exakte Fixierung des Leistungsorts und des Leistungszeitpunkts, extrem detaillierte und zerlegte Arbeitsaufgaben, Einwegkommunikation mit festgelegten und engen Inhalten, detaillierte Zielvorgaben bei für den Einzelnen nicht erkennbarem Zusammenhang zum Unternehmungsziel sowie externe (Qualitäts-)Kontrolle. Der Begriff Taylorismus entstand, wird heutzutage jedoch in vorwiegend kritischem Kontext verwendet. Vgl. auch Wikipedia.

[8] Kahneman, D. und Tversky, A. (Hrsg.): Choices, values and frames, Cambridge University Press, Cambridge 2000, S. 44 – 66. Die „Prospect Theory" entwickelte der Wissenschaftler der Pricton University Kahneman zusammen mit Amos Tversky.

Interessant ist, dass trotz des Paradigmenwechsels sehr viele Belohnungssysteme der Human Resources für Individuen sowie auch viele Managementansätze für Organisationen im Kern immer noch auf den taylorschen Prinzipien beruhen (vgl. auch Fußnote 7).

Dennoch ist der Paradigmenwechsel weithin sichtbar. Mats Lederhausen, Investor und ehemaliges Vorstandsmitglied von McDonald´s sagte im Jahre 2007: „Ich glaube aus vollem Herzen, dass eine neue Art von Kapitalismus in Erscheinung tritt. Immer mehr Interessengruppen (Kunden, Mitarbeiter, Aktionäre und die größere Gemeinschaft) möchten, dass ... ihre Unternehmen einen wichtigeren Zweck erfüllen, als lediglich ein Produkt auf den Markt zu bringen."

Mats Lederhausen gründete konsequenterweise ein Investmenthaus, das Unternehmen unterstützt, die für einen größeren gesellschaftlichen Zweck arbeiten, der jenseits ihres Produktes liegt.[9]

Der Managementguru Peter Drucker[10] hat seit jeher die Existenzberechtigung von Unternehmen mit ihrem Nutzen für die Gemeinschaft, in die es eingebettet ist, begründet (und demnach mit weit mehr als der bloßen Gewinnerzielung). Gemeinsame Werte („Shared Value") zu schaffen ist für Harvard-Professor Michael E. Porter eine zentrale Aufgabe des Unternehmens – weit über das eindimensionale Gewinnstreben hinaus.[11]

Und Muhammad Yunus hat gar für seine bestechende Idee des „Social Business" im Jahr 2006 den Friedensnobelpreis erhalten. Yunus ging einen sicherlich radikalen Schritt weiter als die Managementgurus der 1990er-Jahre, indem er ein Sozialziel (mit dem Probleme der Armut beseitigt werden sollten) zum Unternehmenszweck definierte. Dieses Sozialziel sollte aber zwingend mit der Nebenbedingung eines positiven Unternehmensergebnisses erreicht werden. Der Gewinn als helfender, untergeordneter Diener![12] Eine faszinierende Idee, aufgegriffen bereits von Danone, BASF oder auch Adidas in Kooperation mit Yunus und der Grameen Bank. Eine Idee, die genauso spektakulär ist wie der Friedensnobelpreis für einen Banker (Yunus) oder der Wirtschaftsnobelpreis für einen Psychologen (Kahneman)!

---

[9] Nach vielen Jahren sowohl als Joint-Venture-Partner als auch als Mitglied des Vorstandes der McDonald's Corp. gründete Mats Lederhausen BE-CAUSE, ein Unternehmen fokussiert darauf, ein Geschäft zu entwickeln mit einem Zweck, der über das jeweilige Produkt hinausgeht. Dieser Fokus kommt aus dem starken Glauben, dass ein übergeordneter Sinn im heutigen Markt überragend wichtig ist. Die Mission von BE-CAUSE ist es, in Unternehmen zu investieren, die bereits getestete und vielversprechende Aspirationen jedweder Art skalieren möchten: www.be-cause.com

[10] Drucker, P. F. und Maciariello, J. A.: The Daily Drucker – Social Purpose of Society, HarperBusiness New York 2004.

[11] Porter, M. E. und Kramer, M. R.: The big idea: Creating shared value, Harvard Business Review 2011.

[12] Yunus, M.: Creating a World without Poverty: Social Business and the Future of Capitalism, Perseus Books New York 2009.

Das „Fourth Sector Network", das in den USA und in Dänemark entstanden ist, vernetzt und fördert Organisationen mit Hybridkonzept. Diese müssen sich wirtschaftlich selbst erhalten und gleichzeitig einem gesellschaftlichen Nutzen dienen. Ein Beispiel hierfür ist z. B. die Mozilla Corporation, die auf einer Stiftung basiert. Ihr Webbrowser „Firefox" ist als Open Source Produkt for Benefit aufgebaut. Der vierte Sektor wird in Abgrenzung zum privaten (for profit), zum sozialen (not for profit) und zum öffentlichen (öffentlicher Dienst, Regierung) Sektor gesetzt.[13] Viele der im letzten Jahrzehnt neu entstandenen Unternehmen haben sichtbar und von Beginn an soziale und umweltrelevante Ziele mit ihren wirtschaftlichen Zielen gemischt und diverse andere Unternehmen, die vorher rein wirtschaftlich orientiert waren, integrieren derzeit Aspekte davon. Ausdruck findet dieser Trend z. B. in Corporate Social Responsibility, Microfinance-Projekten, Philanthropie-Ansätzen, Nachhaltigkeitskonzepten.

Der gesellschaftlichen Norm entsprechen Open-Source-Produkte und nicht nur auf Gewinn ausgerichtete Unternehmen sicher noch nicht. Dennoch, auf den meisten gesellschaftlichen Ebenen ändern sich die Dinge: Wertewandel, klar absehbare demografische Entwicklungen, Paradigmenwechsel in der Wirtschaft und in den Human Resources Konzepten. „Da draußen entsteht eine Bewegung, ohne dabei als Bewegung erkannt zu werden", so fasst es Todd Johnson, ein auf den Fourth-Sector spezialisierter Rechtsanwalt aus San Francisco, in der New York Times zusammen.[14] Die rein gewinnmaximierenden Konzepte des letzten Jahrtausends geraten offenbar Stück für Stück in den Hintergrund. Nicht erst seit dem Nobelpreis für Kahneman scheinen sie einfach nicht mehr den gültigen Grundprinzipien unserer Gemeinschaft zu entsprechen. Generell sind sie schlicht und einfach falsch und wissenschaftlich überholt. Vieles deutet darauf hin, dass die Gewinnmaximierer von einer neuen Generation der Sinnmaximierer[15] abgelöst werden.

3 Die Systembalance in Wirtschaft und Gesellschaft wankt

Welche konkreten Auswirkungen sind im Bereich der Betriebswirtschaft für die Unternehmen zu erwarten oder gar schon zu beobachten? Auswirkungen als Folge von gesteigertem Wertebewusstsein, sehr schnellen Informations- und Innovationszyklen sowie der vielen Veränderungen, die auf Mitarbeiterebene eben nicht mehr „Top-down" weitergeben werden können?

Die Systembalance von Shareholdern, Stakeholdern, Kunden, Mitarbeitern und Gesellschaft hat in vielen Bereichen Schlagseite. Die Grundprinzipien unserer Gemeinschaft standen hier lange nicht im Mittelpunkt. Doch was gilt in Zukunft?

---

[13] www.fourthsector.net

[14] Strom, S.: Businesses Try to Make Money and Save the World, New York Times, 06. Mai 2007.

[15] Pink, D. H.: Drive – Was sie wirklich motiviert. Ecowin, Salzburg 2009.

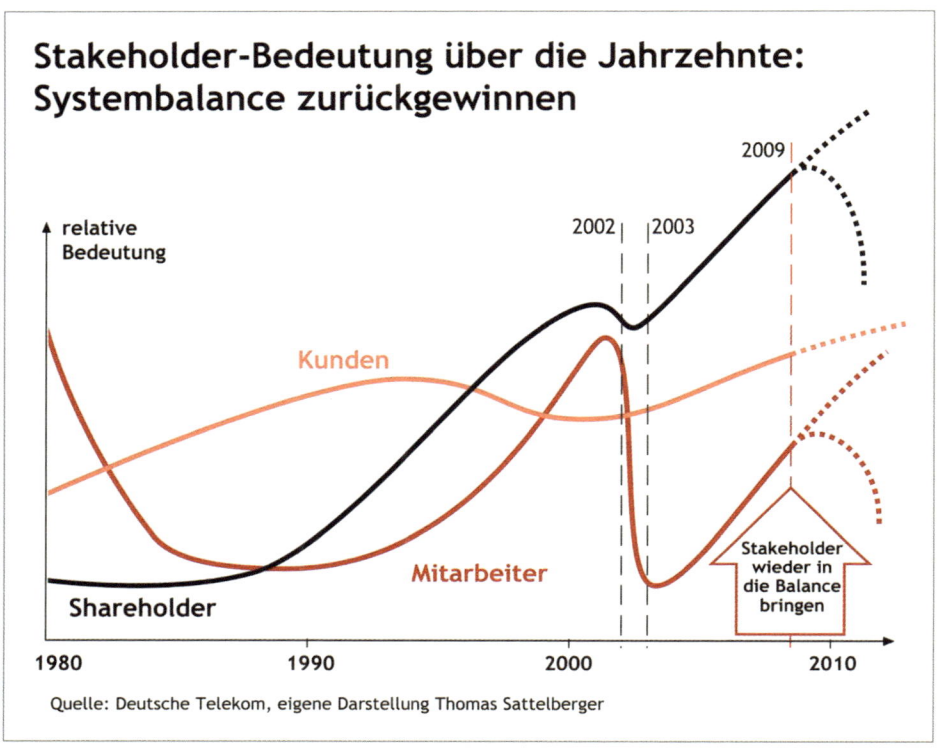

Abb. 1: Systembalance zurückgewinnen[16]

Wer arbeitet für wen und was, für den Gewinn oder für den Kunden? Entsteht Gewinn nur dann, wenn der Kunde zufrieden ist? Und wie steht es um die adäquate Verzinsung für die Kapitalgeber, die Shareholder? Und fehlt da nicht noch etwas? Wer dient dem König Kunde, macht Umsatz und erwirtschaftet auf diese Weise eine entsprechende Kapitalverzinsung? Gegen Gehalt und Einkommen natürlich. Sicherlich ist dieses Stakkato etwas kurz gesprungen. Aber die Diskussion über die (aufkommende) Situation für die Fach- und Führungskräfte unseres Wirtschaftssystems wird uns in den nächsten Jahren beschäftigen, und zwar zunehmend stärker.
Entscheidend ist, dass sich die Situation der Schlüsselspieler vieler Unternehmen deutlich verbessern wird. Die Demografie tut das ihrige, der steigende Bedarf durch den Ausbau qualifizierter Arbeitsplätze wirkt verschärfend. Eine Schere öffnet sich, das Angebot an qualifizierten Fachkräften sinkt und trifft gleichzeitig auf steigende Nachfrage. Diese Situation trifft natürlich nicht auf alle Berufe gleichermaßen zu und auch nicht in gleicher Form auf alle Hochqualifizierten. Das (Selbst-)Bewusst-

---

[16] Sattelberger, T.: Mens sana in corpore sane, Vortrag Netzwerktreffen Selbst-GmbH, 26. Mai 2011, Köln.

sein jedoch wird sich verändern, nicht nur bei den Schlüsselspielern. Thomas Sattelberger skizziert die aktuelle Systembalance anschaulich (vgl. Abb. 1) und legt den Finger in die richtige Wunde.

In diesem Zusammenhang stellt sich eine grundsätzliche Frage: Wer sind eigentlich die bereits zitierten Schlüsselspieler? Wer sind diejenigen, die sich ihren Arbeitgeber „aussuchen" können? Sind es die umworbenen Berufsgruppen der Mathematiker, Ingenieure, Naturwissenschaftler und Techniker? Sind es Ärzte, die händeringend gerade in ländlichen Gebieten gesucht werden? Sind es die Angehörigen der jungen Generationen Y oder nunmehr Z, die sich in spielerischer Virtuosität in den virtuellen Realitäten bewegen? Oder ist es die mehrsprachige Akademikerelite, die mit Mitte 20 den Bachelor, Master und auch die Promotion mit summa cum laude abgeschlossen hat?

Schlüsselspieler sind all diejenigen, für die die Zahl der offenen Stellen größer als die Zahl der interessierten Bewerber ist. Es sind auch grundsätzlich diejenigen, die aufgrund besonderer Fähigkeiten und Fertigkeiten, speziellen Know-hows, besonderer Erfahrungen oder zentraler Kundenbeziehungen für ein Unternehmen eine wichtige Bedeutung haben und deshalb nicht leicht zu ersetzen sind.
Schlüsselspieler finden sich unter den Jüngeren wie Älteren, Frauen wie Männern, Akademikern, Handwerkern, Sacharbeitern, in der Führungsriege wie auch am Fließband oder am Kundenschalter. Jedes Unternehmensziel kann nur mit Menschen erreicht werden, die ihr Engagement optimal entfalten und einbringen.

Schlüsselspieler findet man also in den unterschiedlichsten Unternehmensbereichen. Deshalb sind in der Regel nicht nur die Fachqualifikationen ausschlaggebend, sondern auch Metakompetenzen wie
- unternehmerisches Denken,
- Teamfähigkeit,
- Konfliktfähigkeit und
- eine gesunde innere Haltung.

Wer also Schlüsselspieler im Gerangel um Fachkräfte ist, sollte von jeder Organisation personalstrategisch ermittelt werden und bekannt sein. Wenn Schlüsselspieler nämlich erst dann als solche erkannt werden, wenn sie dem Unternehmen verloren gegangen sind, steigen die Kompensations- und Folgekosten häufig in erheblichem Maße.
Einen Schlüsselspieler zu kennen, heißt aber, mehr als nur seinen Namen und seine Funktion zu wissen. Kennen heißt hier, den Mitarbeiter als Person mit Interessen und Eigenschaften, mit seinen Potenzialen, Stärken und Schwächen, mit seinen Wünschen und auch Bedürfnissen an sein Arbeitsumfeld einschätzen, unterstützen und auch wertschätzen zu können.

Doch zurück zur wankenden Systembalance. Es ist schwierig, komplexe Systeme wirklich sinnvoll durch Außeneinwirkung zu balancieren. Beispiele für diese Schwierigkeiten finden sich im Verbraucherschutz. Regulierung und gesetzliche Regelungen haben immense Dimensionen erreicht (es muss sie geben, keine Frage). Irgendwann wird jedoch das Kind mit dem Bade ausgeschüttet und der Nutzen wird zum Schaden.

Ein weiteres Beispiel für eine nicht optimale Balance ist die Situation in der medizinischen Versorgung. Die politischen Entscheidungen zur stärkeren Reglementierung haben deutliche Spuren hinterlassen. War der Arztberuf früher einer der begehrtesten überhaupt, geht der Ärztenachwuchs in Deutschland nahezu gegen null, vor allem in strukturschwachen Regionen. Hat die Regulierung am Ende dem Patienten geholfen? Mitnichten. Und so könnte man an dieser Stelle eine Branche und ein Berufsbild nach dem anderen aufführen – mit stets dem gleichen Ergebnis bzw. dem sich ausbildenden Prozess.

Der Fachkräftemangel – Ende des 20. Jahrhunderts berühmt geworden unter dem sogenannten „Schweinezyklus"[17] – hat keine Antizyklen mehr. Die Systembalance ist auch hier nicht gegeben.

„Der Fachkräftemangel ist die stärkste Bedrohung für Wohlstand und Wirtschaft auf mittlere Sicht", sagte Arbeitsministerin Ursula von der Leyen im Juni 2011. „Uns geht nicht die Arbeit aus, uns gehen die Menschen aus, die gute und qualifizierte Arbeit machen können."[18] Das Fachkräftekonzept der Bundesregierung setzt u. a. auf eine Ausweitung der Erwerbstätigkeit von Frauen und älteren Menschen sowie auf höhere Bildungsanstrengungen für Jüngere, um etwa die Zahl der Schulabbrecher zu halbieren.

Wenn in weniger als 20 Jahren über 30 Prozent aller Arbeitsplätze von Akademikern besetzt werden, dann ist das ein Zeichen dafür, dass Wohlstand eine hohe Bildung nach sich zieht. Es ist auch ein Zeichen dafür, dass die Anforderungen an die Berufsbilder weiter steigen und dabei eine Reihe von Arbeitsplätzen für Hochqualifizierte entstehen, die zahlenmäßig nicht mehr zu besetzen sind.

Der Fachkräftemangel ist gerade im Bereich innovativer Entwicklungen auch strukturell bedingt: Wo ständig neue Technologien entstehen, müssen die Experten erst ausgebildet werden. Das erklärt, warum den 25.000 offenen Stellen in der IT-Branche rund 30.000 Arbeitslose gegenüberstehen, die die freien Plätze nicht so einfach einnehmen können, wie es den Zahlen nach scheint. Ein Funktechniker kann nicht von heute auf morgen soziale Netzwerke programmieren. Künftig wird die Lücke durch den demografischen Wandel noch wachsen. 45.0000 Ingenieure werden innerhalb der nächsten Jahre in Rente gehen.[19]

---

[17] Die Zahl der Studienanfänger eines Fachs korreliert negativ mit der Zahl der Studienabsolventen des gleichen Faches – so folgte bspw. auf jede „Ingenieursschwemme" ein Jung-Ingenieure-Mangel.

[18] ZEIT Online, 21.06.2011.

[19] DIE ZEIT, 28.4.2011, Nr. 18.

Angesichts des Fachkräftemangels erleichterte die Bundesregierung im Sommer 2011 der Wirtschaft sogar die Anwerbung von ausländischen Ingenieuren und Ärzten. Deutsche Unternehmen können seitdem Fachkräfte aus Staaten außerhalb der Europäischen Union (EU) einstellen, ohne dass sie vorher nachweisen müssen, dass im Inland kein geeigneter Bewerber zu finden war. Ein klares Signal für die Ernsthaftigkeit des Problems. Der Arbeitsmarkt für Maschinen- und Fahrzeugbauingenieure, Elektroingenieure und Ärzte sei leer gefegt, so Arbeitsministerin Ursula von der Leyen im Sommer 2011.[20]

Die Gesellschaft hat sich gewandelt und der Nachwuchs fehlt. Er wurde schlicht und einfach nicht geboren und, im kleineren Maße, nicht genügend qualifiziert.

4 Das Gebot der Stunde – zukunftsfähige Personalpolitik

Spricht man von einem Bewerber, so versteht man landauf, landab die Bewerbung um einen Arbeitsplatz. Es wird nicht mehr lange dauern, dann wird sich ein Bewerben in vielen Teilen umkehren.

Der „War for Talents" ist ein signifikanter Weckruf. Zukünftig werden sich Unternehmen deutlich stärker als bisher um qualifizierte Mitarbeiter bewerben müssen. Noch konzentriert sich das Personalmanagement vielerorts lediglich auf die juristische und finanzielle Betreuung der Angestellten. In Zukunft wird es seinen Blick stärker auch auf andere Bereiche im Leben der Arbeitnehmer richten müssen.

Bei SAP wurde das sogenannte People Engagement bereits als Kernziel in der Unternehmensstrategie festgeschrieben. Seit Mitte des vergangenen Jahres ist das Personalmanagement ein Vorstandsressort. „Wir haben ja kein anderes Anlagevermögen als unsere Mitarbeiter", sagt SAP-Personalleiter Jörg Staff.[21]

Die Unternehmen werden in Zukunft permanent für sich werben müssen. Im Jahr 2008 lag die Zahl der Erwerbsfähigen in Deutschland bei stolzen 50 Millionen. Doch seitdem geht es abwärts. Langsam zuerst, doch unaufhaltsam und stetig schneller werdend. 2035 werden es noch 39 Millionen sein, 2060 dann nur 33 Millionen – qualifikationsunabhängig.[22]

---

[20] ZEIT Online, 21.06.2011.
[21] DIE ZEIT, 28.04.2011, Nr. 18.
[22] manager magazin, Kultusministerkonferenz 2009.

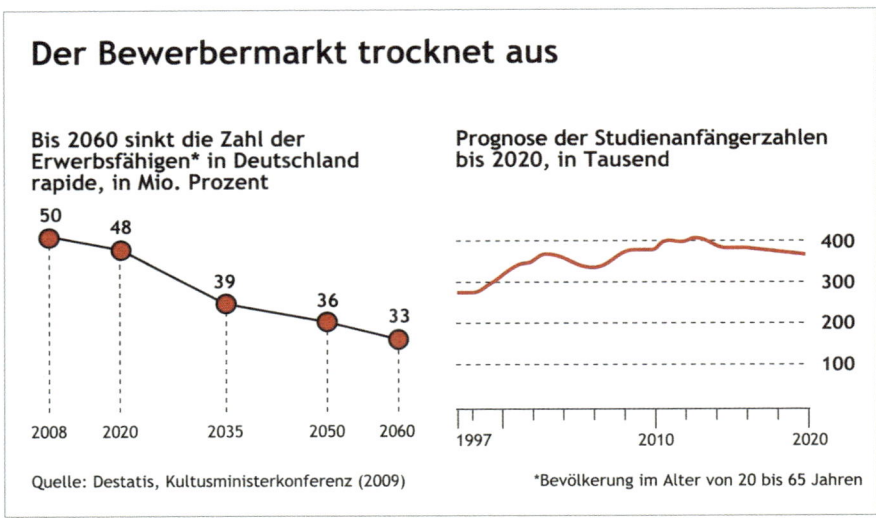

Abb. 2: Der Bewerbermarkt trocknet aus

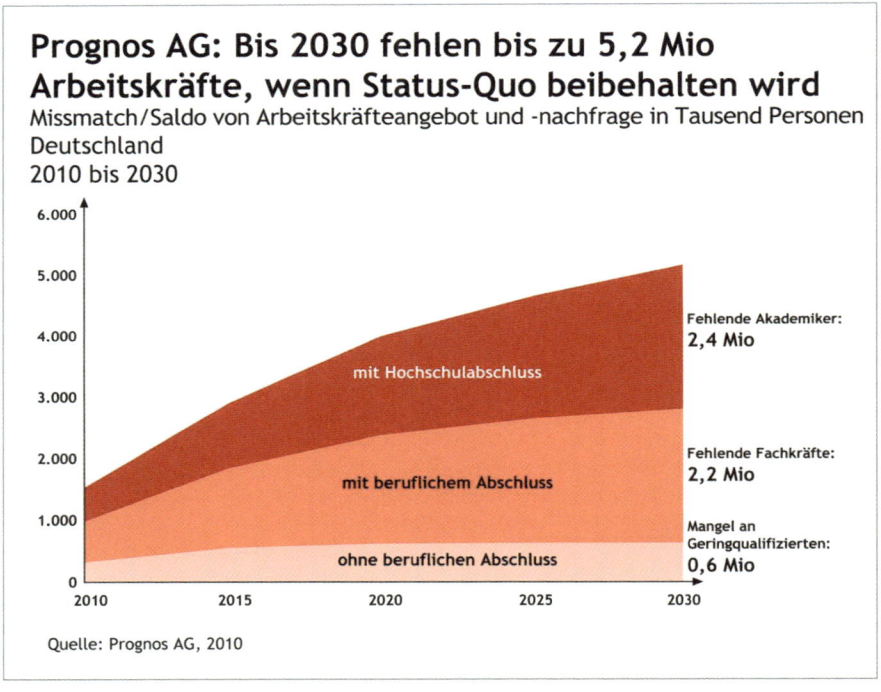

Abb. 3: Bis 2030 fehlen bis zu 5,2 Millionen Arbeitskräfte, wenn der Status quo bei-
behalten wird

Und was heißt das für Unternehmen, die nachhaltig erfolgreich und gesund im gesellschaftlichen Wandel bestehen wollen? „Unser wichtigstes Kapital ist der Mitarbeiter" hört man von den meisten Unternehmen. Aber – ist das ernst gemeint oder doch nur eine lediglich häufig benutzte Floskel? Noch läuft der Mitarbeiter in der Systembalance oft unter „ferner liefen". Doch dieses Ungleichgewicht muss sich zugunsten einer ausgeglicheneren Balance neu einstellen – und sie wird es auch –, dafür sorgt u. a. die demografische Entwicklung.

Der Mangel bestimmt das Angebot. Gute Fach- und Führungskräfte sind bald Mangelware. Die Substanz in den Unternehmen, das interne Potenzial der vorhandenen Mitarbeiter also, wird an Bedeutung gewinnen, weil ein Austausch über den Markt en passant nicht mehr so einfach funktionieren wird und weil sich aufgrund des Mangels an fachlich qualifizierten Mitarbeitern für diese viele Alternativen auftun.

Plötzlich werden Menschen von Ort und Zeit unabhängig, wenn sie ihre Arbeit ausüben. Verschobene Prioritäten, neue Werte, die Balance zwischen Arbeit und Leben treten in den Vordergrund. Unzufriedene Mitarbeiter werden ihr Engagement in Zukunft deutlich schneller reduzieren, wenn sie in ihrer Arbeit und ihrem Arbeitsumfeld keinen Sinn mehr sehen. Die Folge: Sie stimmen mit den Füßen ab – und gehen.

Doch trotz der sich verändernden Situation praktizieren viele Unternehmen ein kontraproduktives Verhalten: Mitarbeiter, deren Karriere bisher erfolgreich verlief, sehen häufig bereits mit Mitte vierzig keine interessante berufliche Perspektive mehr. Obwohl sie sich gar nicht aus der Arbeitswelt zurückziehen möchten, sondern noch immer hochmotiviert und neugierig sind, obwohl sie sich engagieren und Entwicklungen aktiv voranbringen möchten, droht ihr weiterer beruflicher Weg zu stagnieren. Warum?

Weil die in den meisten Unternehmen fest implementierten Strukturen und Prozesse dies genau so vorsehen. Für Menschen, die eine gewisse Führungsebene und das dazu passende Vergütungsniveau erreicht haben, gibt es nicht viele Alternativen. Und nach den wenigen verfügbaren strebt eine Vielzahl interner Mitbewerber. Heißt das für solche Mitarbeiter also fortan, bis ins Rentenalter auszuharren? Das klingt langweilig und ist es auch. Für ein Unternehmen ist diese „Politik" insbesondere im Hinblick auf den steigenden Fachkräftemangel völlig unsinnig. Mit nachhaltiger Personalentwicklung, unternehmerischem Weitblick oder zukunftsfähigen Strategien und Visionen hat das nichts zu tun.

Doch nicht nur Mittvierziger sind von einer rigiden Personalpolitik betroffen. Die jüngeren Generationen zeichnen sich durch eine enorme Interessenvielfalt aus, basierend auf einer hohen Werteorientierung, neugierig und offen für Neues. Und viele ältere Mitarbeiter wollen ihre letzten Berufsjahre nicht mehr in der immer gleichen Tretmühle verbringen. Sie möchten vermeintlich Versäumtes nachholen, ohne aber komplett auszusteigen, auch wenn hierzu häufig die finanziellen Voraussetzungen bestehen würden und damit die Entscheidungsfreiheit gegeben wäre.

Aber nach wie vor ist Personalpolitik in kleinen und großen Betrieben und Konzernen strukturell so angelegt: Karrierepfade und -planungen durchlaufen tendenziell starre HR-Prozesse, die Entwicklungsprogramme sind erstaunlich wenig flexibel, oft standardisiert und nicht individuell auf den einzelnen Mitarbeiter zugeschnitten.

Allmählich jedoch wandeln sich die Parameter. Einen ersten Vorgeschmack hat uns die jüngste Wirtschaftskrise bereits beschert. Im globalen und komplex vernetzten Wirtschaftssystem gerieten vermeintlich solide Traditionsunternehmen in Schieflage und auch erfolgreiche Newcomer begannen zu straucheln. Nur wenige Arbeitnehmer gingen in dieser Phase wirklich von Bord – nur die Besten der Besten trauten sich dies zu –, denn ein sicherer Arbeitsplatz war in Krisenzeiten viel wert. Allerdings kündigten entscheidende Wissensträger. Sie klopften bei der Konkurrenz an oder sie wurden von dort gerufen. Sie bekamen häufig nicht einmal mehr Geld, dafür möglicherweise mehr Freizeit oder eine garantierte Auszeit im Zeitraum von 5 Jahren.

Man stößt heute mit den beschriebenen traditionellen, starren und maschinistischen Sichtweisen zur Personal- und Unternehmensentwicklung schnell an die Grenzen des Erfolges. Doch welche Alternative bietet sich? Im Dschungel der vorhandenen Konzepte zu Führung, Mitarbeitergewinnung und -bindung in Krisenzeiten verliert man schnell den Überblick.

Im Prinzip wissen alle Verantwortlichen, dass es um zukunftsfähige Strategien geht, doch in der Realität fehlt der Mut, konsequent an diesem Thema zu arbeiten. Auch stellt sich die Frage, was genau hinter dieser viel beschriebenen Zukunftsfähigkeit steckt, sie ist komplex und offenbar unklar. In jedem Fall ist sie eine Herausforderung, die konsequentes Umdenken bedeutet und eine neue Sicht auf die Unternehmensprozesse und die Menschen, die diese mit Leben füllen, verlangt.

Der Erfolg gibt den Vorreitern recht: Unternehmen wie Google oder KPMG sind nicht nur bei Fachkräften besonders beliebt, sondern auch erfolgreich durch Krisen navigiert. Im Ranking der „Besten Arbeitgeber", den das „manager magazin" im Jahresrhythmus exklusiv veröffentlicht, sieht zwar auf den ersten Blick alles wie immer aus, die großen Dax-Konzerne rangieren weit vorne. Interessant ist aber der genauere Blick auf die Berufseinsteiger: Seit 2006 ist z. B. der Anteil der jungen Betriebswirte, die in Umfragen Work-Life-Balance als wichtigen Faktor bei der Arbeitgeberwahl nennen, von 38,6 auf mehr als 50 Prozent gestiegen. Ähnliches gilt für die soziale Verantwortung eines Unternehmens (von 14,5 auf 21,5 Prozent) – und auch für das Einstiegsgehalt (von 17 auf 27,6 Prozent). Bei aller Begeisterung für das „Wahre und Gute" ist trotzdem Sicherheit und materieller Erfolg wichtig.

Lassen Sie uns an dieser Stelle einen Ort besuchen, an dem Arbeitsumfeld und -bedingungen ganz anders gestaltet sind, als es die Norm ist. Hier stehen Lavalampen im Dutzend herum, das Design ist hell und relax angelegt, Getränke und Snacks sind gratis, freitagnachmittags gibt es ein TGIF-Event („Thank God It's Friday!"), die Kantine kocht Bio, der Strom kommt aus regenerativen Energien, die Mitarbeiter verwalten ihre Reisekostenbudgets selber und bestimmen auch ihre Anwesenheitszeiten im Office. Wir sind in der Deutschlandzentrale von Google.

Bei Google gehen wöchentlich um die 75.000 Bewerbungen weltweit ein und das hat offensichtlich seine Wurzeln im sehr auf die menschlichen Bedürfnisse zugeschnittenen Umfeld. „Leidenschaft sollten neue Mitarbeiter mitbringen, hohe Expertise, vor allem aber „Googliness“: Eine Begeisterung für Veränderung, Neugier und Flexibilität: „Wer hier arbeitet, sollte etwas erreichen statt einfach nur unterkommen wollen“, sagt Deutschland-Personalchef Frank Kohl-Boas.[23]

Im Gegenzug bietet Google nichts von dem, was im Taylorismus noch statusrelevant war: „Keine Dienstwagen, keine schicken Titel, keine Einzelbüros, dafür Geld fürs Gymnastikstudio. Und wer sein selbst verwaltetes Reisebudget nicht ausschöpft, darf den Rest für einen guten Zweck spenden.“ Facebook, Xing, Twitter – alles ist am Arbeitsplatz erlaubt. Kein Vorgesetzter reagiert abweisend auf Kollegen mit untertassengroßen Kopfhörern oder „linst grimmig über die Halbbrille“, wenn Lisa Müller mittags mal zwei Stunden shoppen geht. „Die Leute werden hier für Ergebnisse eingestellt – und nicht für Officetime“ sagt Kohl-Boas weiter.[24]

Und Wolfgang Zieren, KPMG-Personalvorstand hat erkannt: „Die Herausforderung für uns ist nicht eine bestimmte Generation, sondern, die Wünsche der verschiedenen Generationen im Unternehmen in Einklang zu bringen.“[25] Diese Kernaussage wird sich durch das Buch ziehen.

Auch die Hybridorganisationen des „Fourth Sectors“ stehen auf zwei Säulen: Dem gesellschaftlichen Gewinn und Mehrwert und dem Unternehmensgewinn. Es geht uns nicht um eine Polarisierung oder Bewertung im Schwarz-Weiß-Raster, sondern darum, ein nachhaltiges und dem Menschen entsprechendes Gesellschafts- und Wirtschaftsmodell aufzuzeigen.

Alles deutet darauf hin, dass die kommenden Generationen nicht nur an einem sicheren Arbeitsplatz und guter Bezahlung interessiert sind, sondern vor allem an einem flexiblen und interessanten Umfeld. Unabhängig von der Generation ist zudem allen Menschen gemeinsam, dass sie grundsätzlich das Bedürfnis haben, sich in ihrer Individualität abzugrenzen und ihre Intelligenz und Fähigkeiten gezielt einzusetzen mit genug Freiraum für eigene Entscheidungen. Und es gibt noch ein entscheidendes Bedürfnis, dessen außerordentliche Bedeutung für die Arbeitswelt erst allmählich erkannt wird: Menschen möchten einen höheren Sinn in dem finden, was sie tun, sie möchten einen Beitrag zum großen Ganzen leisten.

„Höherer Sinn“ ist eng mit Fragen der Nachhaltigkeit verknüpft. Als *sinn-voll* empfinden viele von uns beispielsweise glückliche und möglichst lebenslange Ehen,

---

[23] Spiegel Online, 07.06.2011, Generation Y — Die Gewinner des Arbeitsmarkts, Eva Buchhorn und Klaus Werle.

[24] Ebenda

[25] Ebenda

Ausbildungen, die Zukunftsperspektiven bieten, soziales Engagement, das auf Dauer wirklich hilft, und einen Arbeitsplatz, der langfristig Zufriedenheit und Herausforderung bietet.

Dass dies für Mitarbeiter eines Unternehmens weit über den Faktor Einkommen hinausgeht, ist seit Jahren erwiesen. Neben diversen Forschungen zum Thema hat auch Nobelpreisträger Daniel Kahneman in einer Auswertung von mehr als 450.000 Datensätzen herausgefunden, dass die Lebenszufriedenheit von Menschen ab einem Haushaltseinkommen von zirka 60.000 Euro im Jahr nicht mehr mit dem Einkommen korreliert. Die Lebensqualität steigt nur bis zu dieser Marke. Mehr Geld macht also nicht glücklicher.

Umso erstaunlicher ist es, dass viele Unternehmen und Konzerne dieses Prinzip immer noch nicht erkannt haben und „Sinnhaftigkeit des Tuns" als wichtigsten Treiber für das Handeln ihrer Mitarbeiter in ihrer Unternehmenskultur nicht berücksichtigen. Damit vernachlässigen sie nicht nur ihr wichtigstes Kapital, die Mitarbeiter, sondern gehen nicht sehr verantwortungsvoll mit der Zukunft des Unternehmens um.

Das Buch setzt genau an diesem Punkt an. Wir möchten unseren Lesern zeigen, welche *sinn-vollen* Voraussetzungen und Maßnahmen für Unternehmen in Zukunft tatsächlich zu Erfolgsfaktoren werden. Dabei stellen wir nicht nur konkret machbare Ideen und Konzepte vor, ordnen bewährte Techniken und Strategien ein und bewerten sie, sondern lassen unsere Leser an unserer Vision teilhaben, die unsere Arbeitswelt der Zukunft als Community versteht und nachhaltig verändern wird.

Die gesamte Wertschöpfungskette vor Augen, kennen wir die typischen Stationen oder Situationen, an denen Fach- und Führungskräfte die Motivation verlieren, sich verändern wollen oder einfach neue Impulse brauchen. Unternehmen müssen nach unserer Meinung genau hier aktiv werden, um den Wettbewerb um engagierte Mitarbeiter zu gewinnen – nicht nur bei Gehältern oder Prämien! Denn diese vermeintlichen Mittel der Wahl ziehen heute häufig für sich alleine genommen nicht mehr – das hat die jüngste Vergangenheit bereits deutlich gezeigt.

Wir bieten unseren Lesern beides: die komplexe Gedankenwelt erfolgreicher Strategien und visionärer Konzepte – und gleichzeitig einen umfassenden Überblick über die materiellen und immateriellen Instrumente, die Sie selbst nutzen können, um in Zukunft als Unternehmer, aber auch in Politik und Bildungswesen und nicht zuletzt als Entscheider bei Führungs- und Personalfragen am Puls der Zeit zu handeln und damit entscheidende Wettbewerbsvorteile zu erzielen.

Es kommen interessante Zeiten mit vielen spannenden Perspektiven auf uns alle zu. Wenn diese verantwortungsvoll und engagiert genutzt werden, werden alle Beteiligten – Mitarbeiter, Unternehmen und auch die Gesellschaft – davon profitieren!

Arbeitswelt im Umbruch

1 Arbeitsumfelder im Wandel

Die nachhaltigste Regulierung unserer Arbeitswelt ist knapp 2000 Jahre alt. Der Sonntag, der je nach religiöser Auslegung als letzter oder erster Tag der siebentägigen Wochenzählung gilt, ist bereits bei den Griechen und Römern als „Tag des Herren" oder „Tag der Sonne" überliefert und er ist ein besonderer Tag. Mit dem jüdisch-christlichen Glaubensumfeld wurde er zum Tag der Ruhe – fest verankert in den unterschiedlichen Schriften der Religionen. „Gedenke des Sabbattages, dass du ihn heiligst. Sechs Tage sollst du arbeiten und alle deine Werke tun. Aber am siebenten Tag ist der Sabbat des Herrn, deines Gottes, da sollst du kein Werk tun[26]..." heißt es in der Genesis und andere Religionen kennen vergleichbare Sätze. Im Islam ist es der Freitag, der allerdings kein arbeitsfreier Tag, sondern ein Tag des Gebetes ist. Ganz ähnlich wird der „schabbat" (hebräisch: „unterbrechen") vom christlichen Glauben interpretiert, da mit dem Nicht-Arbeiten der Aufruf zum Gottesdienst fest verbunden ist.

Tatsächlich basiert auf diesen Worten – immerhin knapp 2000 Jahre nach ihrer ersten Aufzeichnung – unsere Wochenstruktur. In Europa gibt es in praktisch allen Ländern gesetzliche Einschränkungen der Sonntagsarbeit, immer wieder heiß diskutiert, doch nach wie vor flächendeckend vorhanden. Längst ist der dahinter schlummernde jüdische oder christliche Background den meisten Menschen abhandengekommen.

Insgesamt wurde die Welt vor fünfzig Jahren noch von ganz anderen Werten bestimmt als heute: Man(n) schaffte bei Thyssen, bei Daimler oder bei Quelle, hatte einen geregelten Neunstundentag, ein dreizehntes Monatsgehalt, bis zu sechs Wochen bezahlten Urlaub im Jahr und – je nach Hierarchiestufe im Unternehmen – ein sicheres und einträgliches Einkommen. Das waren Werte, die es zu halten galt, denn sie brachten Rente, Wohlstand, Freizeit und Zufriedenheit.

Dieser Status quo wird jedoch von vier starken Trends in der Gesellschaft und der Erwerbsarbeit signifikant herausgefordert:

- Die demografische Entwicklung, die zu einer Alterung der Bevölkerung und zu einem Mangel an qualifizierten Nachwuchskräften führt.
- Der gesellschaftliche Wertewandel, der zu einer Verschiebung der Prioritäten sowohl im Privatbereich als auch im Arbeitsleben führt.

---

[26] Bibel, Gen. 2,3 (Lut.).

- Die zunehmende Veränderungsgeschwindigkeit und Innovationsabhängigkeit der Unternehmen.
- Die Bedeutungszunahme des Faktors Wissen als wichtigste Ressource zukunftsorientierter Unternehmen und damit einhergehend die steigende Bedeutung des Faktors Bildung (lebenslanges Lernen auf höchstem Niveau).

Entscheidender Wettbewerbsfaktor eines Unternehmens wird sein, dass es über Arbeitnehmer verfügt, die den sich wandelnden Bedingungen auf den Märkten gewachsen sind. Dies erfordert Flexibilität, Offenheit sowie Veränderungsbereitschaft. Des Weiteren sehen wir einen Paradigmenwechsel weg von der reinen Gewinnmaximierung hin zur Sinnmaximierung – zumindest Sinnorientierung – und einen stärkeren Fokus auf die persönlichen Lebensphasen.

Unsere Väter und Großväter bei Thyssen, Daimler oder bei der Quelle konnten nicht ahnen, was mit der rasanten Entwicklung der Informationstechnologie in weniger als fünfzig Jahren auf ihre Söhne und Enkel zukommen würde. Noch nie zuvor in der Menschheitsgeschichte hatte Neues in so kurzer Zeit weltweit so großen Einfluss auf das Leben des Einzelnen, wie die Informationstechnologie in all ihren Facetten. All die bahnbrechenden Entdeckungen und Visionen der Neuzeit von Galileo über Kolumbus und Martin Luther bis hin zu Edison und Co. haben zwar langfristig das Leben auf der Erde verändert, jedoch nie unmittelbar und für jeden fassbar. Es dauerte Jahrhunderte, bis Galileos Erkenntnisse, die die Weltsicht der Kirche erweitern sollten, fruchteten, Kolumbus Entdeckung brachte erst den Generationen danach den richtig großen Reichtum und Martin Luthers Ideen fanden erst nach dem Dreißigjährigen Krieg in aller Ruhe ihren Weg ins Volk.

Damit kommt der jüngsten Entwicklung unserer Gesellschaft, der Informationstechnologie, eine herausragende Stellung zu, die einerseits eine logische Folge von Fortschritt und Entwicklung ist, dabei jedoch gleichzeitig eine Herausforderung für uns Menschen, die weit über technisches Know-how, Offenheit für Innovation und Freude am Fortschritt hinausgeht. Denn diese Entwicklung hat unsere jahrtausendealten Werte auf den Kopf gestellt, vermeintlich feste Grenzen wie Zeit und Raum durchstoßen und ist dabei in alle Bereiche unseres Lebens eingedrungen.

Alles ist heute möglich, sagen die einen und verweisen auf die Chancen neuer Techniken, Medien und Perspektiven. Unklare Strukturen und Unsicherheit regieren die Welt, lamentieren die Bedenkenträger und berufen sich auf rückblickende Statistiken, vermeintliche Erfahrungswerte und globale Risiken. Ein Grund mehr, genauer hinzuschauen: Richtig ist, den sicheren Arbeitsplatz unserer Väter und Großväter gibt es heute nicht mehr. Dieter Schnaas, Chefreporter der Wirtschaftswoche, drückt es in einem Diskussionsbeitrag so aus: „Jeder 50-Jährige bangt heute um seine feste Stelle, weil er weiß, dass es im Fall der Fälle eng für ihn wird. Jeder fünfte Beschäftigte ist im Niedriglohnsektor beschäftigt und bringt seine „Familienfirma" mit weniger als 10 Euro pro Stunde über die Runden. Jeder vierte Arbeitnehmer arbeitet in ‚atypischen Beschäftigungsverhältnissen', ist Teilzeit beschäftigt, befristet oder leihweise, befindet sich in einer Fortbildung oder in einer Warteschleife, dreht als wissenschaftlicher Mitarbeiter oder Praktikant seine Runden (...). Mehr als die Hälfte aller Neueinstellungen beruht auf befristeten Verträgen – und mehr als die Hälfte dieser Hälfte wird sich erneut nach einer befristeten Arbeit umschauen müssen.“[27] Wird also „die Ungewissheit zur einzigen Gewissheit der modernen Arbeitswelt?“[28]

Doch das ist nur die eine Seite der Medaille: Dreht man sie nämlich herum, entdeckt man Neuerungen wie Home-Office-Arbeitsplätze, Arbeitszeitkonten, andere berufliche Perspektiven, die Möglichkeit, Arbeitsplätze, Aufgabengebiete und Einsatzorte zu wechseln, Hierarchien zu durchbrechen und klassische Berufsbilder zu erweitern und zu verändern. Und es gibt viele, die diese Optionen bereitwillig nutzen – von Ungewissheit keine Spur. Was also ist wirklich dran am größtenteils mit Unsicherheit betrachteten Szenario unserer Arbeitswelt von morgen?

Den klassischen Arbeitnehmer von gestern gibt es nicht mehr, wie führende Zukunftsforscher und Soziologen unisono feststellen. Matthias Horx beschreibt beispielsweise in „Wie wir leben werden“[29] unsere Arbeitswelt der Zukunft als „Zeitalter der Humantalente“, in dem es nicht mehr auf Produkte, Produktherstellungen und Kapital ankommt, sondern auf Ideen, Wissen, Talent, Kreativität und Innovationsfähigkeit. Er geht sogar noch einen Schritt weiter, indem er eine neue „Kreative Klasse“ als treibende Kraft der Zukunft beschreibt. Diese ist nicht mit der althergebrachten akademischen Intelligenz zu verwechseln, da sie flexibler agiert, Sozial- und Statusgrenzen schlichtweg ignoriert und vielfältiger kaum sein könnte.

Das Kapital, einst die Basis allen wirtschaftlichen Erfolges, nimmt für Horx in den Händen dieser „Kreativen Klasse“ einen anderen Aggregatzustand ein, „nicht mehr gebunden in Gebäuden, Fabriken, langfristigen Strategien“, sondern „unruhig, volatil, spekulativ. Es tritt seine Reise rund um die Welt an; unstetig sucht es nach neuen Vermehrungsfeldern. Nach Ideen eben.“[30]

Sozialwissenschaftler Meinhard Miegel hatte den gleichen Gedanken, indem er sich in „Exit – Wohlstand ohne Wachstum“[31] mit unserem permanenten Bedürfnis befasst, Kapital wachsen zu lassen. Doch auch er kommt zu dem Schluss, dass es mit den alten Prinzipien in unserer heutigen Arbeitswelt nicht funktionieren kann – und dass moderner Wohlstand auch ohne Wachstum möglich ist. Sein Ansatz ist insofern bemerkenswert, als er sich intensiv mit den menschlichen Grundbedürfnissen befasst. So stieg „in Deutschland beispielsweise (...) nach 1949 die Lebenszufriedenheit der Menschen parallel zur Mehrung ihres materiellen Wohlstands, solange sie relativ arm waren – in der unmittelbaren Nachkriegszeit sowie in den

---

[27] Wirtschaftswoche Nr. 26, S. 105 ff.
[28] Ebenda
[29] Horx, M.: Wie wir leben werden, Campus 2006, 3. Auflage.
[30] Ebenda, S. 117 und 139.
[31] Miegel, M.: Exit – Wohlstand ohne Wachstum, Propyläen 2010.

fünfziger und sechziger Jahren."[32] Doch seit 1970 stagniert die Zahl der Zufriedenen bei 60 Prozent – und das bis heute, obwohl sich das Wirtschaftswachstum und die Einkommen seither annähernd verdoppelt haben. Miegel folgert daraus, dass materielle Güter für die Menschen mit zunehmendem Wohlstand weniger wichtig werden und zitiert eine Befragung, wonach „ganz an der Spitze dessen, was als wichtig und erstrebenswert angesehen wurde, (...) die Pflege von Freundschaften (87 Prozent), intakte Familienbande (81 Prozent) oder ein erfüllter Beruf (75 Prozent)"[33] stehen. Wer also meint, das Lebensglück unserer modernen Konsumgesellschaft hinge von wirtschaftlichem Wachstum und Kapitalmehrung im herkömmlichen Sinne ab, liegt offenbar falsch.

Wirklicher Wohlstand definiert sich anders. Er ist absolut kontextabhängig und muss in seiner Definition der jeweiligen Gesellschaft und ihren Werten und Optionen angepasst werden. Dies bestätigt auch der Fortschrittsindex des Zentrums für gesellschaftlichen Fortschritt, der sich, aufbauend auf validen, wissenschaftlich fundierten Messungen der letzten 15 Jahre, aus 13 Faktoren zusammensetzt:[34]

Arbeitslosigkeit (negativ), mentale Gesundheit, Fernsehen (negativ), Freunde, Arbeitszufriedenheit, Bildungsniveau, physische Gesundheit, Reflexion des eigenen Glücks, Dankbarkeit, abwechslungsreiche Aktivitäten, Sinnhaftigkeit, Schenken und Geben sowie Anstrengung/harte Arbeit.

Diese Faktoren bilden eine Reflexionsebene – zusammengesetzt aus vielen Elementen, die sich in intrinsischer Motivation der Schlüsselspieler wiederfinden und somit, wie auch im weiteren Verlauf dieses Buches dargestellt, die Triebwerke erfolgreicher Unternehmen sein werden. Und um es ausdrücklich zu formulieren: Es geht nicht darum, „esoterisches Gebrause" vor erfolgreiches Wirtschaften zu stellen. Erfolgreiches Wirtschaften wird nur mehr möglich sein, wenn man die Voraussetzungen und Einflussfaktoren in einen größeren Zusammenhang stellt.

Und wie sieht das Bild bei den so umworbenen und knapper werdenden Nachwuchskräften aus? Aus diversen internationalen Studien wird ganz deutlich, dass diese sich mit der Aussicht auf hohes Einkommen und Auslandsaufenthalte nur noch bedingt für einen Arbeitgeber begeistern lassen: „An der Spitze der Werte in der Arbeitswelt rangieren „Interessante Arbeitsinhalte" (93 Prozent), gefolgt von „Anerkennung der eigenen Leistung" (86 Prozent). Nur wenig dahinter stehen, in etwa gleichrangig, „Ausgewogenheit zwischen Arbeits- und Privatleben" (82 Prozent), „Entwicklungschancen für die eigene Persönlichkeit", „Weiterbildungsmöglichkeiten" (je 81 Prozent), sowie „selbstständiges Arbeiten" (80 Prozent). Mit „Vereinbarkeit von Beruf und Familie" (79 Prozent) sowie „Arbeitsplatzsicherheit" (73 Prozent) weitet sich die Berufsorientierung hin zu Fragen von sozialer und exis-

---

[32] Miegel, M.: Exit – Wohlstand ohne Wachstum, Propyläen 2010, S. 30 ff.

[33] Ebenda

[34] Bergheim, S.: Fortschrittsindex, den Fortschritt messen und vergleichen, Zentrum für gesellschaftlichen Fortschritt, 2010, S.10.

tenzieller Bedeutung. Einen demgegenüber geringeren Stellenwert spricht man eher extrinsischen Kriterien zu: Das „Erreichen einer Führungsposition mit entsprechender Verantwortung", in aller Regel auch Indikator für Aufstiegs- und Karriereambitionen, ist für 55 Prozent ein relevanter Aspekt, die Möglichkeit zu „internationalen Kontakten" für 53 Prozent. Einen noch etwas geringeren Stellenwert nimmt „hohes Einkommen" ein (42 Prozent). Nur noch für ein gutes Viertel hat das „hohe Prestige des Berufs oder der Position" (27 Prozent) orientierende Bedeutung bei der Berufswahl.[35]

2 Employability – in Zukunft mehrgleisig

Wachstum, Wohlstand und Wohlbefinden sind also keine festen Größen, sie sind vielmehr immer abhängig vom Gesamtbild und Kontext, in dem sie stehen. Auf der Makroebene ändert sich dieser Kontext zurzeit stark, denn die erwähnten Trends und weitere gesellschaftliche Bewegungen, wie z. B. die technologische Entwicklung, beeinflussen ihn stärker als im Jahrhundert zuvor. Die Arbeits- und die private Lebenswelt berühren sich nicht nur, sie vermengen sich und sind in vielen Bereichen voneinander abhängig.

In der Arbeitswelt implizieren die angesprochenen Zukunftsszenarien für viele Arbeitnehmer zweierlei: Die Berufswege sind immer weniger planbar und in den ursprünglich erlernten Berufen werden Arbeitnehmer weit weniger als früher ein Leben lang tätig sein. Aus diesem Grund ist es sinnvoll, sich mit dem Begriff der Sicherheit neu auseinanderzusetzen. Beschäftigungssicherheit zumindest basiert nicht mehr auf einem bestimmten erlernten Beruf, einem bestimmten Arbeitsplatz oder einem bestimmten Arbeitgeber. Sie resultiert vielmehr aus der Fähigkeit, sich in einer aktiven Rolle wechselnden Anforderungen zu stellen. Der Einzelne hat somit die Aufgabe, lebenslang an seiner Beschäftigungsfähigkeit zu arbeiten. Beschäftigungsfähigkeit wird dann zur Beschäftigungssicherheit.[36]

Auf der Arbeitgeberseite wird künftig vermehrt auf „beschäftigungsfähige" Mitarbeiter gesetzt werden müssen – auf allen Ebenen, in allen Bereichen und in allen Berufsfeldern. Unternehmen sind geradezu darauf angewiesen, um der zunehmenden Komplexität und Veränderungsgeschwindigkeit sowie der steigenden Wissens- und Datenmenge begegnen zu können.

Beschäftigungsfähigkeit ist also für Unternehmen und Mitarbeitende gleichermaßen über die gesamte Lebensarbeitszeit und über alle Lebensphasen hinweg von zentraler Bedeutung.

---

[35] Studie „Generation 05": Was Studenten über ihre Zukunft denken. Eine Kooperation von Manager Magazin und Mc Kinsey.
[36] Rump, J.: Institut für Beschäftigung und Employability. www.ibe-ludwigshafen.de

Bei dem Anforderungsprofil an die Beschäftigungsfähigkeit stehen neben dem erlernten Fachwissen bzw. den Fachkompetenzen auch die sogenannten „Schlüsselqualifikationen" im Zentrum des Interesses. Die Fachkompetenz, die überfachlichen Metakompetenzen und die innere Haltung zur Arbeit generell sind die Schlüsselfaktoren für Beschäftigungsfähigkeit.

Zu den Metakompetenzen zählen beispielsweise

* Teamfähigkeit,
* Kommunikationsfähigkeit,
* Empathie,
* unternehmerisches Denken und Handeln,
* Konfliktfähigkeit und Reflexionsfähigkeit.

Zur Einstellung oder inneren Haltung zur Arbeit zählen Kompetenzen wie

* Eigenverantwortung,
* Initiative,
* Offenheit,
* Engagement,
* Belastbarkeit oder
* Lernbereitschaft.

Nur alle genannten Bereiche gemeinsam führen zum Erfolg und zur Sicherung von
Beschäftigungsfähigkeit. Um die zukünftige Wettbewerbsfähigkeit zu verbessern
und das Unternehmen zu einem Ort zu machen, an dem alle Beteiligten lebensphasenorientiert engagiert zusammenarbeiten können, sind Arbeitgeber und Arbeitnehmer gleichermaßen dafür verantwortlich, sich um die Beschäftigungsfähigkeit
zu kümmern.
Die beschriebenen Schlüsselqualifikationen führen uns wieder zum Wandel in der
Arbeitswelt. Der klassische Vollzeitjob ist ein Auslaufmodell, genauso ist es die lebenslange Anstellung bei einem Arbeitgeber. Zahlen des statistischen Bundesamtes[37]
belegen den Trend der wechselnden Arbeitsverhältnisse:
Allein in der Zeitspanne zwischen 1998 und 2007 ist der Anteil an den klassischen
festen, dauerhaften Arbeitsverhältnissen in Deutschland von 82,5 Prozent auf 74,5
Prozent gefallen. Deutliche Korrekturen nach unten werden prognostiziert, und
zwar nicht nur, weil die demografische Entwicklung diese Änderung vorgibt. Auch
der signifikante Generationenmix, mit dem die Unternehmen konfrontiert werden,
lässt auf weitere Veränderungen schließen.
Mit den jüngeren Generationen drängen Mitarbeitende, die andere Werte als die
traditionellen gesellschaftlichen haben, in die Unternehmen. Was machen also die

---

[37] Statistisches Bundesamt, Pressemitteilung Nr. 340 v. 09.09.2008.

mittlerweile vermutlich rund 40 Prozent aller Arbeitnehmer, die eben keinen Vollzeitjob haben? Taumeln sie wirklich hilflos durch das undurchdringliche Gestrüpp flexibler Arbeitsverhältnisse und nicht zu begreifender Kommunikationswege und Technologien, oder entwickeln sich flexiblere vielfältige Formen der Arbeit? Ist diese Flexibilität und Selbstbestimmung vielleicht genau das, was vielen Menschen entgegenkommt?

3 Der Generationenmix und seine Folgen

Wie einschneidend der Wandel vom analogen zum digitalen Zeitalter ist, äußert sich u. a. darin, dass die Generationen X, Y, Z – das sind die Nachfolger der sogenannten Babyboomer – in erster Linie danach unterschieden werden, wie signifikant der Einfluss der digitalen Technologie für ihre Entwicklung war. Die daraus resultierenden unterschiedlichen Motivatoren und Einstellungen der Angehörigen der verschiedenen Generationen sind für einige der folgenden Thesen und Konzepte zum Management des demografischen Wandels wichtig. Starten wir einen Exkurs zu den Generationen, die heute in Arbeit und Gesellschaft mit ganz unterschiedlichen Bedürfnissen, Ausgangsbedingungen und unterschiedlichem Kommunikationsverhalten miteinander leben und arbeiten [38]

Nach den Babyboomern und der Generation X sind die Digital Natives auf der Überholspur der Generationen angekommen. Erinnern wir uns, wie diese Entwicklung lief.

Die sogenannte Babyboomergeneration erblickte in den geburtenstarken Mitt-Fünfziger- und Sechzigerjahren das Licht der Welt, vor dem sogenannten Pillenknick. Sie bekleiden heute vornehmlich die Führungspositionen in der Old Economy und im Mittelstand. Aus sozialpsychologischer Perspektive wird angenommen, dass wegen der großen Zahl Gleichaltriger im Verhältnis zu anderen Altersgruppen eine Urerfahrung der Masse stattgefunden hat, die nicht ohne Folgen für die Persönlichkeitsentwicklung geblieben ist. Einige sozialpsychologische Theorien be-

---

[38] Begriffsklärung Generation: Der Generationenbegriff findet seinen Einsatz regelmäßig bei dem Versuch, gesellschaftliche Veränderungsprozesse und die in ihnen agierenden Menschen einzuordnen und zu interpretieren. Dabei zeigt sich eine Schwierigkeit darin, unterschiedliche Generationen angemessen voneinander abzugrenzen. Während dies auf familiärer Ebene in der Regel ohne weiteres möglich ist, fällt eine gesamtgesellschaftliche Zuordnung vergleichsweise weniger trennscharf aus. Der Begriff Generation ist keine rein akademische Konstruktion, sondern gehört wie viele sozialwissenschaftliche Termini zum Alltagswissen. Als Alltagsbegriff suggeriert er somit eine Eindeutigkeit, die sich bei näherer Betrachtung als Illusion erweist. Dabei gibt es z. B. Überlappungen in der genauen Festsetzung der jeweiligen Geburtsjahrgänge, die bestimmten Generationen zugeordnet werden. Wir verwenden die Generationseinordnungen hier, wissen aber um eventuelle Überlappungen und Unschärfen. Vgl. auch Rump, J. und Eilers, S.: Generationenbegriffe und Generationenverhältnisse, in Rump J. und Sattelberger, T.: Employability Management 2.0, 2011.

haupten, dass als Folge dieser Erfahrungen ein Konkurrenzverhalten dieser Personen tendenziell ausgeprägter ist.[39] Da die Boomer direkte Verwandte von Menschen mit einschneidender Kriegserfahrung sind, haben sie weltweit einen deutlich anderen Hintergrund bezogen auf die menschlichen Basisbedürfnisse wie Sicherheit oder Ernährung, aber auch auf Wachstum und Wohlstand als jüngere Generationen. Die rasante technologische Entwicklung der vergangenen 30 Jahre haben die Boomer – häufig mitten in ihrer beruflichen Laufbahn – als sogenannte „Digital Immigrants" erlebt, was lediglich wertfrei bedeutet, dass sie mit E-Mail, mobilen Daten und mobiler Telefonie nicht natürlich aufgewachsen sind, sondern sich diese später – deutlich nach ihrer Grundsozialisation – aneignen mussten.

Die „Generation X"[40] mit Geburtsjahrgängen nach 1967 und bis 1980 lebt andere Werte als die Babyboomer. Sie ist – soweit generalisierbar – mit weitaus weniger automatischem Wohlstand und ökonomischem Sicherheitsbedürfnis ausgestattet als ihre Eltern. Das Aufwachsen prägten dafür in stärkerem Maß bewusste Umweltprobleme und nicht-polarisierende Parteien. Der „Generation X" wird das Attribut „Konsumverweigerung" zugeschrieben. Sie waren in ihrer Jugend in den End-Siebziger- bis End-Achtzigerjahren in der Tat stärker in den verschiedenen Jugendkulturen öffentlich identifizierbar als die Generation Y.

Die Bestseller „Generation Golf" und „Generation X"[41] haben diese Attribute stark hervorgehoben. Klassische Statussymbole, wie die Vorgängergenerationen diese als Wertmaßstab für die eigene Leistung benutzt haben, sind der „Generation X" weniger wichtig.[42] Die relevanten (informations-)technologischen Entwicklungen, die das Aufwachsen und die ersten Erfahrungen in der Arbeitswelt der „Generation X" prägten, waren noch analog ausgerichtet. Ihr Leitmedium war der Fernseher, den sie gleichzeitig nutzen und verteufeln.

Ganz anders die sogenannte „Generation Y"[43], die nach 1980 geboren wurde. Sie wird in den Medien auch als „Digital Natives" bezeichnet, was den Unterschied zur „Generation X" bereits klar auf den Punkt bringt: Denn im Gegensatz zur Vorgängergeneration (den „Digital Immigrants") sind die „Digital Natives" bereits vom ersten Tag in der Arbeitswelt an online und per E-Mail in Echtzeit vernetzt. Kannte die Vorgängergeneration X noch die Arbeitswelt ohne Computer, E-Mail und Internet, so ist dies für die Digital Natives nicht mehr vorstellbar und auch faktisch

---

[39] Wikipedia

[40] Die Bezeichnung geht auf einen Roman des Kanadiers Douglas Coupland zurück: „Generation X – Geschichten für eine immer schneller werdende Kultur", 1991. Darin rechnet der Autor mit der Wohlstandsgesellschaft der amerikanischen Vorgängergeneration ab.

[41] Coupland, D.: Generation X – Geschichten für eine immer schneller werdende Kultur. Goldmann-Verlag. Illies, F.: Generation Golf. Eine Inspektion, Fischer, Frankfurt.

[42] Wikipedia

[43] Dürhager, R. und Heuer, T.: Das Manifest der „Digital Natives" (online); sowie Reinhard, U. (Hrsg.): DNAdigital – Wenn Anzugträger auf Kapuzenpullis treffen. Die Kunst, aufeinander zuzugehen, whois. Und: http://www.manager-magazin.de/unternehmen/it/0,2828,625126,00.html

nicht erlebt worden. Das Leitmedium dieser Generation ist der Computer. In ihrer programmatischen Schrift „Das Manifest der Digital Natives" haben Dürhager und Heuer[44] die Kultur und das Lebensgefühl der Generation Y wie folgt beschrieben: Sie fühlen sich als Assimilanten der digitalen Kultur, die ihr Leben digital gestalten. Sie bezeichnen sich selbst auch als „Generation Internet", was sie als Weiterentwicklung der Fernsehgeneration X verstehen. Deren Passivität und Sicherheitsgebaren lehnen sie ab. Deutlich wird der Unterschied durch den offensiven Schritt in die Öffentlichkeit: Während die „Generation X" sich in der digitalen Welt oft hinter Pseudonymen und anonymen Bildern versteckt, setzen die „Digital Natives" auf grenzenlose und offene Kommunikation. Sie sehen sich als „Individuen in der Unterschiedlichkeit" ihrer Netzwerke, „immer und überall online", mit der „Tauschkultur im Netz" als ihr eigenes Werk und einer „offenen Gesellschaft" als Ziel.[45] Damit versteht diese Generation – ganz im Gegensatz zu den vorhergehenden – erstmals das Virtuelle als Teil der Realität und damit auch als realen Einfluss auf das Denken und Fühlen. Das Internet wird so zur „virtuell erweiterten Realität" des 21. Jahrhunderts.

Laut eigenem Selbstverständnis sieht sich die „Generation Y" als Generation der Teamplayer, die geistiges Kapital auf virtuellem Weg teilt und damit freies Wissen schafft. Aus klassischem Konkurrenzdenken wird so ein Ideenwettbewerb, der eben nur über freie Wissensressourcen funktioniert. Letztendlich begreift diese Generation die neuen Medien als Schlüssel und Chance für eine bessere Welt – und grenzt sich hier deutlich von der Generation X ab. Diese warnt stets auch vor den Gefahren der virtuellen Realität, wie z. B. dem „Menschen aus Glas", dem Datenklau beim Onlinebanking, den Google-Earth-Kameras etc.

Privatsphäre und Grenzen sind der Generation X im Netz wichtig. Für die Mitglieder der Generation Y ist dies viel weniger ein Thema, weil sie natürlich mit dem Medium Internet aufgewachsen sind, sich der Daten, Fakten und Möglichkeiten auch auf technischer Ebene sehr bewusst sind. Hinzu kommt, dass sie das Lebensgefühl haben, Weltbürger zu sein, in ihrer Rolle als erste globale Generation auf Augenhöhe miteinander kommunizieren und Privatsphäre viel offener definieren als noch die Generation X. Technische Innovationen stehen stets im Fokus ihres Interesses.

Wer diese Generation also auf kritiklose Mediennutzung reduziert, liegt falsch. Für viele Jüngere ist die virtuelle Welt längst zur realen Welt geworden und somit Teil ihrer sozialen Heimat, für deren Werte (zu denen z. B. die Netiquette[46] gehören), deren nachhaltiges Funktionieren und deren Sicherheit sie sich verantwortlich füh-

---

[44] Dürhager, R. und Heuer, T.: Das Manifest der „Digital Natives" (online); sowie Reinhard, U. (Hrsg.).

[45] Ebenda

[46] Netiquette oder Netikette ist eine Wortkombination aus engl. net „Netz" und etiquette „Etikette". Man versteht darunter das gute Benehmen in der technischen (elektronischen) Kommunikation.

len. Die Community ist jederzeit, also rund um die Uhr füreinander da, ganz gleich, ob im Privaten oder im Berufsleben.

Besonders interessant aus Unternehmersicht sind die „Digital Natives" vor allem deshalb, weil sie derzeit auf den Arbeitsmarkt drängen. Ihre Kompetenzen sind gefragt, ihr Beitrag zur „Kreativ- und Wissensökonomie" ist von hoher Bedeutung[47]. Als wahre Meister der von der „Generation X" teilweise noch verpönten Onlinerollenspiele sind sie begehrte Fachkräfte der Zukunft. Sie wissen, wie sie sehr schnell an Know-how kommen und haben als Folge der strategischen, taktischen und interaktiven Onlinespiele eine hohe Kompetenz im Denken innerhalb komplexer multidimensionaler Zusammenhänge. Durch die vielfältige Kommunikation auf Augenhöhe, bringen sie ein sehr offenes hierarchiefreies Denken mit und leben Führungsqualitäten wie Feedback geben, transparente Kommunikation oder Wissen zu teilen bereits aktiv und eigenständig.

Noch einen Schritt weiter geht die Generation Z, also jene Gruppe, die zwischen 1992 und 2005 geboren ist. Die ersten sind jetzt mit der Schule fertig und/oder befinden sich gerade in der Ausbildung. Sie gelten als „stille Generation", weil sie fast achtzehn Prozent der Weltbevölkerung ausmachen und man sie dennoch bislang kaum wahrnimmt. Ganz anders als vorangegangene Teenagergenerationen, die beispielsweise in den 60er- (Hippieära, Anti-Vietnam-Bewegung), 70er- (Punkära) und 80er-Jahren (Hausbesetzer, Popper, Fußballhooligans etc.) weltweit für Aufsehen sorgten und diverse Reaktionen hervorriefen.

Die Stille der Generation Z im öffentlichen Raum hat nicht zuletzt mit ihrer hohen Affinität zu Computer- und Internettechnologien zu tun, die für fast alle ein gemeinsamer Lebens- und Communityort sind. Traf man sich früher mit der Clique „auf dem Marktplatz", so findet heute ein Großteil der Kommunikation über die beiden Leitmedien Internet und Mobiltelefon statt – andere Medien nutzen sie praktisch nicht. Die Beschreibung „Internetaffinität" trifft es hier im Prinzip noch nicht trennscharf genug. Faktisch stehen virtuelle und nicht-virtuelle Realität für die Generation Z gleichwertig nebeneinander bzw. verschmelzen und bedingen sich gegenseitig.

Die Angehörigen der Generation Z sind typischerweise Kinder der Generation X. Doch im Gegensatz zu ihren Eltern ist diese Generation quasi von Geburt an vollständig vernetzt und nutzt schon früh, in der Regel bereits im Kindesalter, die gesamte Bandbreite der technologisch-multimedialen Möglichkeiten. Ein entscheidender Unterschied zu früher ist, dass Internet & Co nun dank W-Lan (wireless, also kabellos) nicht mehr an einen festen Ort oder Anschluss gebunden sind. Sie sind vielmehr vollständig mobil geworden und die Generation Z kennt dies auch nur noch so. Prägende Innovationen für die Generationen Y und Z sind unter anderem die Suchmaschine Google (1998), iPod und Wikipedia (2001), Second Life und Myspace (2003), Skype (2004), Facebook und Flickr (2005), Youtube (2005),

---

[47] www.manager-magazin.de/unternehmen/it/0,2828,625126,00.html

Twitter (2006) und das iPhone (2007). All diese Innovationen erlauben, sich mobil und schnell ortsunabhängig zu vernetzen, Informationen jeder Art zur Verfügung zu stellen und in Echtzeit zu bekommen sowie seine Freunde (selbst dieser Begriff ist im Vergleich zu Freunden/Freundschaften in Vorgängergenerationen aufgeweicht) in den Social Networks zu treffen.

Manche Trendforscher sehen eine, durch die globale Finanzkrise und diverse Umweltkatastrophen hervorgerufene, eher konservative Einstellung zum Leben und zum Konsum bei den Teenagern entstehen. Viele sind sich einig, dass neben der Onlineaffinität und der Vernetzung über Social Networks diese Generation die „Green Generation" werden wird, denn es besteht weltweit ein hohes Interesse daran, die Umwelt zu bewahren und zu erhalten.

Im Gegensatz zur Generation Y kann sich die Generation Z gar nicht an ein Leben ohne virtuelle Realität erinnern. Damit fehlt dieser Generation – und das ist ein ganz entscheidendes Detail – komplett das Grundverständnis für die Weltsicht der älteren Generationen, die ganz andere Voraussetzungen und Einstellungen zum Umgang und Leben mit der Technologie haben. Generationsübergreifende Kommunikationsprobleme sind folglich vorprogrammiert.

3.1 Generationenbalance im Unternehmen

Während man die Folgen der demografischen Entwicklung, also die Alterung der Erwerbsbevölkerung und den bevorstehenden Mangel an qualifizierten Nachwuchskräften (Fachkräftemangel) sehr breit diskutiert, wird eine entscheidende Herausforderung in diesem Zusammenhang überraschend wenig thematisiert: Die Zusammenarbeit der Generationen in den Unternehmen.

Als eine Konsequenz des demografischen Wandels steigt die Lebensarbeitszeit. Als eine Konsequenz des Wertewandels lösen sich klassische Hierarchien auf, in denen Führung überwiegend an das Alter gekoppelt war. Als eine Konsequenz des technologischen Wandels besteht eine Vielzahl unterschiedlicher Wissensstände und Affinitäten zu den Medien moderner Kommunikation. Immer mehr unterschiedliche Generationen arbeiten zusammen, auf den gleichen Hierarchieebenen, in den Werkshallen oder in den Softwarelabors. Das war zwar immer so, bis vor einigen Jahren gaben in der Regel aber klare, an das Lebensalter gekoppelte Hierarchiestufen Orientierung, Sicherheit und die damit verbundene Weisungsbefugnis und Wertschätzung. Dies ist heute anders.

Die Mitarbeiter der generationengemischten Teams befinden sich in sehr verschiedenen Lebens- und Berufsphasen. Die Entwicklungen und Trends in der Arbeitswelt wirken auf sie auf sehr unterschiedliche Weise und stellen sie vor ganz unterschiedliche Herausforderungen. Die verschiedenen Forschungsergebnisse zu diesem Themenkomplex lassen jedoch keine grundsätzlichen Gräben zwischen den Generationen erkennen.

Im Arbeitskontext werden sich die Werte der jüngeren Generation denen der Älteren allerdings sicher nicht angleichen. Die Generationen X und Y sind freier und offener sozialisiert worden als die Babyboomer und Alter, Hierarchiestufe oder Verweildauer im Unternehmen führen nicht automatisch zu Akzeptanz und Anpassung. Auch aufgrund der demografischen Entwicklung besteht künftig vor allem für die hoch ausgebildeten Angehörigen der jüngeren Generationen viel weniger die Notwendigkeit, sich anzupassen, bzw. aus Angst vor Verlusten in subjektiv nicht akzeptablen Arbeitswelten zu verweilen. Arbeitsmärkte werden zu Arbeitnehmermärkten.

Da die Boomergeneration derzeit die wesentlichen Führungspositionen bekleidet, ist ein Konfliktpotenzial nicht von der Hand zu weisen. Dieses liegt beispielsweise in der nicht selten anzutreffenden und weitläufig akzeptierten Gewohnheit der jüngeren Generationen, vieles gleichzeitig zu machen (Multitasking), so z. B. während eines persönlichen Gesprächs gleichzeitig im Internet nach Informationen zu suchen, was Älteren als unhöflich anmutet, für die Jüngeren jedoch eher eine effektive Form der Zeitnutzung darstellt. Oder es wird während eines Meetings parallel am Laptop an den besprochenen Themen gearbeitet, was Ältere häufig irritiert, für die Generationen Y und Z aber eine effiziente Nutzung ihrer Ressourcen darstellt und völlig selbstverständlich ist.

Auch gibt es unterschiedliche Auffassungen über offene Kommunikation – nicht nur horizontal, sondern auch vertikal, d. h. Hierarchie übergreifend. Die Feedback- und Kommunikationskultur zeigt deutliche Unterschiede: Während die jüngeren Generationen konstruktives und offenes Feedback schätzen, haben ältere Mitarbeiter in der Regel kaum gelernt, angemessen Feedback zu geben bzw. damit umzugehen. Sie befürchten, dass ein intensives Feedback mit Misstrauen und Unselbstständigkeit verbunden ist.

In engem Zusammenhang hierzu steht die offene Art, in der die jüngere Generation üblicherweise kommuniziert und die von vielen Älteren, die eher zu einer zurückhaltenden Form der Kommunikation erzogen wurden, leicht als respektlos und beleidigend interpretiert wird. Verstärkt wird dies durch den Umstand, dass die heutigen Älteren in ihren jungen Jahren sehr darum bemüht waren, sich den Weg für eine langfristige Tätigkeit in „ihrem" Unternehmen zu ebnen und sich daher der damaligen älteren Generation im Betrieb eher unterordneten. Die Jüngeren hingegen, die – gerade wenn sie gut qualifiziert sind – sehr wohl wissen, dass sie eine Art „Mangelware" darstellen, sehen für sich nur noch bedingt die Notwendigkeit, sich anzupassen und stellen die über viele Jahre hinweg bewährten Strukturen und Prozesse, die von den Älteren geschaffen wurden, infrage.

Die zusammenarbeitenden Generationen unterscheiden sich also nicht unerheblich hinsichtlich ihrer Werte, ihres Verhaltens und ihrer Einstellungen. Auch die Kompetenzen der verschiedenen Generationen und ihre Erwartungen an das Arbeitsumfeld unterscheiden sich deutlich. Unternehmen, die im globalen Wettbewerb künftig mit einer kompetenten und über alle Altersstufen hinweg leistungsfähigen und

-bereiten Belegschaft bestehen möchten, tun also gut daran, einen genaueren Blick auf diese generationenbezogenen Zusammenhänge zu werfen.

3.2 Die Generation Y in der Arbeitswelt

Neben den bereits beschriebenen veränderten Herangehensweisen an Arbeit und privates Leben zeigen sich im Rahmen des beschriebenen Wandels weitere Aspekte: Jugend alleine ist noch kein Garant für Unternehmenserfolg. Und nicht alle Digital Natives sind auf dem Arbeitsmarkt gleichermaßen gefragt. Der „War for Talents" fokussiert sich, ganz wie der Name sagt, tatsächlich nur auf diejenigen, die aufgrund ihrer besonderen Fähigkeiten in der Minderheit und begehrt sind, wie etwa Ingenieure, Informatiker oder Betriebswirte mit internationaler Ausbildung und praktischer Erfahrung. Für den Bachelor in Kommunikationswissenschaften und viele weitere Berufsfelder bleibt der Arbeitsmarkt generell weiter eng, so die Einschätzung. „Es könnte sich eine Zweiklassengesellschaft unter den Hochschulabgängern herausbilden", meint Kienbaum-Partner Sörge Drosten: „Die einen im War for Talent hoch umworben, die anderen mit mittelmäßigen Einstiegschancen wie eh und je."

Das heißt jedoch zunächst lediglich, dass viele Berufsfelder nicht direkt vom Fachkräftemangel betroffen sein werden. Die Metakompetenzen und Haltungen ihrer Generation bringen die meisten anderen Vertreter natürlich dennoch mit – unabhängig vom Beruf.

Die veränderten Werte der jüngeren Generationen spiegeln sich schon in den Statistiken. Von 2006 bis 2011 ist z. B. der Anteil der jungen Betriebswirte, die in der Umfrage Work-Life-Balance als wichtigen Faktor bei der Arbeitgeberwahl nennen, von 38,6 auf mehr als 50 Prozent gestiegen. Ähnliches gilt für die soziale Verantwortung eines Unternehmens (von 14,5 auf 21,5 Prozent) – und auch für die Wichtigkeit der Höhe des Einstiegsgehalts (von 17 auf 27,6 Prozent).

Vielen Digital Natives mit ihren Metakompetenzen einer überdurchschnittlich offenen Kommunikation, ihrer schnellen Taktung und dem hohen Maß an Flexibilität, bieten sich die seit Langem wohl besten Ein- und Aufstiegschancen in eine Karriere. Unternehmen wie Daimler stellen sich langsam darauf ein: Der Konzern twittert und facebookt, seit gut drei Jahren gibt es die firmeneigene Kinderkrippe und auch Führungspositionen können per Jobsharing besetzt werden. Um 16 Uhr geht man ins Fitnessstudio und um 19 Uhr arbeitet man noch einmal für drei Stunden von zu Hause. Es gibt Elternzeit, Auszeit, Weiterbildung – was früher nervige Extrawürste waren, ist heute beinahe selbstverständlich. „Hätte ich in meinem Bewerbungsgespräch nach einem Sabbatical gefragt, wäre die Antwort gewesen: ‚Na klar, fangen Sie doch gleich damit an'", sagt Wilfried Porth, Personalvorstand bei Daimler. Mit Smartphone ohnehin immer online, erscheint der jüngeren Generation die überlieferte Präsenzkultur vieler Unternehmen „artifiziell", sagt Armin Trost, Professor für Personalwesen an der Hochschule Furtwangen.[48]

Wolfgang Zieren, KPMG-Personalvorstand, stellt in 2011 rund 1.400 Hochschulabsolventen ein: „Die Herausforderung für uns ist nicht eine bestimmte Generation, sondern, die Wünsche der verschiedenen Generationen im Unternehmen in Einklang zu bringen." Ihn beschäftigen das Bedürfnis der jüngeren Generation nach Anleitung und ihr Anspruch, möglichst oft Feedback zu bekommen. „Sie erwarten in besonderem Maße, dass man sich regelmäßig mit ihnen austauscht." 2007 führte KPMG den „People Management Leader" (PML) für alle Mitarbeiter ein, der vor allem den Wünschen der Generation Y entgegenkommt. Denn der PML, eine Art Mentor, spricht mindestens einmal im Quartal mit seinem Schützling. Persönlich oder auch telefonisch gibt er Beurteilungen ab und holt die Meinungen der Manager ein, die mit der Nachwuchskraft zusammenarbeiten. Ziel ist es, Karrieren gezielter zu fördern und die Fluktuation im Unternehmen zu verringern. Das große Bedürfnis nach Aufmerksamkeit der Generation Y war hier Ursache der Neuerung. „Für die Generation, die sehr intensiv über SMS, Chats und Facebook kommuniziert, gehört die direkte Rückmeldung einfach dazu", sagt Kienbaum-Partner Sörge Drosten.[49]

„Es ist eine äußerst selbstbewusste Generation entstanden, die optimistisch und leistungsorientiert in die eigene Zukunft blickt, auch wenn die Rahmenbedingungen unsicher scheinen", meint der Sozialforscher und Mitverfasser der Shell-Jugendstudie Thomas Gensicke.[50]

Deshalb fordert die jüngere Generation generell nicht nur mehr Feedback, sie gibt auch mehr – gerne auch ungefragt, auch per Mail direkt an den Vorstand. Von klein auf gewohnt, sich mit Autoritäten auf Augenhöhe auseinanderzusetzen, haben sie in Schule und Universität die Bewertung von Lehrern und Professoren durchgesetzt – und nehmen nun auch kein Blatt vor den Mund, wenn ihnen ein Projekt, eine Personalie, eine Strategie unsinnig erscheint.[51]

Anders als die „Digital Natives", die über die virtuelle Welt ausgesprochene Teamplayer sind, ist bereits heute abzusehen, dass mit der „Generation Z" eine deutlich individuellere Gruppe heranwächst, die selbstgesteuerter denkt und handelt – und so auch mehr individuelle Verantwortung übernimmt.

---

[48] Spiegel Online, KarriereSpiegel: Generation Y – Die Gewinner des Arbeitsmarkts; Eva Buchhorn und Klaus Werle, 07.06.2011.
[49] Ebenda
[50] Ebenda
[51] Ebenda

4 Unternehmen im Zeichen rasanter Innovationszyklen

Eine Arbeitswelt im Umbruch geht zwingend einher mit Umbrüchen auf der Unternehmensebene. Innovationszyklen gab es schon immer, wenn auch nicht mit dieser hohen, sich ständig erhöhenden Geschwindigkeit der Informationsgesellschaft. Und es gab immer Unternehmen, die diese Veränderungen verschlafen haben und andere, die die Gunst der Stunde am Schopfe packten.

4.1 Innovation in der Informationsgesellschaft

Die mit der Informations- und Kommunikationstechnologie einhergehende Digitalisierung, Virtualisierung, Mediatisierung und Mobilisierung eröffnen Möglichkeiten der räumlichen und zeitlichen Unabhängigkeit und tragen zu enormen Zeitersparnissen bei. Gleichzeitig lässt sich mit fortschreitendem technologischen Fortschritt allerdings auch eine Beschleunigung beobachten. Insbesondere in der Arbeitswelt ist dies deutlich zu spüren, aber auch in privaten Lebensbereichen haben diese Technologien und der damit veränderte Umgang mit Zeit einen Einfluss. Menschen im elektronischen Zeitalter müssen neu leben lernen, weil sich die Maßstäbe und die Geschwindigkeit des Lebens fundamental verändern.

Es ist noch gar nicht lange her, da verkündete Matthias Horx auf seiner Website „Das Internet ist nicht nur eine technische Plattform, es ist auch ein **soziales Medium**, in dem mittelfristig neue ‚Soziotechniken' entstehen. Diese müssen eingeübt und erlernt werden, wie das Autofahren (dazu haben wir Jahrzehnte gebraucht)[52]. Diejenigen, die das Internet heute im Sinne eines **aktiven Wissensmediums** gebrauchen, sind noch die Minderheit, etwa 20 Prozent der Gesamtbevölkerung (dazu gibt es noch ca. 40 Prozent ‚Gelegenheitsnutzer'). Etwa 30 Prozent der Bevölkerung sind ‚Internet-resistent' – sie wollen mit dem Medium nichts zu tun haben."[53] Und Kenneth Olsen, Gründer der Computerfirma Digital Equipment Corp., stellte noch im Jahr 1977 fest: „Es gibt keinen Grund für eine Einzelperson, einen Computer zu Hause zu haben."[54]

Dies ist umso erstaunlicher, als das Internet und alle damit verbundenen neuen Kommunikationsformen ja nicht unerwartet über uns gekommen sind, wie ein Vul-

---

[52] Der große Unternehmer Gottlieb Daimler selbst sah den Automobilmarkt weltweit auf maximal 5.000 Fahrzeuge beschränkt, „...denn es gibt nicht so viele Chauffeure, um sie zu steuern." Quelle: Dorau, U. und Woeckel, P.: Jobreport Engineering, München 2001. Und die renommierte Business Week stellte in ihrer Ausgabe vom 2. August 1968 immerhin noch fest: „Nachdem nun über fünfzig japanische Fahrzeuge in den USA verkauft wurden, dürfte die japanische Autoindustrie kaum mehr auf größere Nachfrage stoßen." Maxeiner, D. & Miersch, M.: Dumm gelaufen – Vorhersagen von gestern, online 1996-2009, www.maxeiner-miersch.de/dumm_gelaufen.htm

[53] www.horx.de

[54] Newsweek 27.01.1997.

kanausbruch oder ein Unfall. Das Problem vieler Mensch scheint also nicht mit dem Medium an sich zusammenzuhängen, sondern mit einer fehlenden Anpassungsfähigkeit an neue Gegebenheiten. Denn dass die Informationstechnologie unsere Arbeitswelt komplett verändert, bezweifelt heute keiner mehr. Wir überholen den Evolutionsprozess.

Flexibilität ist gar nicht so einfach, da unser menschliches Gehirn die Routine vorzieht. Etwa 95 Prozent unserer täglichen Entscheidungen fällen wir unbewusst, da sie nach einer kurzen Einübungsphase in Bereich der Großhirnrinde, der Zentrale für alles, was wir bewusst tun, ins Hirninnere abgespeichert wurden. Wir handeln also automatisch, bewegen uns in Gewohnheiten und fühlen uns sicher und wohl dabei. Kein Wunder also, dass unser Hirn zunächst oft buchstäblich dichtmacht, wenn Veränderung ansteht! Schon bei Kleinigkeiten wie neuen Aufgaben oder fremden Ideen schalten viele erst einmal auf Abwehr, um das gut eingespielte, innere System nicht zu stören. Doch dann irgendwann teilt sich die Spreu vom Weizen: In solche, die in der Veränderung etwas Gutes sehen können und andere, denen das aus ganz unterschiedlichen Gründen eben nicht gelingt.

Werfen wir einen Blick auf den Status quo unserer Unternehmenslandschaft, die unser Berufsleben durch den Wandel zur Wissen- und Informationsgesellschaft tatsächlich anspruchsvoller gemacht hat. Know-how ist zum entscheidenden Erfolgsfaktor geworden. Allerdings – und das ist das eigentliche Problem – ist nichts schnelllebiger als Informationen und der Wissensstand von heute. Dies gilt insbesondere für komplexe Berufsbilder, also Bereiche, die mit modernen Technologien oder schnellen Informationen arbeiten, ganz gleich, ob in Produktion, Forschung oder Dienstleistung.

Fast alle Industriesektoren haben extrem kurze Innovationszyklen, teilweise kürzer als ein Jahr. Um dabei die Wettbewerbsfähigkeit beizubehalten oder gar einen Wettbewerbsvorsprung auf- oder auszubauen, muss ein Unternehmen eine hohe Umsetzungsgeschwindigkeit entlang der gesamten Wertschöpfungskette erreichen. Dazu braucht es Mitarbeiter, die ihr Können und Wissen zielgerichtet, schnell und flexibel einsetzen. Und es braucht Führungskräfte ohne Berührungsängste, die genau erkennen, welches Potenzial in jedem Einzelnen steckt. Ein Unternehmen muss sich also mit seiner wichtigsten Ressource, den Mitarbeitern, intensiv auseinandersetzen. Und das kostet zunächst einmal Zeit und Geld. Wie wichtig genau dies für den Unternehmenserfolg ist, sollen die nachfolgenden Beispiele illustrieren.

4.2 Lange erfolgreich, aber den Wandel verschlafen

Ein angemessener Umgang mit Innovationszyklen ist für fast alle Branchen in irgendeiner Form Thema – und nicht erst seit kurzer Zeit. Dennoch gibt es immer wieder prominente Beispiele, die verdeutlichen, dass erstaunlich viele Unternehmer oder Entscheider genau diese Frage gern ausklammern, sie unterschätzen oder einfach nicht verstehen.

In der Telekommunikationssparte ist Anfang des Jahrtausends auf diese Weise sogar einer der Marktführer vom Markt verschwunden. Das Unternehmen hatte sich jahrzehntelang auf seinen unbestrittenen Erfolgen in der Festnetztelefonie ausgeruht – und dabei u. a. den Start in die IP-Telefonie verschlafen. Wie so oft mündete das Unverständnis in Arroganz gegenüber neuen Technologien und insbesondere auch kleineren Wettbewerbern, die plötzlich auftauchten. Folglich befand man es nicht für nötig, die eigenen Mitarbeiter entsprechend zukunftsorientiert zu qualifizieren, was dazu führte, dass der Global Player nach wenigen Jahren vom Fortschritt überholt worden war. Denn als das Management begriffen hatte, wohin sich die gute alte Telefonie mittlerweile entwickelte, arbeiteten im Unternehmen große und unflexible Teams mit einer völlig veralteten Technologie, die nicht mehr zu verkaufen war.

Als dann zusätzlich der Markt einbrach, waren die Konsequenzen für alle Beteiligten bitter: Allein in Deutschland wurden rund 8.000 Mitarbeiter entlassen, weltweit dürften es an die 20.000 gewesen sein. Immerhin entschloss man sich nun, zu handeln: Man konzentrierte sich auf eine neue Software, entwarf neue Plattformen, begann den Service strategischer aufzustellen und verordnete eine strikte Kundenorientierung. Der Erfolg blieb jedoch aus. Am Ende wurde die Sparte zerschlagen und in Teilen verkauft. Was war passiert?

Ein entscheidender Faktor dürfte eine Fehleinschätzung des Marktes gewesen sein, der in dieser Phase deutlich an Tempo und Innovationskraft gewann. Jahrzehntelang hatte man die evolutionäre technische Weiterentwicklung und die hohe Expertise der eigenen Ingenieure als Garant für den wirtschaftlichen Erfolg gesehen. Jahrzehntelanger Erfolg ergab zusätzlich eine Basis für Bequemlichkeit und (unangemessenes) Selbstvertrauen.

Es existierte wenig Fokus auf die Mitarbeiter, deren Entwicklung und Weiterbildung, auf die Unternehmenskultur oder gar auf innovative Konzepte. Selbst in der letalen Krise setzte das Management konsequent auf Produktivitätsziele und Marktanpassung – und vergaß dabei in den umfangreichen Veränderungsprogrammen komplett den „Faktor" Mitarbeiter, das Arbeitsumfeld und die Unternehmenskultur. Kostensparmaßnahmen führten weiterhin dazu, dass Weiterbildungsetats gestrichen und Gehälter eingefroren oder zeitbegrenzt reduziert wurden. Dies zog nicht nur eine empfindliche Abwanderung der kreativsten Mitarbeiter hin zum Wettbewerber nach sich, sondern führte auch zu einer lang anhaltenden Lähmung und Demotivation der verbliebenen Mitarbeiter. So kam die große Sparte nicht mehr auf die Beine und ein Merger bzw. Verkauf wurde strategisch unumgänglich.

Ähnlich ging es dem Kamerahersteller Leica im Jahr 2005: Das Traditionsunternehmen aus dem hessischen Solms hatte über Jahrzehnte schlicht und ergreifend die Digitalisierung der Fotografie verschlafen! Banken kündigten anlässlich dramatischer Umsatzeinbußen ihre Kreditlinien und die Auseinandersetzungen mit den Geldgebern wurden sehr unangenehm. Der „Ferrari der Fotografen", wie die Leica in Insiderkreisen genannt wurde, stand plötzlich in der Boxengasse – zwar immer noch handgefertigt, aber nicht renntauglich.

Das erstaunliche Detail dieser Entwicklung war die Tatsache, dass man in der Unternehmensführung sehenden Auges in die Krise lief. Denn die kurzen Lebenszyklen von Produkten im Digitalmarkt hatte man selbstverständlich erkannt, sich jedoch dazu entschlossen, an der traditionellen analogen Kameratechnik festzuhalten – charmant eingebettet in die Leica-Philosophie von Langlebigkeit und Qualität. Eine Fehlentscheidung, wie auch Unternehmenssprecher Gero Furchheim im Juni 2005[55] zugeben musste.

Fortan wollte das Unternehmen das digitale Geschäft gleichwertig zum analogen Bereich ausbauen. Immerhin, man hatte es gerade noch einmal geschafft. Allerdings musste man dazu an die Eigenkapitalreserven gehen – im Hinblick auf die Krise 2008 für Leica ein großes Problem. „Die Kultmarke ist tief in die roten Zahlen gerutscht," heißt es im Handelsblatt vom 19.10.2009[56]. „Im ersten Quartal fiel ein Verlust von 6,8 Mio. Euro an. Damit verdoppelte sich der Verlust im Jahresvergleich sogar noch einmal. Als Reaktion auf die dramatische Geschäftslage kürzt das Unternehmen nun seinen Forschungs- und Entwicklungsetat um 2,5 Mio. Euro. Dabei wären eigentlich Investitionen in neue Modelle nötig."

Dass es auch ganz anders geht, indem man Entwicklung und Innovation nicht als Bedrohung, sondern als Chance versteht, macht das Beispiel von NOKIA deutlich. Das Unternehmen hat es sehr lange geschafft, sich flexibel genug zu halten, um trotz ihrer Größe schnell auf Marktveränderungen und Trends reagieren zu können. Gegründet 1865 als Papiermühle, produzierten die Finnen zunächst Radiergummi und Kabel, ehe das Unternehmen 1960 die erste eigene Elektroniksparte gründete.

Bereits damals sah man die erstaunlichen Entwicklungsoptionen in der Telefonie voraus und machte sich 1980, als das erste Nordische Mobilfunknetz ins Leben gerufen worden war, mit passenden Produkten einen Namen. Es folgten zeitnah GSM- und satellitengesteuerte Mobilfunkgeräte, die stets auf dem neusten Stand der Technik und Vorreiter ihrer Kategorie waren. 1998 war das Unternehmen Weltmarktführer.

---

[55] Der Standard, Printausgabe v. 13.06.2005.
[56] Handelsblatt v. 16.10.2009, Brillen, A.: Mittelstand spart sich Forschung und Entwicklung.

Doch nicht nur hier agiert Nokia: Auch in der konvergierenden Internet- und Kommunikationsbranche bietet das Unternehmen eine Vielfalt an Musik-, Navigations-, Video-, TV-, Spiel- und Fotografiefunktionen sowie Produkte und Dienste für Kommunikationsnetzwerke. Interessant ist es momentan – denn die Öffentlichkeit, die Konsumenten beobachten genau und sehen –, dass sich NOKIA zuletzt sehr stark auf Prozesse und Strukturen fokussiert und neue Entwicklungen, z. B. bei den Smartphones, verschlafen hat. Die Konkurrenz schläft nie: Google, RIM, Apple und Co. haben gleichgezogen und in einigen Bereichen Nokia überholt – ein weiteres Beispiel für unsere schnelllebigen Innovationszyklen und für Lebensphasen von Unternehmen.

Innovation klingt generell gut – benötigt jedoch ein entsprechendes Umfeld: unternehmensintern als Innovationsprozess und -kultur, extern in Regulierung und Gesetzgebung.[57]

Bezogen auf die gesellschaftlichen und politischen Rahmenbedingungen stellt sich hier auch die Frage, ob z. B. der Patentschutz mit Laufzeiten von bis zu 20 Jahren noch zeitgemäß ist. Eine internationale Studie[58], die 177 patentrelevante Politikmaßnahmen in 60 Ländern über den Zeitraum von 150 Jahren bewertet hat, zeigt ganz klar, dass ein zu reglementierter Patentschutz Innovationen messbar behindert. Zu oft kommt es vor, dass sich eine möglicherweise schützenswerte Innovation während des langsamen internationalen Patentprozederes wieder überholt, weil die Patentrechte einzelner Länder komplizierte langwierige Prozesse erfordern. Auch die kürzer gewordenen Lebensspannen von Unternehmen spielen im Gesamtzusammenhang Innovation eine Rolle. Durchschnittlich weniger als 25 Jahre Lebensdauer attestiert eine Statistik der Creditreform 75 Prozent der Unternehmen, Tendenz abnehmend – bei gemittelten 80 Jahren Lebenszeit des Menschen[59]. Im Zusammenhang mit Patentlaufzeiten, unternehmensintern strukturierten, aber teils langwierigen Prozessen und Kostendruck zeigt dies, dass die technische Entwicklung und die dadurch geschaffene gesellschaftliche Realität die Planungen und Strategien schon überholt hat.

---

[57] NOKIA hat den Anschluss an das lukrative Smartphone-Geschäft verpasst. Seit September 2010 soll der neue Handy-Vorstand eine Kurskorrektur vornehmen (dpa 15.09.2010).

[58] Gallini, N.: The Economics of Patents: Lessons from Recent U.S. Patent Reform. Journal of Economic Perspectives, Vol. 16, Nr. 2, S. 131 – 154. 2002.

[59] Creditreform Wirtschaftsdatenbank 2009.

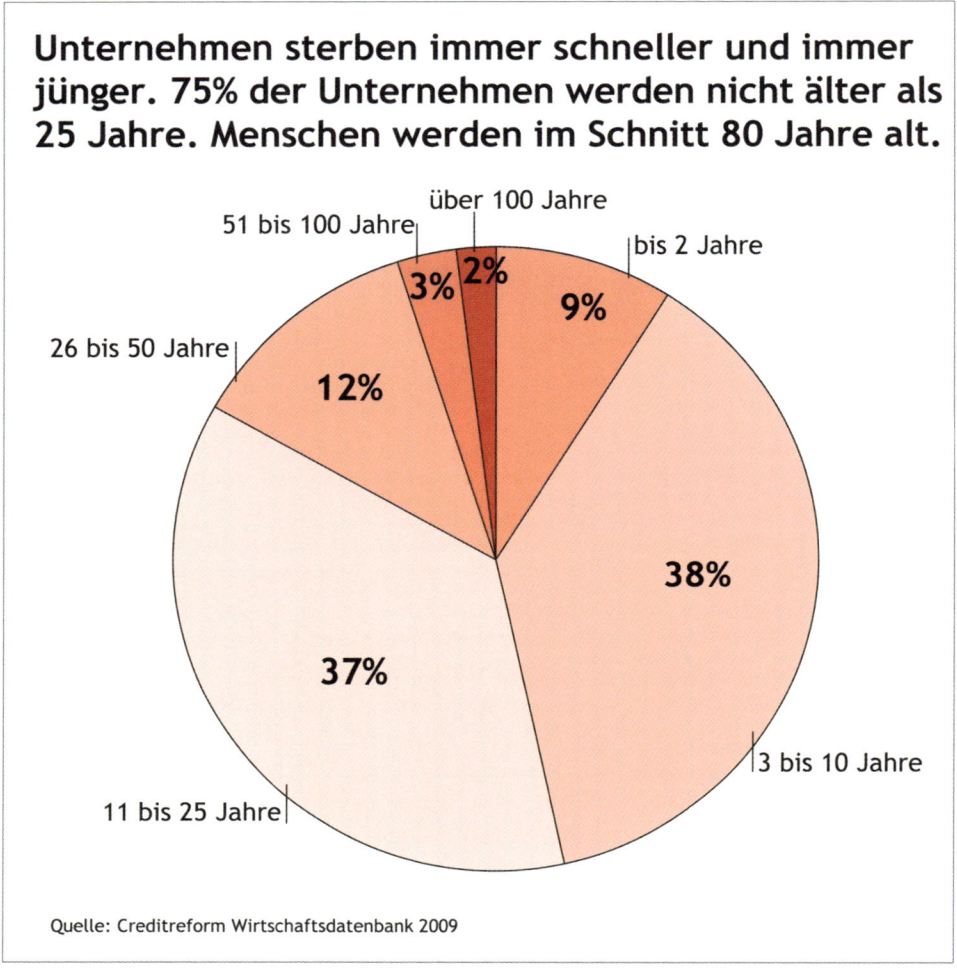

Unternehmen sterben immer schneller und immer jünger. 75% der Unternehmen werden nicht älter als 25 Jahre. Menschen werden im Schnitt 80 Jahre alt.

über 100 Jahre

51 bis 100 Jahre

bis 2 Jahre

3% 2%

9%

26 bis 50 Jahre

12%

38%

37%

3 bis 10 Jahre

11 bis 25 Jahre

Quelle: Creditreform Wirtschaftsdatenbank 2009

Abb. 4: Unternehmenssterben[60]

Dass die Innovationszyklen ständig kürzer werden, ist mittlerweile Allgemeinwissen. Die vielerorts verbreitete Angst davor ist jedoch häufig unbegründet, das zeigen Erfolgsgeschichten ganz deutlich.

Angesichts des gesellschaftlichen und des technologischen Umfelds, in dem wir uns bewegen, ist ein hohes Maß an Innovation zu erwarten und wird Standard sein. In den meisten Industriesektoren gehören Forschung, Entwicklung und Innovationsumfelder zur Kernstrategie.

---

[60] Creditreform Wirtschaftsdatenbank 2009.

Diejenigen Unternehmen, die darum kämpfen, im Markt mithalten zu können, haben sich sehr stark auf Prozesse fokussiert und ein innovatives Klima – und dessen Voraussetzung, nämlich einen hohen Freiheitsgrad – vernachlässigt. Auch Unternehmen gehen durch verschiedene Entwicklungsphasen. Im jüngeren Lifecycle eines Unternehmens, wenn es aus der Pionierphase in die Phase der Versachlichung (Ratio-Phase) geht, stark wächst und sich etabliert hat, werden oft viele Prozesse entwickelt und im Unternehmen implementiert, Prozesshandbücher und Entscheidungsmatrizes werden erstellt und man versucht, das vermeintliche „Chaos" der Pionierphase zu bändigen. „Proceedurelize everything that moves", so formuliert es ein amerikanischer Topmanager eines globalen Logistikunternehmens leicht ironisch und beschreibt damit einen zu starken Fokus vieler Manager darauf, alles planbar, kontrollierbar und vorhersagbar zu gestalten und Erfolge kurzfristig zu messen. In Umfeldern wie diesen gehen Innovationskraft und unternehmerische Intensität schnell verloren.

Auch im Zusammenhang mit Innovationszielen neigen Unternehmen dazu, neue Prozesse zu entwickeln und Programme aufzusetzen – und das ist häufig sinnvoll. Allein durch veränderte interne Prozesse oder Innovationsprogramme jedoch wird kein Unternehmen seine Innovationskraft stärken. Wichtig für das erfolgreiche Mitgestalten von Märkten sind verschiedene Faktoren. Entscheidende Parameter sind z. B. eine clevere Innovationsstrategie mit Freiraum für Disruptives, eingebettet ins strategische Portfolio, eine gesunde Innovationskultur, die Effizienz der Managementprozesse zur Realisierung der Marktreife und der messbare Innovationserfolg nach Markteintritt. Entscheidend sind aber vor allem flexible, engagierte Mitarbeiter, die sich in ihrem Umfeld frei fühlen, ihre Expertise einzubringen und deren Umsetzung 1:1 verfolgen können – in für sie akzeptablem Tempo.
Die Sonova AG, seit über 60 Jahren der weltweit führende Anbieter von Hörsystemen, generiert beispielsweise mittlerweile 77 Prozent seines Gesamtumsatzes mit Produkten aus den letzten zwei Jahren![61]
Ziel des Multitechnologiekonzerns 3M ist es beispielsweise, 40 Prozent des Umsatzes mit Produkten zu erreichen, die jünger als fünf Jahre sind. Dabei fördert das Unternehmen Mut und Kreativität seiner Mitarbeiter, unter anderem dadurch, dass es gezielt Freiräume schafft.[62]
Der „Hidden Champions"-Experte Hermann Simon formuliert es so: „Weltmarktführer ist und bleibt man nur durch Innovation."[63] Die Innovationsaktivitäten sollten sich jedoch „nicht auf Produkt und Technologie beschränken." Denn „für den Innovationserfolg sind Köpfe und Qualität wichtiger als Budgets."

---

[61] Bruch, H.: Organisationale Energie und die Beschleunigungsfalle – Wettbewerbsvorteil Gesundheit (Vortrag), Netzwerktreffen Selbst-GmbH, 27. Mai 2011, Köln.
[62] www.3m.de
[63] Simon, H.: Hidden Champions des 21. Jahrhunderts, Campus 2007, S. 221 ff.

Nur wer seine Mitarbeiter mitnimmt, sie als wesentlichen Bestandteil und treibende Kraft aller Innovationen begreift, sie fördert und ihnen erforderliche Freiräume gibt, wird im Innovationskarussell nicht die Orientierung verlieren.

Und Thomas Sattelberger beschreibt in seinem Modell die Faktoren „Menschen wertschätzen und nicht Sachkapital, lockere Steuerung, aber gleichzeitig Kontrolle, Lernen und Transformation initiieren und Gestalten der menschlichen Gemeinschaft" als Grundbedingungen einer gesunden Unternehmenskultur[64].

Das klingt gut – es stellt sich nun allerdings die Frage, wie man diese Faktoren konkret im Unternehmensalltag mit Inhalten füllt. Dazu werden Sie in den folgenden Kapitel mehr erfahren.

5 Demografische Entwicklung – ein „Brandbeschleuniger"

Wie bereits ausführlich beschrieben, ist unsere Gesellschaft im Begriff, zu überaltern: Eine Generation wird in Deutschland im Schnitt mit 20 Jahren berechnet; die durchschnittliche Lebenserwartung liegt bei 80 Jahren.[65] Mit einer Geburtenrate von 1,4 Prozent leben wir in Deutschland nicht „bestandserhaltend" – erforderlich wären dazu 2,1 Geburten pro Frau. Diese Entwicklung ist seit mehr als 30 Jahren erstaunlich stabil und eine Trendwende, die Jahrzehnte benötigen würde, um Wirkung zu zeigen, ist nicht in Sicht. Die Zahlen gelten im Prinzip mit nur leichten Abweichungen für alle westlichen Industrienationen. Ihnen gegenüber steht die schier nicht enden wollende Bevölkerungsmehrung in der dritten Welt.

Ein interessantes Gedankenexperiment bietet sich, wenn man der Dynamik der sogenannten Babyboomergeneration einen internationalen Blick schenkt. Die Boomer sind die stärksten demografischen Jahrgänge in den westlichen Ländern sowie in Japan, Australien und Neuseeland. Wobei der Babyboom zu verschiedenen Zeiten auftrat: Während er in den USA von Mitte der 1940er- bis Mitte der 1960er-Jahre dauerte, begann er in Deutschland erst Mitte der 1950er-Jahre und dauerte bis Mitte der 1960er-Jahre.

Allein in Amerika gibt es laut US-Statistikbehörde rund 78 Millionen Boomer. Im Schnitt feiern also jedes Jahr mehr als vier Millionen Amerikaner ihren 60. Geburtstag. Das sind 11.000 Menschen am Tag, die 60 Jahre alt werden – bestausgebildet und vermögend.[66] Und sie sinnieren in aller Regel an diesem Wendepunkt im Leben über den Sinn und die Ausrichtung der vor ihnen liegenden 20 oder mehr Lebensjahre nach und reflektieren gleichzeitig über die vergangenen Jahre. Und jenseits aller Gefühlsduselei kommen hier interessante Dynamiken zusammen, und

---

[64] Sattelberger, T. im Rahmen des Eröffnungsvortrages des Selbst-GmbH Netzwerktreffens, Köln, 26.05.2011.

[65] Althauser, U.; Schmitz, M. und Venema, C.: Demografie – Engpass Personal, Luchterhand, Köln 2008.

[66] Pink, D.: Drive, ecowin, Berlin 2010.

zwar nicht nur das erwähnte kulturelle Spannungsfeld zwischen Digital Natives und Babyboomern, das im weiteren Teil des Buches Thema sein wird.

So wird der bereits erörterte Wertewandel von zwei Seiten getragen: Die Babyboomer rücken aufgrund ihrer aktuellen Lebensphase und ihrer schieren Anzahl das Thema Sinnerfüllung und Reflexion in Richtung des Zentrums unserer Kultur. Da sie häufig noch eingebettet sind in verantwortungsvolle Positionen in Wirtschaft, Wissenschaft und Gesellschaft, könnten sie so einen Paradigmenwechsel hin zur Sinnmaximierung unterstützen. Die jüngeren Generationen bringen diese veränderten Werte bereits mit.

Doch zunächst zurück zur Demografie. Im Gegensatz zu den schnelllebigen Veränderungen unseres Umfeldes ist die Entwicklung der Bevölkerungsstruktur eine gleichförmige und berechenbare Größe. Ein Lebensjahr ist und bleibt ein Lebensjahr – und Veränderungen sind stets nur in Generationen messbar. Lediglich einschneidende und nicht zwingend vorausberechenbare Ereignisse wie Kriege, humanitäre Katastrophen oder – regional betrachtet – der Niedergang bestimmter Industriezweige hinterlassen durch erhöhte Todesraten oder Abwanderungen Spuren in den Daten, doch auch sie werden dann sofort zu gut kalkulierbaren Größen für die Zukunft.

Die Berechnung der Bevölkerungsentwicklung ist also ein recht verlässlicher Parameter. Wir können prognostizieren, wo wir in den nächsten Jahren stehen. Und die Entwicklung lässt uns viel Zeit, mit den Zahlen zu arbeiten und auf Trends zu reagieren – immerhin umfasst eine Generation ca. 15 Jahre.

Die menschliche Wahrnehmung hat in diesem Zusammenhang eine Eigenart: Generell nehmen wir spontane Ereignisse, plötzliche Geschehnisse deutlicher wahr als kontinuierliche Prozesse ohne aufsehenerregendes Veränderungspotenzial. Wir übersehen dabei oft die zu den kontinuierlichen Prozessen gehörenden meist länger andauernden Auswirkungen, die irgendwann zu schlagartigen Veränderungen führen – in der Systemtheorie auch als zeitverzögerte Wirkung bekannt.

Typische Beispiele sind hier Umweltkatastrophen, die oft durch jahrzehntelange Eingriffe in die Natur entstehen, regional ausbrechende Konflikte, deren Ursache oft Jahrhunderte zurückliegt oder Portfoliostrategien, die zunächst unbemerkt immer weiter am Kundenbedarf vorbeigehen und am Ende zum Umsatzeinbruch führen.

Dass wir statistisch gesehen aktuell zu wenig Kinder in die Welt setzen, liegt nicht etwa an der Kinderfeindlichkeit unserer heutigen Gesellschaft, sondern ist immer noch eine Folge des nachlassenden Kinderwunsches seit Ende der Sechzigerjahre. Und das ist kein Demografieproblem, sondern auch eine logische Konsequenz einer gesellschaftlichen Veränderung, die Frauen aus der klassischen Mutterrolle hinein in das Berufsleben geholt hat.

Was also ist die viel beschworene demografische Zeitbombe? Das Problem liegt in unserem sozialen System. Wir leben in einem Sozialstaat, in dem der arbeitende

Teil der Bevölkerung durch feste Abgaben für die Versorgung des nicht mehr arbeitenden Teils sorgt. Ein an sich vorbildliches System, das aber nur dann ohne innere gesellschaftliche Umwälzungen funktioniert, wenn die prognostizierte demografische Entwicklung auch tatsächlich eintritt. Ein ganz einfaches Rechenexempel also, bei dem der vorhandene Kuchen gerecht geteilt wird und der in Zukunft benötigte schon in der Röhre dampft.

Doch der Mensch spielt nicht mehr mit. Der Nachschub fehlt – und so müssen immer weniger arbeitende Menschen für immer mehr Rentner sorgen – ein Ende dieser Schere ist nicht in Sicht. Unser Staat steht damit vor einem großen Problem: Das gesamte Sozialsystem, auf das man jahrzehntelang so stolz war, die Renten, Krankenversicherungen und Steuern drohen in unmittelbarer Zukunft einzubrechen – und eine Lösung gibt es bislang nicht.

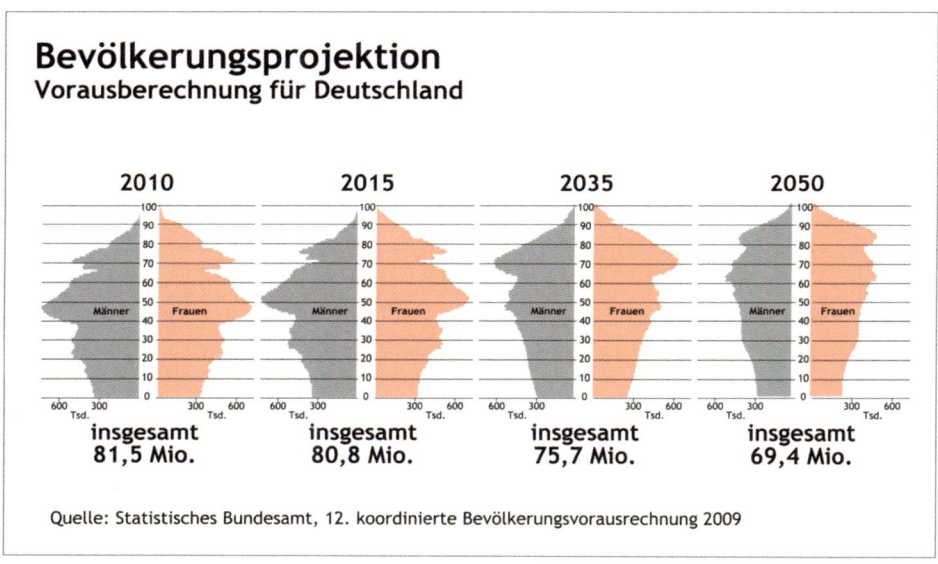

Abb. 5: Bevölkerungsprojektion, Vorausberechnung für Deutschland

Denn welche Lösung auch immer vorgeschlagen wird, sie hat einen entscheidenden Nachteil: Sie ist unpopulär – und damit für Politiker unattraktiv. Jeder kleinste Vorschlag, dieser Entwicklung entgegenzusteuern – sei es mit einem höheren Renteneintrittsalter, um sich der steigenden Lebenserwartung anzupassen, oder mit einem anderen Krankenversicherungssystem, das leistungsgebundener berechnet wird –, provoziert einen Aufschrei der Entrüstung. Und Ideen, die sich mit langfristigen Strategien befassen, versanden – sicher auch deshalb, weil man damit keine Wahlen gewinnen kann. Bleibt zu hoffen, dass sich in Zukunft ein Bewusstsein entwickelt, das die Erwartungen des Einzelnen an staatliche Fürsorge herunterschraubt – den tatsächlichen Entwicklungen in unserer Gesellschaft angepasst. Die jungen Generationen bieten hier im Übrigen eine hervorragende Chance: Beschrieben auch als Generation Feedback, wollen sie maximale Transparenz, also auf keinen Fall, dass sie etwas vorgemacht bekommen.

Der Arbeitsmarkt ist ähnlich betroffen. Weniger Menschen bringen weniger Arbeitskraft, folglich gibt es auch weniger Fachkräfte und Führungskräfte. Sind diese Menschen aufgrund einer schlechteren Versorgung nicht in der Lage, ausreichend in Bildung zu investieren, droht paradoxerweise gleichzeitig eine höhere Arbeitslosigkeit bei deutlich längeren Lebensarbeitszeiten.

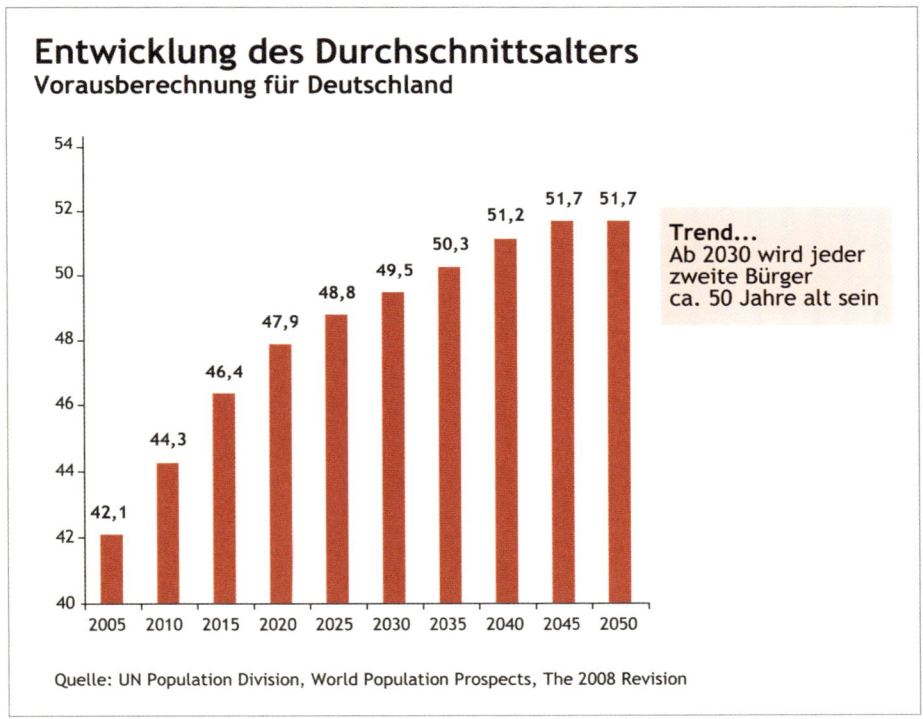

Abb. 6: Entwicklung des Durchschnittalters

Zurzeit ist es eher die Ausnahme, dass Unternehmen sich strategisch mit der Veränderung ihrer Belegschaftsstruktur auseinandersetzen. Es kommt häufig zu frappierenden Erkenntnissen, wenn man die Alterung der eigenen Belegschaft simuliert. Selbst wenn valide Daten über (gewünschte oder ungewollte) Fluktuationen mit einbezogen werden, kommt auch der Organismus Unternehmen nicht um einen Altersprozess umhin. Dieser altert zwar etwas langsamer, da das Durchschnittsalter im Unternehmen nicht pro Zeitjahr um ein Jahr mitschreitet.

Unübersehbar ist jedoch eine Verlagerung hin zum älteren Semester, was an sich nicht grundsätzlich problematisch ist. Man sollte aber ständig hinterfragen, ob die strategische Ausrichtung des Geschäftsmodells noch zeitgemäß ist. Unternehmenslenker und Personalstrategen sollten sich den Alterungsprozess des eigenen Unternehmens klar vor Augen führen. Die Institution Unternehmen kann kein Eigenleben innerhalb der demografischen Veränderung führen. Es altert zwangsläufig mit.

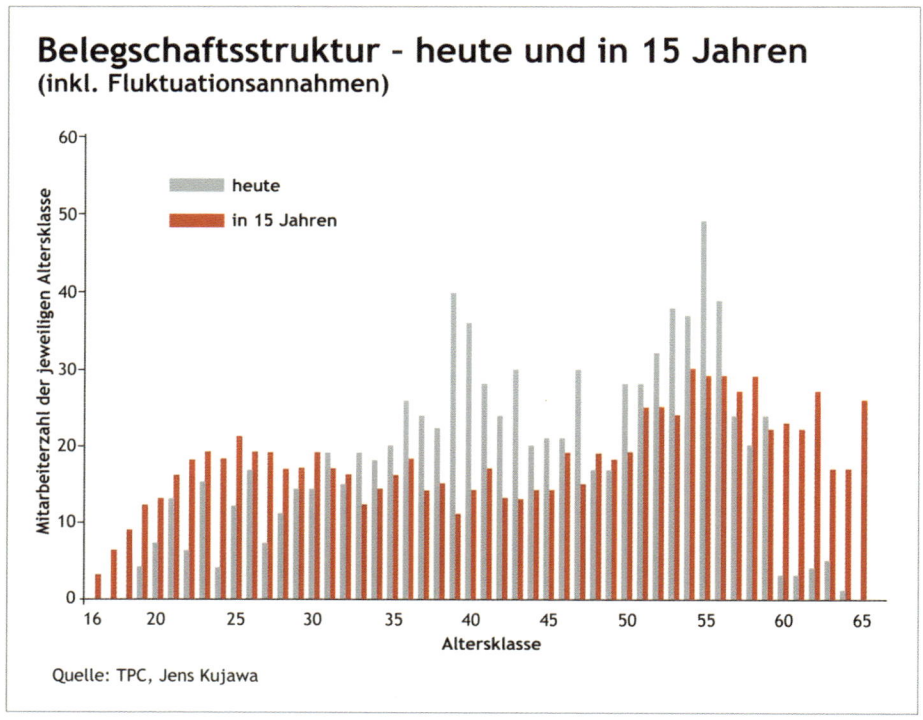

Abb. 7: Simulation einer veränderten Belegschaftsstruktur in Unternehmen[67]

In absoluten Zahlen ausgedrückt werden in ca. fünf Jahren in der Alterskategorie „bis 50 Jahre" 300.000 Fach- und Führungskräfte weniger vorhanden sein als heute. Bis zum Jahr 2020 wird sich diese Lücke auf knapp 500.000 Personen vergrößert haben. Die Konsequenzen einer solchen Verschiebung für die Arbeitswelt werden als immens eingeschätzt."[68] Interessant ist, dass wir auf Unternehmensebene in den HR Strategien so wenig diesbezüglichen „Sense-of-Urgency" sehen.

---

[67] Kujawa, J.: anonymisierte Unternehmenspräsentation, September 2010.
[68] Ebenda, S. 13/14.

Doch ist diese demografische Entwicklung wirklich so kompliziert, dass Folgen nur „erahnt" werden können? Wohl kaum. Der ehemalige SPD-Vorsitzende Franz Müntefering bringt die Kernthemen, an die man seiner Meinung nach nun schleunigst herantreten muss, auf den Punkt: „Auch 70-Jährige oder Ältere haben ihre Aufgabe und Verantwortung. Demokratie kennt keinen Schaukelstuhl. Solange man klar im Kopf ist, muss man Verantwortung übernehmen. (...) Ehrenamt und Freiwilligendienste sind in einer alternden Gesellschaft besonders wichtig. Und im Beruf müssen wir uns vom Senioritätsprinzip trennen. Man muss mit 60 oder 65 nicht an der Spitze stehen. (...) Wenn die Gesellschaft schrumpft und altert und wir weiterhin Wohlstand haben wollen, dann müssen wir in Bildung, in Ausbildung, in die Bildungschancen aller investieren."[69]

Auch Axel Börsch-Supan, Leiter des Mannheimer Forschungsinstitutes Ökonomie und Demografischer Wandel (MEA) kommt zu ähnlichen Ergebnissen[70]: An einer längeren Lebensarbeitszeit kommen wir seiner Meinung nach nicht vorbei, zumal sich auch unser Krankenverhalten mit zunehmender Lebenserwartung verändert. „Mit steigender Lebenserwartung verschieben sich auch Krankheiten und Behinderungen nach hinten." Nach Börsch-Supan müssten „Erwerbstätigkeit und Produktivität (...) erhöht werden." Das Vorbild dafür sei Dänemark. „Das Land ist uns bei der Erwerbstätigkeit in allen Belangen überlegen: Die Menschen dort gehen genau zwei Jahre später in Rente, beginnen zwei Jahre früher zu arbeiten, der Anteil erwerbstätiger Frauen ist deutlich höher und die Arbeitslosenquote geringer." Für mehr Produktivität, so Börsch-Supan, brauche man allerdings auch eine bessere Aus- und Weiterbildung. „Wenn wir weniger Köpfe haben, müssen die wenigstens klüger sein."

Das klingt alles nicht besonders kompliziert, scheint es jedoch zu sein. Denn im internationalen Vergleich ist gerade in Deutschland die Weiterbildung eher schlecht aufgestellt, zumal für fortgeschrittenere Altersklassen. Das ist umso erstaunlicher, da gerade jene die Arbeitswelt der Zukunft entscheidend prägen werden, allein schon durch ihre schiere Masse. Vorruhestand und Frühverrentung sehen die Mannheimer Forscher um Börsch-Supan entsprechend kritisch. Mehr Frauen in der Arbeitswelt könnten zumindest teilweise Löcher in der staatlichen Fürsorge stopfen. Offenbar muss hier jedoch noch ein radikaleres Umdenken stattfinden, um zukünftig Aufgaben in der Arbeitswelt organisieren zu können.

Ein Beispiel für Überlegungen dieser Art bietet wiederum die Medizin: „Dem Deutschen Gesundheitswesen gehen die Ärzte aus" titelte die Bundesärztekammer gemeinsam mit der Kassenärztlichen Bundesvereinigung 2003[71]. Dies könnte verwundern, da die Bevölkerungsdichte abnimmt, also scheinbar weniger Menschen

---

[69] Handelsblatt v. 21.07.2010, „Wir haben kein nennenswertes Demografieproblem".

[70] Handelsblatt v. 09.04.2010: Die demografische Zeitbombe tickt immer lauter, von Tino Andresen.

[71] Braun, G. E. und Schumann, A.: Perspektiven der ambulant ärztlichen Versorgung vor dem Hintergrund des demografischen Wandels, in: Stand und Perspektiven der Öffentlichen Betriebswirtschaftslehre II, Wissenschaftsverlag, Berlin 2006.

folglich auch weniger Ärzte benötigen. Deutschland leidet seit dem Boom der Siebziger Jahre ohnehin unter einer Ärztedichte (in den Metropolen), die in Europa ihresgleichen sucht und von den Kassen kaum finanziert werden kann. Das Problem ist bekannt und wird von den Kassen mit erheblichen Reglementierungen in der ärztlichen Versorgung angegangen.

Doch das Problem ist hausgemacht und systemimmanent: Durch die extreme Fürsorge von Staat und Kassen hat der Patient sich über die Jahre hinweg komfortabel entmündigen lassen. Viele Menschen haben nicht einmal annähernd eine Vorstellung davon, welche Kosten mit ihren Krankheiten und Therapien verbunden sind. Und da die meisten automatisch rundum-krankenversichert sind, also nie eine Rechnung über medizinische Versorgungsleistungen in der Hand halten, ist die Sensibilität für dieses Thema nicht sehr hoch. Wagt es ein Kostenträger, eine Leistung zu kürzen oder gar zu streichen, ist der Protest laut.

Gegen vernünftige Anpassungen ist im Prinzip nichts einzuwenden – lagen doch gerade hier Qualitätskontrollen und kritische Fragen jahrzehntelang auf Eis. Arztpraxen waren bis vor einigen Jahrzehnten Gelddruckmaschinen und der Beruf entsprechend beliebt. Doch die extreme Einmischung der Kassen in die ärztliche Versorgung ist in der Realität alles andere als Heil bringend: Kaum einer der niedergelassenen Ärzte blickt bei der Abrechnung nach den Kassenvorgaben noch durch, wichtige Behandlungen können aus Kostengründen oft nicht mehr verschrieben werden und die aus Patientensicht so wichtige Kooperation mit anderen (Fach-) Ärzten leidet unter Bürokratie und Zuordnungsproblemen bei der Abrechnung. Ganz oben auf der Liste der Unzufriedenen sind die Hausärzte, die gerade im ländlichen Bereich so wichtig für das medizinische und soziale Netz der Bevölkerung sind. Doch die Attraktivität einer Hausarztpraxis hat im Gegensatz zu Fachärzten überproportional abgenommen – wen wundert es. Denn wenn über Regulierungen ein Markt kaputtgemacht wird, sinkt auch der Anreiz, dort engagiert und mit neuen Ideen einzusteigen.

Berücksichtigt man nun die demografische Entwicklung mit der zu erwartenden Überalterung der Bevölkerung und den damit verbundenen tendenziell mehr chronischen und geriatrischen Leiden, stellt sich zu Recht die Frage, wie ein solches System diese Herausforderung schaffen soll. Mehr alte Menschen sind statistisch gesehen auch viel häufiger, schwerer und vor allem länger krank.

An Willensbekundungen und Konzepten zu mehr Vernetzung, virtueller (Tele-) Medizin für den ländlichen Raum oder den Aufbau strategisch sinnvoller Medizinischer Kompetenzzentren mangelt es nicht – nur Freude machen sie niemandem und die (den älteren Generationen angehörigen) Patienten sind und bleiben skeptisch. Es ist ganz offensichtlich: Wer hier etwas verändern möchte, muss entweder unpopuläre Entscheidungen treffen (und das will keiner) oder das System neu überdenken und möglicherweise ganz andere Wege gehen (das trauen sich bislang nur wenige). Die Fragestellungen sind dabei die gleichen wie in der freien Wirtschaft und betreffen inflexible Ausbildungswege und mangelnde Weiterbildungsoptionen ebenso wie Arbeitsplätze, Lebensarbeitszeiten, Flexibilität und die Frage nach der Verantwortung des Einzelnen.

Als alleiniger Motor zur Veränderung der Arbeitswelt ist die Demografie nicht zu sehen. Die gesellschaftlichen Veränderungen der letzten 50 Jahre hatten mannigfaltige Auswirkungen: Wir ernähren uns gesünder, trinken 3 Liter Wasser am Tag und kaufen im Bioladen, wir leben länger und dies oft nicht mehr in einer einzigen Familienkonstellation oder mit ein und demselben Partner. Wir kommunizieren schneller und global in Echtzeit und haben einen breiteren Zugang zu Bildung und Information.

Die Kirche als Maßstab für wahre Werte hat deutlich an Einfluss eingebüßt und ist stark in den ländlichen Raum gerückt. Konventionen brechen immer weiter auf und wirtschaftlicher Erfolg als Maßstab für persönlichen Status wird von den realen Entwicklungen immer weiter unterhöhlt. Männer und Frauen sind nicht nur dem Gesetz nach gleichberechtigt, sie leben auch in Patchworkfamilien oder als alleinerziehende Mütter und Väter. Berufstätige ehrgeizige Frauen benötigen Kinderkrippen, Ganztagsschulen und verändern das Klima in den Unternehmen, auch Singles und kinderlose Familien und deren oft sehr mobiler Lebensstil prägen das bunte Bild unserer Gesellschaft. Die Bedürfnisse haben sich verändert.

Der gesellschaftliche Wandel geht weit über die demografische Entwicklung hinaus. Dennoch gilt es, dem demografischen Wandel und seinen Folgen für die Arbeitswelt die erforderliche Aufmerksamkeit zu schenken. Die Unternehmen müssen reagieren. Neben betriebswirtschaftlichen Sachzwängen stellen sich erhebliche Herausforderungen an die Human Resources Abteilungen der Unternehmen, um die notwendigen Veränderungen zu integrieren – für den großen Konzern über den klassischen Mittelstand bis hin zu kleinen Firmen oder Teams.

6 Bewegung in der Unternehmenslandschaft

Fasst man die Eckdaten unserer Unternehmenslandschaften der Zukunft noch einmal zusammen, kommt man auf folgende prägende Parameter: Der Wandel zur Wissens- und Informationsgesellschaft bringt immer mehr Komplexität und Geschwindigkeit ins Spiel, Innovationszyklen werden folglich immer kürzer, die Gesellschaftsstrukturen und die daraus resultierenden Bedürfnisse des Einzelnen öffnen sich neuen Formen der Lebensgestaltung und des Miteinanders – und die demografische Entwicklung verschärft die entstehenden Herausforderungen zusätzlich.

Viele Unternehmen haben diese Zusammenhänge bislang nicht wirklich in neue Ansätze übersetzen können. Vorreiter gibt es, wie die Konzepte der Deutschen Telekom oder der KPMG zeigen oder wie sie z. B. Google bereits lebt. Generell setzt das Management der meisten Unternehmen aber noch auf traditionelle Ansätze, um den Herausforderungen der Zukunft zu begegnen. Es werden organisationale und strategische Veränderungen von Prozessen, Organisationsstrukturen, Bilanzie-rungsmethoden oder Organigrammen aufgesetzt, um die Unternehmen neu auszu-richten.

Im Personalmanagement wird auf die sich wandelnden Bedingungen noch weniger sichtbar reagiert. Das ist interessant, weil sich im Personal Management ja alles um den Mitarbeiter dreht – ob als knappe Ressource, als Fachkraft, als Teil einer jünge-ren flexiblen oder als Teil einer älteren erfahrenen Generation. Die neuen gesell-schaftlichen und technologischen Trends haben eines gemeinsam: Der Mitarbeiter rückt stärker ins Zentrum der Betrachtung und erobert sich mit Nachdruck die Priorität in den Strategien von Unternehmen zurück. Die Unternehmen haben sich in ihrer Reaktion dem Tempo und der Komplexität des gesellschaftlichen Wandels insgesamt aber noch nicht angeglichen.

Beispielsweise werden Change-Projekte und strategische Entwicklungsvorhaben oft immer noch als „Geheimwissen" behandelt, das nur dem Vorstand, dem Topma-nagement und eingeweihten Zirkeln zugänglich ist. Diese mangelnde Transparenz birgt nicht nur in schwierigen Zeiten die Gefahr, dass wichtige Mitarbeiter aus Un-kenntnis über strategische Entscheidungen das Vertrauen in ihren Arbeitgeber ver-lieren. Gerade „High Potentials wissen naturgemäß sehr genau Bescheid über den Zustand ihres Unternehmens und legen großen Wert auf eine absolut präzise Strate-gie des Topmanagements," erklären Martin und Schmidt in der Juliausgabe 2010 des „Harvard Business Manager"[72]. „Tatsächlich zeigen unsere Untersuchungen, dass der Einsatz der Spitzenkräfte für ihr Unternehmen vor allem davon abhängt, wie sehr sie ihren Vorgesetzten – und den strategischen Fähigkeiten des Topmanage-ments – vertrauen. Ein Unternehmen, das nicht über seine Strategie spricht oder das, schlimmer noch, in wirtschaftlich schwierigen Zeiten explizit oder implizit zu verstehen gibt, dass es seine Strategie aussetzt, läuft Gefahr, die Unterstützung seiner Spitzenleute genau dann zu verlieren, wenn es diese am dringendsten braucht."

Berücksichtigt man nun noch, dass einerseits aufgrund der demografischen Ent-wicklung die Zahl der „talentierten Mitarbeiter" ohnehin deutlich schwindet, ande-rerseits der Bedarf an Hochqualifizierten auch absolut steigt (auf geschätzte 30 bis 40 Prozent aller Arbeitsplätze in Deutschland!), beginnt die Luft für manches Un-ternehmen sicherlich schon heute dünner zu werden.

Der allerorts beschworene Akademikermangel[73], der uns demnächst ins Haus steht, wird schon in den nächsten Jahren in einigen Bereichen (das betrifft sowohl Bran-chen wie auch Regionen) zu erheblichen Engpässen führen. Viele Hochqualifizierte gehen in den Ruhestand und auf der anderen Seite entstehen aufgrund der Globali-sierung und immer stärkeren Entwicklung hin zur Dienstleistungsgesellschaft per-manent neue Arbeitsplätze für Hochqualifizierte (Vgl. Abb. 1, Seite 14).

---

[72] Martin, J. und Schmidt, C.: So funktioniert Talentmanagement, in: Harvard Business Manager Juli 2010, S. 35 ff.

[73] Bundesagentur für Arbeit, Statistisches Bundesamt.

Akademiker müssen auf ihrem Weg zur Hochqualifikation die Möglichkeit haben, ihr theoretisches Wissen in der Praxis auszuprobieren und zu vertiefen. Allzu deutlich kann man mit einem universitären Bildungssystem die Ausbildungszeiten jenseits von Bachelor und Master nicht mehr verkürzen. „Der Mangel an Hochqualifizierten bedroht (...) mittelfristig unsere wissensbasierten Wirtschaftszweige und unsere internationale Wettbewerbsfähigkeit", mahnt Dr. Annette Freitag von der Bundesagentur für Arbeit.

Es stellen sich entscheidende strukturelle Fragen:

- Muss Hochqualifikation zwingend im ersten Lebensdrittel erfolgen?
- Wäre eine höhere akademische Bildung nicht auch ein Thema für einen mittleren Lebensabschnitt – ein Upgrade, nachdem praktische Erfahrungen gesammelt wurden?
- Reicht generell eine abgeschlossene Basisausbildung angesichts der Wellen zukünftiger Innovationszyklen?
- Ist eine Topqualifikation tatsächlich immer der Schlüssel zum Erfolg – oder ist es vielleicht die Fähigkeit, bestimmte Schlüsselqualifikationen gezielt und erfolgreich einzusetzen?

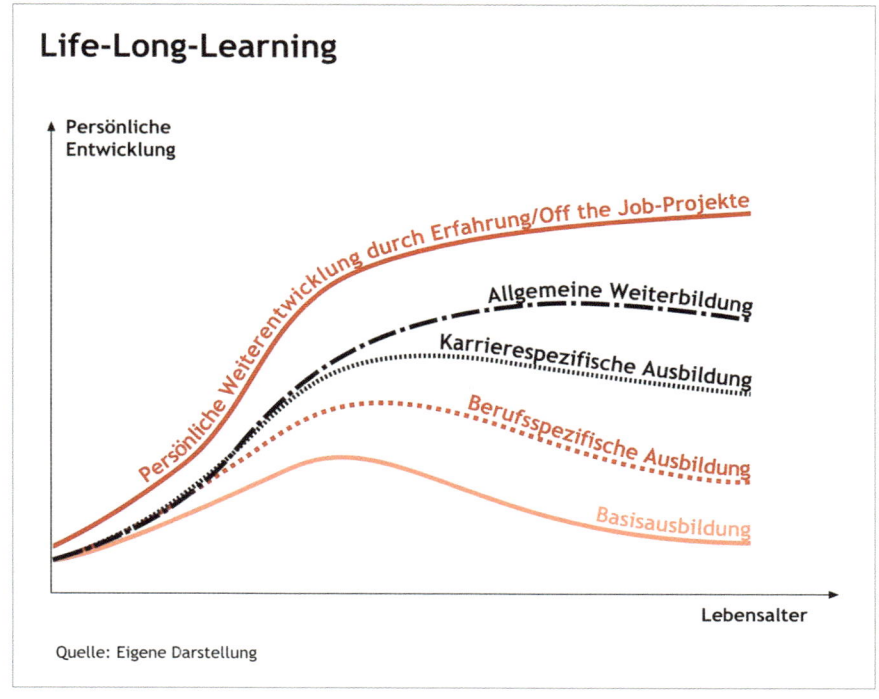

Abb. 8: Lebenslanges Lernen

So wie der jeweilige Stand der Technik mit jeder Innovationswelle veraltet, so über-schreitet auch jede Hochqualifikation im Laufe der Zeit ihren Zenith. Hochqualifi-zierte bleiben nur dann hochqualifiziert, wenn sie sich in vielfältiger Weise weiter-qualifizieren. Profis trainieren mehr als Amateure, nicht etwa, weil sie weniger könnten, sondern weil sie ihr Niveau zumindest halten wollen. Die Forschung zeigt, dass Talent überschätzt wird. Malcolm Gladwell und andere fanden heraus, dass 10.000 Stunden Praxis oder Training über einen Zeitraum von zehn Jahren zu wah-rer Exzellenz und Höchstleistung führt – relativ unabhängig vom Talent.[74] Insofern hat die alte, leicht ironische Aussage, „Qualität kommt von Qual", einen gewissen Wahrheitsgehalt. Beim lebenslangen Lernen geht es aber gar nicht um Höchstleis-tung, sondern darum, sich kontinuierlich und entlang den Anforderungen seines Umfeldes (z. B. Gesellschaft, Unternehmen, Markt, Technologie, Sport) mitzuent-wickeln.

Fachliche Fähigkeiten sind dabei nur die eine Seite der „Weiterbildungsmedaille", ein breites, von Erfahrungen getragenes persönliches Skill-Set die andere.

Die Entwicklung von Persönlichkeit findet über das gesamte Leben hinweg statt und echte Reife und Weiterentwicklung sind gekoppelt an die Fähigkeit eines Men-schen, zu reflektieren, selbst zu denken – ohne technische Hilfsmittel – und seine eigenen Schlüsse zu ziehen.

Insbesondere zum Berufsstart ist (und bleibt) die fachliche Basisausbildung wichtig. Im Hinblick auf die beschleunigten Innovationszyklen und die damit verbundene Halbwertheit des Wissens relativiert sich diese allerdings mehr und mehr im Laufe des Lebens. Neben der technologischen Entwicklung führen auch andere gesell-schaftliche Trends (Demografie, Wertewandel) dazu, dass das lebensphasenorien-tierte Lernen eine stärkere Bedeutung erhält. Wie beschrieben, kann man schon heute deutlich mehr Brüche und Umbrüche in den Erwerbsbiografien erkennen als noch vor zwei Jahrzehnten.

Die Schwerpunkte des Lernens verlagern sich also im Laufe des Berufsweges hin zur fachspezifischen und karrierespezifischen Ausbildung. Die Meta-Kompetenzen (Teamfähigkeit, Kommunikationsfähigkeit etc.) behalten ebenso ihre Bedeutung, wie auch die Einstellung oder innere Haltung zur Arbeit (Eigenverantwortung, Ini-tiative etc.). Alle Aspekte des impliziten und des expliziten Wissens entwickeln sich normalerweise im Leben durch die bewusste Verarbeitung von Erfahrung weiter. Der Grad der Weiterentwicklung hängt von der Offenheit, dem Mut und vom Interesse des Einzelnen ab und hier entstehen dann die für die Unternehmen wichtigen Unterscheidungen.

Klaus Zimmermann, Präsident des Deutschen Instituts für Wirtschaftsforschung (DIW), beschreibt, wie aus Arbeitnehmersicht das Leben arbeitsreicher wird. Zwar

---

[74] Gladwell, M.: Überflieger. Warum manche Menschen erfolgreich sind – und andere nicht, Campus-Verlag, Frankfurt/New York 2009.

wird die Arbeitslosenquote weiter sinken, was an sich ja positiv ist, doch könnte die Arbeitszeit „bis auf 45 Stunden pro Woche steigen, um den Mangel an Mitarbeitern auszugleichen"[75]. Dies sieht auch Ulrich Blum, Präsident des Instituts für Wirtschaftsforschung Halle (IWH), so: „Mittelfristig werden wir um längere Arbeitszeiten nicht herumkommen."[76] Und der Vorsitzende der CDU/CSU-Mittelstandsvereinigung, Josef Schlarmann, ergänzt: „Der Fachkräftemangel kann nicht mit Arbeitslosen oder älteren Arbeitnehmern beseitigt werden."[77] Inwieweit diese letzte Einschätzung hinsichtlich der sogenannten „älteren" Arbeitnehmer richtig ist, wird an späterer Stelle noch einmal diskutiert werden. Gerade im Hinblick auf die demografische Entwicklung dürfte klar sein, dass ein schlechter Umgang mit dem Leistungspotenzial der älteren Arbeitnehmer schon mittelfristig in eine Sackgasse führen würde.

6.1 Die Entgrenzung von Lebensbereichen

Wer hat für Dich gelebt, als Du gearbeitet hast?[78] Manch einer mag hier leise seufzen, denn man lebt nur ein Leben. Und wäre es erstrebenswert, dass jemand anderes für mich lebt, während ich arbeite? Es ist schwieriger geworden in unserer Lebens- und Arbeitswelt. Die althergebrachten Koordinaten, die das Verhältnis von Arbeit und Freizeit jahrzehntelang geregelt hatten, sind in Bewegung geraten. Arbeit und Freizeit verschmelzen immer mehr, Mobilität und Flexibilität prägen unseren Alltag.

Daraus sind neue Bedürfnisse entstanden. Im Mittelpunkt steht dabei der Faktor „Zeit". Der kreative und befriedigende Umgang mit der uns zur Verfügung stehenden Lebenszeit wird zum alles entscheidenden Konsumprodukt, dies zeigen auch die bereits oben beschriebene Analysen der Werte der jüngeren Generationen. Ein wesentlicher Teil unserer Lebenszeit ist eben jene Zeit, die wir am Arbeitsplatz verbringen. Das Bewusstsein darüber erhöht sich in den letzten Jahren deutlich. Die völlige Sinnentleerung der Arbeitszeit, wie sie der Taylorismus anfang des vergangenen Jahrhunderts durch seinen maschinistischen Ansatz mit langfristigen Folgen für die Gesellschaften weltweit eingeläutet hat (der Mensch als Teil einer Maschine, als kleines Rädchen im Getriebe ohne Wissen über und Verantwortung für größere Bilder und Zusammenhänge), ist auf dem Rückzug.

Unsere Eltern unterteilten häufig noch in eine „schlechte" Seite, nämlich die der Arbeit, und in eine „gute" Seite, die der Freizeit und des Privatlebens. Oder anders

---

[75] Zitiert nach Spiegel online vom 23.10.2010: „Fachkräftemangel – Ökonomen rechnen mit 45-Stunden-Woche".

[76] Ebenda

[77] Ebenda

[78] Frei zitiert nach Pesendorfer, P.: Angewandte Philosophie GmbH: Plädoyer – für eine lebendige Zeit – gegen die Raserei der Beschleunigung, isc St. Gallen 27.05.2000.

gesagt: Geld verdienen war das notwendige Übel, um es dann in der Freizeit auszugeben. Als Folge dieser nachhaltig in die Gesellschaft implementierten Haltung sehen viele Menschen, darunter selbst die Enkel Taylors, heute noch ihre Arbeitszeit im Grunde genommen als „verlorene Zeit" und Arbeit als Mittel zum Zweck.

Doch gerade in Zeiten stetig wachsender Automatisierung und Technisierung entstanden ganz neue Berufe und eine neue Arbeitsumwelt – und damit auch flexiblere Arbeitszeiten. Dies, in Verbindung mit der Globalisierung, trägt zur Auflösung der Trennung von Arbeit und Leben bei.

Ein Beispiel: Der technologische Fortschritt hat es geschafft, dass für die Produktion von Konsumgütern nur noch wenige Menschen in der Wertschöpfungskette bis zur Fertigstellung des Endproduktes benötigt werden. Sie bedienen lediglich Maschinen, kontrollieren automatische Programme und sorgen für reibungslose Abläufe. Monteure, Arbeiter, Dreher, Schweißer oder Installateure sucht man vergeblich in der Produktionskette. Sie wurden von Technikern, Softwarespezialisten und Programmentwicklern abgelöst. Dafür gibt es außerhalb der Werkshallen eine ganze Generation neuer Arbeitnehmer, die sich auf unterschiedlichen Wegen mit dem Produkt, das früher quasi aus der Fabrik direkt an den Abnehmer ging, befassen.

Im Rahmen der Globalisierung spielen auch Entfernungen praktisch keine Rolle mehr und Konsumgüter werden weltweit in alle Richtungen vertrieben. Es werden Menschen gebraucht, die das Produkt auf immer neuen Wegen zum Verbraucher bringen: Kreative Köpfe für innovative Marketingkonzeptionen, Visionäre, die strategische Allianzen bilden und Strategen, die neue Absatzmärkte erkennen und entwickeln – und vor allem Mitdenker, die sich mit der Welt der Konsumenten gut auskennen, die Trends finden und erfinden, die Bedarf wecken und diesen dann decken.

In der alten Kernarbeitszeit von 8 bis 16:30 Uhr, sechs Wochen Jahresurlaub und dreizehntem Monatsgehalt können diese Aufgaben nur bedingt erledigt werden. Globale virtuelle Teams, globale Märkte, kulturell unterschiedliche Anforderungen an Dienstleistungen und Produkte und nicht zuletzt der veränderte Wunsch der Mitarbeiter nach Flexibilität in ihren Arbeitszeiten haben auch hier Grenzen im Arbeitsalltag aufgebrochen. In den globalen Märkten sind neue Berufe entstanden und Freiberuflichkeit ist für viele Menschen Normalität, Teilzeitverträge oder befristete Verträge kein Hinderungsgrund für Kooperation. Der Gewinn für die vermeintliche Unsicherheit in der Arbeitswelt ist das Mehr an Flexibilität und Selbstbestimmung, an persönlicher Entfaltung und an Selbstwert.[79]

Dass durch diese Einflüsse der Faktor „Zeit" eine ganz neue Bedeutung gewinnt, wird in der Arbeitswelt noch nicht so prominent besprochen. Arbeit und Freizeit

---

[79] de Vos, A. und Meganck, A.: What HR managers do versus what employees value, veröffentlicht in Auszügen in Emeralt, Personnel Rewiev Vol. 38 No. 1 2009, S. 45 – 60.

sind immer enger miteinander verzahnt – und so ist der kreative und befriedigende Umgang mit der uns zur Verfügung stehenden Lebenszeit zum alles entscheidenden Konsumfaktor geworden.

6.2 Erfolg durch bewegliche Umfelder

Wir können uns noch so professionell mit Arbeits- und Organisationsstrukturen beschäftigen, der Mensch, der diese mit Leben füllt, bleibt im Zentrum. Dennoch lohnt – als Basis für weitere Überlegungen – ein Blick auf organisatorische Umfelder und Strukturen. Den gesellschaftlichen Wertewandel und die demografische Entwicklung, vor allem aber die Produktivität vor Augen, hat die europäische Industrie die Arbeitswelt schon zu einem erheblichen Teil flexibilisiert – strukturell und organisatorisch. In den Betrieben sind variable Arbeitsbeziehungen fast flächendeckend etabliert. Befristete Arbeitsverträge, Freelancer und Zeitarbeiter werden eingesetzt, um schnell auf veränderte Märkte reagieren zu können und die Projektwirtschaft setzt auf externe Mitarbeiter, die mit internen in gemischten Teams arbeiten.

Viele Betriebe haben Shared Service Center und Tochterunternehmen eingeführt, um ihre Prozesse zu standardisieren oder sich auf Kernkompetenzen zu fokussieren und manchmal werden gar ganze Bereiche oder Prozesse an Drittunternehmen im Inland oder im Ausland ausgelagert. Eine Vorreiterrolle spielt auch hier die IT. Sie liegt bei der Flexibilisierung an der Spitze, und zwar in allen Bereichen – von der Projektwirtschaft bis hin zur Auslagerung. Die projektorientierten Fachbereiche Forschung und Entwicklung sowie die auftragsgetriebenen Bereiche Produktion und Logistik setzen häufig auf befristete Arbeitsverträge, Zeitarbeit und Freelancer. Der HR- und der Finanzbereich setzen aufgrund ihrer Prozessaffinität dagegen auf Shared Service Center.

Es ist keine Frage, die Betriebswirtschaft und die Unternehmensberatungsbranche haben diverse qualitativ hochwertige Konzepte und Methoden zur strukturellen und organisatorischen Flexibilisierung zur Hand. Interessanterweise spielt die Dimension Mensch immer wieder in die Karten und durchmischt klar durchdachte Strategien und Planungen auf ungeplante Weise.

6.3 Wer unter sich bleibt, droht zu scheitern

Unternehmen, deren Führungskräfte ständig von innen rekrutiert werden, laufen Gefahr, ihre Wettbewerbsfähigkeit zu verlieren. Zwar werden viele Familienbetriebe – schon aus Tradition – an die nächste Generation weitervererbt, das bedeutet aber nicht zwangsläufig, dass man sich gegenüber Impulsen von außen verwehrt. Gleichzeitig bieten große Konzerne Beispiele dafür, welch negative Folgen es haben kann, wenn man sich über längere Zeiträume nach außen hin abschottet.

Die Deutsche Telekom war jahrelang ein solcher Fall: Man blieb unter sich. Der Abhörskandal zeigte dann die Ausmaße der internen Misere und nun arbeitet man am Problem. Auch Siemens hatte jahrzehntelang Führungspositionen nur intern aus Erlanger Zirkeln besetzt und sich auf die „Old Boys Networks" verlassen. Ein folgenschwerer Fehler, wie sich herausstellen sollte, denn die Unternehmensführung nach Tradition und nicht nach Kompetenz bescherte Siemens nicht nur schlechte Geschäfte, sondern auch einen in den Medien präsenten Korruptionsskandal.

Besonders leidvoll aus Arbeitnehmersicht hat sich die versäumte Öffnung nach außen 2008/2009 vor allem für die Beschäftigten von Karstadt-Quelle ausgewirkt: Falsch verstandenes Unternehmertum mit nicht zeitgemäßem Festhalten an alten Strukturen hat hier sogar zu einer Zerschlagung eines deutschen Traditionsunternehmens geführt.

Der Oberpfälzer Kaminbauer und Hidden-Champion Karl-Heinz Kago ist ein weiteres typisches Beispiel: Gegründet 1972 stieg das Unternehmen schnell zum Musterknaben der Branche auf – und der kleine Ort Postbauer-Heng wuchs mit. Allein in der Gemeinde waren 400 Mitarbeiter bei Kago angestellt – Straßennamen dokumentieren den Erfolg des Unternehmens seit Jahren. Doch nun ist Schluss mit Kaminbau in Postbauer-Heng: „Im Jahr 2006 hatte das Unternehmen noch einen Rekordumsatz von 135 Mio. Euro eingefahren. Dann brachen die Aufträge ein. 2007 schaffte das Unternehmen gerade noch ein Plus, 2008 und 2009 erwirtschaftete es je rund drei Mio. Euro Verlust. Zuletzt mussten Mitarbeiter auf die Zahlung ihrer Löhne warten, die Fertigstellung der bereits angezahlten Bestellungen war nicht mehr gewährleistet. Kago war zahlungsunfähig."[80]

Was war geschehen? Das Hauptproblem bei Kago dürfte die Familiennachfolge gewesen sein. Ganz im Sinne traditioneller Unternehmer kürte der Boss im Jahr 2007 seinen Stiefsohn aus zweiter Ehe Pierre zum Nachfolger, ohne dass dieser sich durch besondere betriebswirtschaftliche Kenntnisse, geschweige denn Führungserfahrung auszeichnen musste. Und von da an ging es rapide bergab. Es heißt, „der junge Pierre Kago, ein Rechtsanwalt mit pomadigem Haar, verstehe nichts vom Geschäft und habe nie einen Draht zur Belegschaft aufbauen können. Der Insolvenzverwalter vermutet ‚hausgemachte Probleme'."[81]

Auf der anderen Seite zeigt die Natur, wie erfolgreich eine Durchmischung sein kann: Leistung und die Fähigkeit, sich im wahrsten Sinne des Wortes erfolgreich gegen stürmische Einflüsse zu behaupten, entstehen nicht in Monokulturen. Ein aufgeforsteter Nadelwald – er ist praktisch, weil er so schnell wächst – ist nicht annähernd so resistent gegen Naturereignisse, wie ein gewachsener Mischwald. Das haben die großen Stürme der letzten Jahre eindrucksvoll belegt. Vielfalt ist synerge-

---

[80] Brambusch, J.: Der Absturz eines Sonnenkönigs, Financial Times Deutschland v. 09.03.2010.
[81] Ebenda

tisch, leistungsstark und nachhaltig – und ein Prinzip, das sich auf alle Lebensbereiche übertragen lässt. Auch auf unsere Arbeitswelt.

6.4 Flexibilität als Erfolgsfaktor

Mangelnde Flexibilität führt in der heutigen Unternehmenslandschaft sehr häufig zum Misserfolg, wie eine Reihe von Beispielen zeigt. Die Unternehmen, die vor ein paar Jahrzehnten den Anschluss an die IT-Technologie verschlafen haben, sind unweigerlich untergegangen oder hingen dem Markt lange hinterher. Beispiele dafür gibt es in allen Branchen: angefangen beim Handwerksbetrieb, der sein Lager- und Auftragswesen nicht digitalisieren wollte, bis hin zu klassischen Dienstleistern, deren Erfolg auf Wissensmanagement beruht und die ohne den rechtzeitigen Einstieg in die virtuelle Welt erleben mussten, dass andere das globale Rennen machten.

Besonders prominent ist hier der Fall Apple: Gründer Steve Jobs versuchte zunächst vergeblich, damalige Global Player für den Einstieg in die PC-Technologie zu gewinnen: „Also gingen wir zu Atari. Und sie sagten ‚Nein'. Dann gingen wir zu Hewlett-Packard, und sie sagten, ‚Hey, wir brauchen Sie nicht, Sie haben das College noch nicht abgeschlossen'."[82] Vermutlich ärgert man sich dort noch heute über die Fehleinschätzung. Wie in der Natur auch garantieren Flexibilität und Anpassung an veränderte Gegebenheiten das Überleben im Wandel.

Mangelnde Flexibilität in Bezug auf neue Geschäftsmodelle zeigte sich auch im Kulturbereich. Die angespannte Lage vieler Museen, Theater und Konzerthallen spricht für sich.

In der Natur gibt es viele unterschiedliche Arten, die, einzeln oder in Verbünden, in verschiedenen Lebensräumen leben. Übersetzt auf die Arbeitswelt sind diese Verbünde unsere Unternehmen. Ihr Ziel ist das Überleben, das Stärken und die Erhaltung der eigenen Art. Ändert sich nun das natürliche Umfeld – zum Beispiel aufgrund von Umwelteinflüssen –, passen sich die einen an, da sie in der Lage sind, die neuen Impulse in ihre Lebensumstände zu integrieren, während andere nicht damit klarkommen und aussterben. Wie gut es jenen geht, die hier andere Wege beschreiten, beweisen Natur und Gesellschaft gleichermaßen.

6.5. Wettbewerbsvorteile durch Kooperation und Synergie

In der Tierwelt kennt man Kooperationen zum Beispiel von Rotschnabel-Madenhackern, die ihre Nahrung in der zerfurchten Haut von Kaffernbüffeln finden und dabei gleichzeitig deren Ungeziefer entfernen oder vom gesamten Bestäubungsprozedere aus der Blütenwelt, das weltweit größtenteils von Insekten übernommen wird. Auch größere Raubfische setzen auf Kooperation, um sich selbst vor Parasiten

---

[82] Maxeiner, D. & Miersch, M.: Dumm gelaufen – Vorhersagen von gestern, online 1996 – 2009, www.maxeiner-miersch.de/dumm_gelaufen.htm

oder Ablagerungen auf der Haut zu schützen: Sie verzichten darauf, Putzerlippenfische oder Garnelen zu fressen, da diese zwar eigentlich ins Beuteschema passen, doch für den Räuber einfach zu nützlich sind, um verschlungen zu werden.

Auch strategische Allianzen können ein Erfolgsfaktor sein. Im Transportwesen wäre ohne weitreichende Allianzen die Entwicklung des ICE nicht möglich gewesen. Zahlreiche Branchen und Unternehmen haben jahrelang kooperiert, um dieses Projekt erfolgreich zu realisieren. Ähnlich lief es übrigens auch bei der französischen Variante Transrapid und beide sind mittlerweile Exportschlager geworden, sodass sich das einmal eingebrachte Engagement für die Beteiligten auch langfristig gelohnt hat. Sogar die Telekommunikationsbranche, die zumindest in Deutschland oft als Paradebeispiel für verschlafene Trends gilt, hat frühzeitig begriffen, dass strategische Allianzen zum wirtschaftlichen Erfolg führen: Gemeinsam mit Wettbewerbern wurde in den Ausbau der Breitbandnetze investiert.

Ebenfalls typische Win-win-Netzwerker sind klassische transnationale Infrastrukturprojekte aus den Bereichen Energie und Umweltschutz. Das größte neue Konzept dieser Art ist „Desertec". Desertec ist eine globale Unternehmung und Stiftung, die sich dafür einsetzt, in den Wüsten dieser Welt umweltverträglichen Solarstrom für die Weltbevölkerung zu gewinnen.[83]

Offenheit für Neues oder Anderes mit dem Ziel effektiver Synergien ist hier der Erfolgsfaktor. Und die Reihe ließe sich in allen Bereichen unseres Lebens unendlich fortführen.

6.6 Konsequent gelebte Werte als Wettbewerbsfaktor

Es gibt Unternehmen, die sich deutlich stärker an einem ganzheitlichen Bild orientieren als andere. Das bedeutet, dass solche Unternehmen nicht nur das Endprodukt im Fokus haben, sondern Aspekte, die weit darüber hinausreichen, und ihre Unternehmensleitlinien und -strategien entsprechend ausrichten. Solche Unternehmen betrachten z. B. die gesamte Wertschöpfungskette und die anschließende Nutzung der Produkte, sie interessieren sich für die Verbraucher ebenso wie für die Produzenten.

Ein bekanntes Beispiel aus dem deutschsprachigen Raum ist die anfangs als „alternativ" belächelte Drogeriekette dm. Sie beherrscht mittlerweile den Markt mit ihrem durchgängig ganzheitlichem Ansatz. Dieser gehört zur Unternehmensphilosophie und macht sich bei der Produktauswahl ebenso bemerkbar wie in der Ladengestaltung und dem Umgang mit den eigenen Mitarbeitern. Frühzeitig erhält jeder bei dm die Gelegenheit, Verantwortung zu übernehmen und so eigene Potenziale zu entdecken und zu entwickeln.

Und die Rechnung geht auf: dm ist heute Marktführer in Deutschland – das Gesamtkonzept wird von den Verbrauchern als stimmig angenommen. Aber auch hier

---

[83] www.desertec.org

bleibt es spannend: Mit Alnatura, einem Bio-Supermarkt, der schon lange kein Newcomer mehr ist, schreibt bereits ein weiterer Anbieter an einer neuen Erfolgsstory.

Doch es bedarf keiner Bio- oder Naturprodukte, um neue „weichere" Wege einzuschlagen: Das deutsche Großunternehmen Bosch, an sich ein eher traditionell aufgestellter Konzern, ging 2010 in der Krise einen ungewöhnlichen Weg. Denn während andere sich auf Zahlen und Einsparungen stützten, um die Einbußen der letzten Jahre durch den wieder beginnenden Aufschwung auszugleichen, setzt Bosch-Chef Franz Fehrenbach auf eine allgemeine Gehaltserhöhung: „Das gebietet uns jetzt die Fairness, da die Konjunktur erfreulich schnell wieder anzieht."[84] Er sei dazu übergegangen, „das Unternehmen nach wenigen Prinzipien zu steuern – anstatt nur nach Zahlen. (...) Diese Leitlinien waren für Bosch ein starkes Fundament, auch wenn sich alles um einen herum aufzulösen begann."

Bosch zeigt hier einen anderen Ansatz als die „ganzheitlich denkende" Drogeriekette, und stellt doch Werte wie Fairness und Menschlichkeit vor betriebswirtschaftlichen Überlegungen. Das ist etwas Besonderes. Hier hat ein Vertreter der Automobilzulieferer – eine Branche, die traditionell knallhart kalkulieren muss – im Hinblick auf die „Innenwelt" seiner Mitarbeiter zukunftsweisende unternehmerische Entscheidungen getroffen. Dieses Konzept wurde aber bislang kaum wahrgenommen und fand wenige Nachahmer, zumindest im Industrieumfeld der klassischen Old Economy.

Ein weiteres Beispiel dafür, wie gelebte Werte zu einem zentralen Wettbewerbsfaktor werden, stammt aus der Softwarewelt. Das Beispiel steht für die Betonung des Kernwerts Selbstbestimmung. Das Unternehmen Atlassian stellt Unternehmenssoftware her und erzielt damit jährlich 35 Mio. US-\$ Gewinn. Seinen 200 Mitarbeitern eröffnete Atlassian-Gründer Mike Cannon-Brookes im Jahr 2008, dass sie nunmehr monatlich 20 Prozent ihrer Arbeitszeit an einem Projekt ihrer Wahl arbeiten sollten, nur zum eigenen direkten Arbeitsumfeld dürfe dieses nicht gehören. Allein im ersten Jahr setzten die Entwickler damit 48 neue Projekte auf. Auch hier ging die Umstellung nicht ohne Widerstände vonstatten. Der Finanzvorstand war entsetzt und auch einige Manager waren unglücklich, durch diesen Schritt die Kontrolle über ihre Mitarbeiter zu verlieren. Cannon-Brookes und sein Gründungspartner Scott Farquhar blieben aber konsequent ihrer Überzeugung treu, dass Selbstbestimmung **der** Hebel für Innovation und Begeisterung sei und Cannon-Brookes stellte, unter anderem, in seinem Blog klar:

„... Ein Start-up-Techniker muss vielseitig sein – er (oder sie) ist ein Vollzeit-Softwareentwickler und ein Teilzeit-Produktmanager/Kundenbetreuungsguru/Experte für interne Systeme. ... Wir hoffen, mit der 20-%-Zeit unseren Technikern wieder jene Zeit zurückgeben zu können, über die sie selbst bestimmen und in der sie sich mit jenen Innovationen, Eigenschaften und Zusatzmodulen, Plug-ins und

---

[84] Handelsblatt Nr. 207 v. 26. Oktober 2010: „Bosch zieht Lohnerhöhung vor".

Korrekturen des Produktes beschäftigen können sowie die Ergänzungen einbringen können, die sie für essenziell halten und die sie begeistern."[85]

Cannon-Brookes hat hier einen zentralen Aspekt der Motivation und Mitarbeiterbindung getriggert: Selbstbestimmung über die eigene Tätigkeit ist eine der wichtigsten Zutaten zur menschlichen Motivation und ein zentraler Wert der meisten unserer Gemeinschaften. Er führt zu hoher Bindung und zu hohem Engagement.

Es ist inzwischen allgemein durchgedrungen, dass Menschen nicht rational durch rein äußere Antriebskräfte steuerbar sind. Sie reagieren auf Werte und zentrale Motivatoren wie Selbstbestimmung, persönliche Entwicklung und das Sinnmotiv. Mit Einzug der eher selbstbestimmten Generationen X und Y in die Unternehmen entsteht ein neuer Fokus. Für immer mehr Menschen muss ihre Arbeit kreativ, interessant und selbstbestimmt sein und keine langweilige Routine, die von anderen bestimmt wird. Auch viele Ökonomen haben verstanden, dass Menschen aus Fleisch und Blut bestehen, Werten folgen und keine taylorschen Wirtschaftsroboter sind. Kurzum, die Zeit der Zuckerbrot-und-Peitsche-Motivation ist vorbei.

Interessant ist die eklatante Diskrepanz zwischen dem, was die Wissenschaft weiß und was die Wirtschaft tut. Für die Herausforderungen des 21. Jahrhunderts brauchen Unternehmen nun aber zwangsläufig neue Prioritäten: Eine Verlagerung des Schwerpunkts weg von der einen Prozessoptimierung hin zum „Faktor" Mensch scheint unumgänglich.

Strategieguru Gary Hamel sagte diesbezüglich: „Manchmal vergessen wir, dass ,Management' nicht von der Natur geschaffen wurde. Es entsteht nicht wie ein Baum oder ein Fluss. Es ist wie ein Fernseher oder Fahrrad. Etwas, das Menschen erfunden haben. Es ist eine Technologie. Sein zentrales Ethos bleibt die Kontrolle, sein Hauptwerkzeug die extrinsische Motivation."

Ein solches Modell ist nicht mehr zeitgemäß. Und auch Hamel fügt, bezogen auf monetäre Belohungssysteme, hinzu: „Als emotionaler Katalysator kann Gewinnmaximierung die menschliche Energie nur unzureichend mobilisieren."[86] Das Profitmotiv reicht also allein nicht aus, andere Werte und Motive steuern den Menschen – das ist bekannt.

Ein Weg zur Überbrückung der erwähnten Diskrepanz zwischen Wissen und Handeln und zum Upgrade der Arbeitswelten wäre die systematische Befähigung von Mitarbeitern – und zwar individualisiert. Eine Idee, die mit den gängigen Weiterbildungsmaßnahmen von der Stange nicht viel zu tun hat. Denn: Man kann kein System weiterentwickeln, ohne die Personen, die sich darin bewegen, zu entwickeln.

---

[85] Atlassian´s Developer Blog, erstellt von Mike Cannon-Brookes, 10.03.2008.
[86] Hamel, G.: Moon Shots for Management, Harvard Business Review, Februar 2009, 91.

7 Lebenszyklen – die wiederkehrenden sieben Jahre

Unsere Vorfahren sind schon vor Jahrtausenden einem Phänomen auf der Spur gewesen – gut dokumentiert in der griechischen Mythologie, der frühen Astronomie, der Bibel, dem Islam, der Thora und vielen anderen Pakten, die der Mensch in seiner Entwicklung mit den unerklärlichen Dingen des Lebens schuf: Kernthema ist dabei die Zahl Sieben als Sinnbild für einen einigermaßen regelmäßigen Rhythmus – eine Zahl, deren immense Bedeutung auch für unser heutiges Leben oft nicht bekannt ist. Dennoch gibt es in unserer weltweit gemeinsamen Kulturgeschichte feste Regeln und Erkenntnisse um die Zahl Sieben.

So wurde unsere Welt nach der Bibel nicht nur in sieben Tagen erschaffen – sie wird seither auch von den sieben Todsünden[87] bedroht. Die Woche hat sieben Tage und nach Genesis 41/26,27 folgen auf sieben fette stets sieben magere Jahre[88]. Auch Buddha musste sieben Jahre suchen, ehe er sein Heil fand[89], in der Edda wandern die Helden sieben Tage[90] und der mythologische Sindbad muss sieben Meere durchkreuzen[91]. Die sieben Weltwunder der Antike sind immerhin namentlich überliefert[92], ebenso wie die mit bloßem Auge sichtbaren, sieben beweglichen Himmelskörper unseres Sonnensystems. Das Sabbatjahr des jüdischen Glaubens findet sein Pendant in der siebenarmigen Menora, ein gläubiger Moslem umrundet die Kaaba in Mekka siebenmal und die sieben freien Künste waren die Basis aller Bildung seit dem späten Mittelalter.

Kein Zweifel: Die Zahl Sieben hat uns Menschen nachhaltig geprägt. Und sie tut es immer noch – bewusst oder unbewusst: Wir suchen unsere Siebensachen zusammen, hoffen am Siebenschläfertag inständig auf Sonne, da das einen freundlichen Sommer bedeutet, und fürchten uns vor dem verflixten 7. Jahr einer Ehe.

7.1 Alles nur Mythos und Aberglaube?

Verhaltensforscher haben herausgefunden, dass die Sieben am häufigsten genannt wird, wenn man nach der Lieblingszahl eines Menschen fragt. Es war der englische Philosoph John Locke, der schon vor über dreihundert Jahren ein wichtiges kognitives Phänomen erkannte: Das Auffassungsvermögen von Menschen ist im Durchschnitt tatsächlich an die Zahl Sieben gekoppelt. Zeigt man Testpersonen eine umfangreiche Anzahl an Gegenständen für einen kurzen Augenblick, ist die hundert-

---

[87] Stolz, Geiz, Wollust, Neid, Völlerei, Zorn und Trägheit.
[88] Erzählt in der Geschichte von Joseph, der die Träume des Pharao deutet.
[89] Wikipedia
[90] Ebenda
[91] Ebenda
[92] Die sieben Weltwunder der Antike: Koloss von Rhodos, Hängende Gärten der Semirabis zu Babylon, die Zeusstatue von Olympia, der Artemistempel in Ephesos, die Pyramiden von Gizeh, der Leuchtturm vor Alexandria und das Mausolos-Grab in Halikarnassos.

prozentige Trefferquote beim nachträglichen Beschreiben nach dem siebten Gegenstand vorbei. Das ist heute so, wie es vor drei Jahrhunderten war.

Kein Wunder, dass die Zahl Sieben den Einzug in die Moderne heil überstanden hat. Die Anthroposophie Rudolf Steiners sagt, dass unser Leben aus in sich geschlossenen Jahrsiebten besteht. Das war auch zu Steiners Zeiten nicht neu, sondern geht vermutlich auf den Griechen Solon[93] zurück, einen der sieben Weisen der Antike.

Auch die asiatische Lehre des Yogas kennt diese Einteilung, spricht dabei allerdings von Übergängen im Leben, die sich alle sieben Jahre – also nach dem siebten, dem 14. dem 21. Lebensjahr usw. – vollziehen. Nach Steiner und auch nach den Lehren des Kundalini durchläuft jeder Mensch innerhalb eines Jahrsiebtes bestimmte Entwicklungsphasen, die er am Ende des Zeitraumes abschließt, um in die nächste Entwicklungsphase einzutreten. Als Blaupause sind nach diesen Lehren die Entwicklungsschritte schon angelegt, wie ein Mensch mit ihnen umgeht, sie nutzt und für sich bewertet, ist individuell und seine Wachstumsaufgabe.

7.2 Sinnbezogene Zäsuren im Life-Cycle

Eine im siebten/achten Jahrsiebt häufig auftretende Zäsur und der damit oft verbundene Wandel wird beispielsweise von den einen als Midlife-Crisis und von anderen als Midlife-Change beschrieben[94]. Manche der Betroffenen erkennen, dass nun andere Fragen im Mittelpunkt des Lebens stehen, fragen sich, welche Spuren sie noch hinterlassen wollen und stellen sich vermehrt Sinnfragen. Man interessiert sich plötzlich für philosophische Grundfragen der Menschheit, bereichert das Leben mit neuen, häufig herausfordernden Tätigkeiten, Hobbys oder Engagements, die sich weniger um die eigene Person und oft mehr um den Beitrag für die Gemeinschaft drehen.

Andere reagieren auf diese Lebensphase mit Abwehr und handeln nach außen hin oft hektisch, unüberlegt: Sie kündigen, verlassen ihre Familien, suchen neue Herausforderungen, bemühen sich um verstärkten Kontakt mit Jüngeren, verändern Aussehen und Lebensumstände radikal – alles, um sich nicht mit der eigenen Vergänglichkeit und der eigenen Sterblichkeit auseinandersetzen zu müssen und die Jugend, wider besseren Wissens, noch etwas hinauszuzögern.

Auch das Ende des neunten Jahrsiebts ist für viele Menschen eine Zäsur. Die Rente naht und mit dem sechzigsten Geburtstag fangen viele Menschen an, über den Sinn und die Ausrichtung der vor ihnen liegenden zwanzig oder auch mehr Lebensjahre nachzudenken. Das Thema Sinnerfüllung und Reflexion rückt spätestens hier stärker ins Zentrum der Lebensgestaltung, so die Umstände dies zulassen.

---

[93] Wikipedia
[94] Strenger, C. und Ruttenberg, A.: The Existential Necessity of Midlife Change, in: Harvard Business Review, Februar 2008.

Selbstverständlich gibt es in jedem Leben diverse weitere Zäsuren und definierende Momente. Interessanterweise hat sich die Einteilung unserer Lebenszeit in Jahrsiebte in unserem Privatleben aber unaufdringlich durchgesetzt. Es gibt zahlreiche Bildungs-, Therapie- oder Freizeitangebote, die sich den jeweiligen Übergangsphasen widmen.

Unabhängig von der philosophischen Herkunft bewerten wir das Prinzip der rhythmischen Lebensphasen hier als wichtige Inspiration für neue Ansätze in der Mitarbeiterentwicklung und im Personalmanagement. Im Folgenden werden wir daher immer wieder einen Fokus unserer Betrachtungen auf die Lebensphasenorientierung legen.

Der Psychologieprofessor und Flow-Entdecker Mihály Csíkszentmihályi beschrieb seine Conclusio nach umfangreichen Tests folgendermaßen: „Es gibt keinen Grund mehr, daran zu glauben, dass nur Unwichtiges Spaß machen kann, während das ernste Geschäft des Lebens als Bürde getragen werden muss." Csíkszentmihályi hebt nach 30 Jahren Forschung hervor, wie wichtig ein spielerisches Element in jeder Tätigkeit ist, nicht im Sinne von „trivial oder nicht ernst zu nehmen", sondern in dem Sinne, dass „der Mensch, der sie vollzieht, kreativ und gestalterisch wirkt, […] darin aufgeht und darin seinen freien Ausdruck findet".[95]

So, wie Freude und ernsthaftes Arbeiten nicht zwei voneinander getrennte Aspekte sein müssen, sollte man auch die verschiedenen Facetten des Lebens nicht voneinander trennen, denn sie bedingen sich ja gegenseitig. Die Ausbalancierung von Lebensbereichen wird im Kapitel „Engagement und Sinn" tiefer gehend beleuchtet.

8 Mitarbeiterbefähigung – eine Alternative gibt es nicht

Jedes Unternehmen ist ein System, das auf dem Know-how der darin agierenden Personen aufbaut. Es liegt deshalb auf der Hand: Systementwicklung funktioniert nur über Personalentwicklung. Deshalb gehört das Thema Personalentwicklung heute bei fast allen Unternehmen zum Standardprogramm. Markige Sprüche diesbezüglich finden sich folglich in den Philosophien vieler Unternehmen wieder – mit Kernaussagen wie „Mitarbeiter sind unser wichtigstes Kapital" oder „Unsere Mitarbeiter sind der Schlüssel zum Unternehmenserfolg". Doch hier klafft eine bedrohliche Lücke zwischen Theorie und Praxis.

Weil mit der demografischen Entwicklung immer weniger Mitarbeiter zur Verfügung stehen, muss es doch Ziel sein, möglichst viele oder zumindest die Richtigen langfristig zu halten. Auch das wissen die Verantwortlichen und greifen zu bewährten Maßnahmen: Sie schicken ihre Führungskräfte mehr oder weniger freiwillig zu Standardtrainings, zu Führungsprogrammen mit bewährten Themen, bieten Fort-

---

[95] Csíkszentmihályi, M.: Flow – der Weg zum Glück. Der Entdecker des Flow-Prinzips erklärt seine Lebensphilosophie, Herder spektrum 2010.

bildungen an, locken mit Aufstiegschancen und Qualifikationen. Doch die Fluktuation bleibt vielerorts und viele Arbeitnehmer durchlaufen das gleiche Programm bei einem anderen Arbeitgeber erneut. Es handelt sich um eine Fehlinvestition. Wo also liegt der Denkfehler? Gibt es einen unbedachten Faktor, der die herkömmlich praktizierten Formen der Mitarbeiterentwicklung scheitern lässt? Und wenn ja – wie können Unternehmen gegensteuern?

Ein Beispiel verdeutlicht das Dilemma aus Unternehmersicht: Ein Finanzdienstleister benötigt für die Qualifizierung, also die „Investition" in Aus- und Fortbildung eines Beraters bis zu sechs Jahre, ehe der Mitarbeiter die höchsten Deckungsbeiträge für das Unternehmen generiert. In dieser Zeit lernt der Berater sein Handwerk und knüpft dabei wichtige Kontakte zu den Kunden. Es entsteht eine Art Kundenbindung auf Augenhöhe. Am Ende dieser ersten beruflichen Phase werden viele Berater „müde". Sie haben sich jahrelang wirtschaftlich, aber vor allem persönlich weiterentwickelt. Sie spüren ihren Erfolg, nehmen jedoch auch eine aufkommende Stagnation in der Entwicklung und Perspektive wahr. Und sie beobachten bei dem einen oder anderen Kunden die nächsten spannenden Lebens- und Karriereschritte.

Und sind sie einmal aus ihrem Rhythmus heraus, beginnt die Abwärtsspirale in Sachen Engagement – und irgendwann kommt unweigerlich der Bruch. Für das Unternehmen ist dies aus betriebswirtschaftlicher Sicht eine kleine Katastrophe. Denn genau jetzt wäre der Mitarbeiter auf dem Level, um nachhaltig gewinnbringend zu arbeiten – ein klassisches Kosten-Ertrags-Problem der Finanzdienstbranche. Wieso aber bleibt er nicht? Was fehlt, um ihn zu halten?

Ein anderes Beispiel gibt dazu einen interessanten Denkanstoß: Im Rahmen einer Incentivereise stand für erfolgreiche Mitarbeiter vor einiger Zeit Tunesien auf dem Programm. Der Abschlussabend in Tunis ging bis in die Nacht. Die Organisatoren rechneten fest damit, den kurzfristig angebotenen Besuch eines SOS-Kinderdorfes mit früher Abfahrt am nächsten Morgen absagen zu müssen. Doch zum größten Erstaunen aller fanden sich über 70 Prozent der Teilnehmer zu früher Stunde am Bus ein. Wie passt so etwas zum Bild des vermeintlich rein profitgetriebenen Mitarbeiters, unabhängig von Tätigkeitsfeld und Branche? Welche Aspekte können hieraus möglicherweise für die Personalentwicklung abgeleitet werden? Incentives, Erfahrungen, Einblicke in andere Lebensbereiche und -welten, welchen Einfluss hat dies auf die jeweilige Persönlichkeitsentwicklung, beruflich wie privat?

Um der Frage auf den Grund zu gehen, ist es sinnvoll, sich die tatsächlichen Anforderungen an den Mitarbeiter der Zukunft einmal genauer anzuschauen. Was muss er können, was mitbringen?

Noch vor einigen Jahrzehnten war diese Frage branchenübergreifend relativ ähnlich zu beantworten: Ein guter Mitarbeiter besaß eine solide Ausbildung oder ein Studium, weitere Qualifikationen, vielleicht ein außergewöhnliches Talent, berufliche Erfahrungen und die Bereitschaft, sich überdurchschnittlich für einen Arbeitgeber einzusetzen. Doch ist man damit allein ein fähiger Mitarbeiter? Glaubt man den

Stellenanzeigen, die uns tagtäglich in den Tageszeitungen überschwemmen, reicht genau dieses Portfolio aus – für beide Seiten. Verändert hat sich kaum etwas, sieht man von den Berufsbildern selbst einmal ab. Wie also sollen Unternehmen auf die anstehenden Veränderungen reagieren, wenn sie immer noch dieselben Arbeitsplätze bieten und dieselben Arbeitnehmer suchen, wie schon vor Generationen?

Es gibt Beispiele, die schon in der Vergangenheit gezeigt haben, dass es auch anders geht: Bis Mitte der Neunzigerjahre galt SAP als Shootingstar der Branche. In Walldorf zu arbeiten war nicht nur lukrativ, sondern auch cool. Denn hier trafen Geisteswissenschaftler auf Informatiker, Juristen auf Historiker, Lehrer auf Techniker. Gesucht wurde jeder – vorausgesetzt, man war offen für neue Ideen, hatte Spaß daran, über Grenzen hinweg zu denken, mit anderen zu kommunizieren und im Team zu arbeiten. Quereinsteiger waren hier erwünscht, um die Welt der IT-Technologie aufzubrechen und sinnvoll zu erweitern. Und die Rechnung ging auf: Nicht zuletzt durch die ungewöhnliche Zusammensetzung des Personals wurde das Unternehmen so erfolgreich.

SAP konnte ganz unterschiedliche Menschen aller Nationen nach Walldorf ziehen. So findet man hier die entscheidenden Hinweise, was fähige Mitarbeiter ausmacht: Offenheit für Neues, die Flexibilität, in ein neues Arbeitsumfeld einzusteigen, die Fähigkeit zu Teamwork. Kurz gesagt: Es geht um die ausgewogene Kombination von Skill-Set und Mind-Set, um die Balance von harten und weichen Faktoren. Ein Mitarbeiter muss demnach selbstverständlich gut ausgebildet oder erfahren sein, dieses Wissen jedoch auch teilen können. Er sollte führen und fühlen, sich engagieren und den Erfolg genießen können, er sollte solide und verlässlich, aber bitte auch flexibel und offen sein. Gibt es solche Mitarbeiter?

Ja, und es ist sogar conditio sine qua non, über solche Mitarbeiter zu verfügen, will man im Markt der Zukunft bestehen. Deutlich stärker als früher, als die Nachfrage höher war als das Angebot, müssen nun jedoch die Unternehmen dafür sorgen, dass Mitarbeiter fähig sind. Auf Neudeutsch gesagt: Sie müssen die Employability sicherstellen. Es gibt nämlich längst nicht mehr Ersatz für jeden – und die Situation verschärft sich gerade bei Fachkräften Jahr für Jahr. Es gilt folglich zu investieren, und zwar ausgerechnet in eine Größe, die im Unternehmenskontext am schlechtesten zu berechnen ist: den Mitarbeiter.

Befähigung ist eine Grundlage für die Zukunft – allerdings auch behaftet mit Risiken. Denn einerseits ist es für Unternehmen ein spürbarer Vorteil, in Mitarbeiter zu investieren, da diese sich anschließend umso leichter in neue Themenfelder einbringen können. Andererseits laufen Unternehmen Gefahr, diese Mitarbeiter auch schnell wieder zu verlieren, weil sie flexibler werden und mehr berufliche Möglichkeiten haben. Also muss man herausfinden, was Mitarbeiter in Unternehmen hält, um Mitarbeiter zu binden und damit wettbewerbsfähig zu bleiben.

Die entscheidende Frage in einer zunehmend informations- und wissensbasierten Wirtschaft lautet auch im Hinblick auf eine erfolgreiche Mitarbeiterbindung: Wie ist es zu schaffen, dass die richtigen Leute zum richtigen Zeitpunkt am richtigen Ort

Zugriff auf die richtigen Daten und Informationen haben und diese kompetent bewerten können?

Es ist eine Fehleinschätzung, dass der Ruf nach (mehr) High Potentials aus diesem Dilemma führen könnte. Denn es kommt in Wirklichkeit darauf an, den passenden Mitarbeiter an die richtige Position zu bringen. Es geht um „Right Potentials" anstelle von „High Potentials" – eine Grundvoraussetzung für flexible Systeme und ökonomisches Arbeiten.

Ein hervorragender Torhüter auf der Linksaußenposition oder als perfekter Spielmacher ist kaum vorstellbar. Und die Laufarbeit vor der Abwehr, das Öl im Getriebe des Spielaufbaus, ist auch nicht jedermanns Sache. Entscheidend ist, ein Team so zusammenzustellen, dass jeder Spieler auf seiner Idealposition die optimale Wirkung für das Mannschaftsspiel entfalten kann. Es kann aber sehr hilfreich sein, durch Positionswechsel – zumindest im Training – versteckte Potenziale eines Spielers zu entdecken oder ein besseres Verständnis für die Aufgabe an anderer Stelle zu schärfen. Aber eine Mannschaft, die nur aus genialen Spielmachern besteht, wird garantiert kläglich scheitern.

Weiterbildung kann als Konsequenz aus dieser Erkenntnis demnach nicht bedeuten, immer tiefer in ein Thema einzutauchen, sondern sie muss auch das Querdenken und überschreiten von Grenzen fördern. Man braucht ebenso wenig nur Akademiker, Topmanager und Spezialisten wie die gleiche Aus- und Weiterbildung für alle. Deshalb müssen die Weiterbildungssysteme überdacht werden, da sie in ihrer üblichen Form nicht mehr ausreichen. Ganz zu schweigen von all den Potenzialreservisten – jenen Arbeitskräften, deren Können aufgrund struktureller Gegebenheiten, hierarchischer Grenzen, ihres Alters und vor allem aufgrund mangelnden Engagements nicht ausgeschöpft wird.

Die Qualifikation der Zukunft bedeutet folglich mehr als der Besitz von Zertifikaten. Qualifiziert für Aufgaben ist man, wenn man in der Lage ist, sie zu lösen – und dazu gehören auch weiche Faktoren wie Teamfähigkeit, Neugier, Freude und Visionen – unabhängig von Alter, Führungsebene und Prozessen.

Und hier schließt sich der Kreis zur Mitarbeiterbindung: Sie kann sich für befähigte Arbeitnehmer gar nicht mehr allein auf Vergütung und Karrierestufen beschränken, sondern muss sich wesentlich intensiver an den wirklichen Bedürfnissen der Menschen orientieren. Klassische Kosten-Nutzen-Rechnungen greifen dabei nicht.

Das Thema ist für viele neu und wirklich messbare Erfahrungswerte fehlen. Was es allerdings gibt, sind positive Rückmeldungen aus Unternehmen, die heute bereits anders denken und handeln, neue Ansätze praktizieren, die zu innovativen Lösungen geführt haben. Es gibt sie tatsächlich, die ersten Auswege aus dem Teufelskreis des „War for Engagement", dem die demografische Entwicklung derzeit zusätzlich Schwung verleiht. Unternehmen wie Google oder Coremedia wagen den Schritt zum befähigten Mitarbeiter, indem sie erkannt haben, dass Personalentwicklung etwas mit persönlicher Entwicklung zu tun hat, dass es also auch darum gehen muss, Entwicklungsphasen und individuell Stärken von Menschen stärker in der Arbeitswelt zu berücksichtigen – und dass High Potentials nicht immer die optimale Besetzung für eine Position sind. Wie heißt es noch in einem afrikanischen Sprichwort: Kümmere Dich um die Saat, nicht um die Ernte.

Grundvoraussetzung für diese Erkenntnis ist eine Vision, die sich von den starren Vorgaben der Vergangenheit löst und klassische Managementthemen wie Personalentwicklung, Mitarbeiterbindung, Motivation und Führung aus einem neuen Blickwinkel heraus betrachtet. Denn wer nur heute den Ertrag einfährt und sich nicht um das Saatgut und die Kultivierung des Bodens kümmert, wird zwangsläufig in Zukunft schlechtere Ernten verzeichnen.

Personalmanagement im Umbruch

1 Konventionelle Personalentwicklung stößt an ihre Grenzen

Es ist ein Zusammentreffen mit Folgen: Eine schwierige demografische Situation und die hohen Ansprüche der Arbeitnehmer an Flexibilität einerseits treffen auf die Anforderungen an die Mitarbeiter der Zukunft andererseits, nämlich nicht nur Fachwissen und soziale Meta-Kompetenzen zu besitzen, sondern vor allem souverän mit Informationsmanagement und -beschaffung umgehen zu können. Diese Konstellation führt zwangsläufig zu einer Neuorientierung der Personalentwicklung und des Personalmanagements. In vielen Unternehmen spürt man bereits: Die Personalentwicklung nach konventionellem Verständnis stößt an ihre Grenzen und ist kaum in der Lage, die Mitarbeiter von morgen adäquat zu begleiten.

Die folgende Grafik zeigt, wie herkömmliches Personalmanagement organisiert ist:

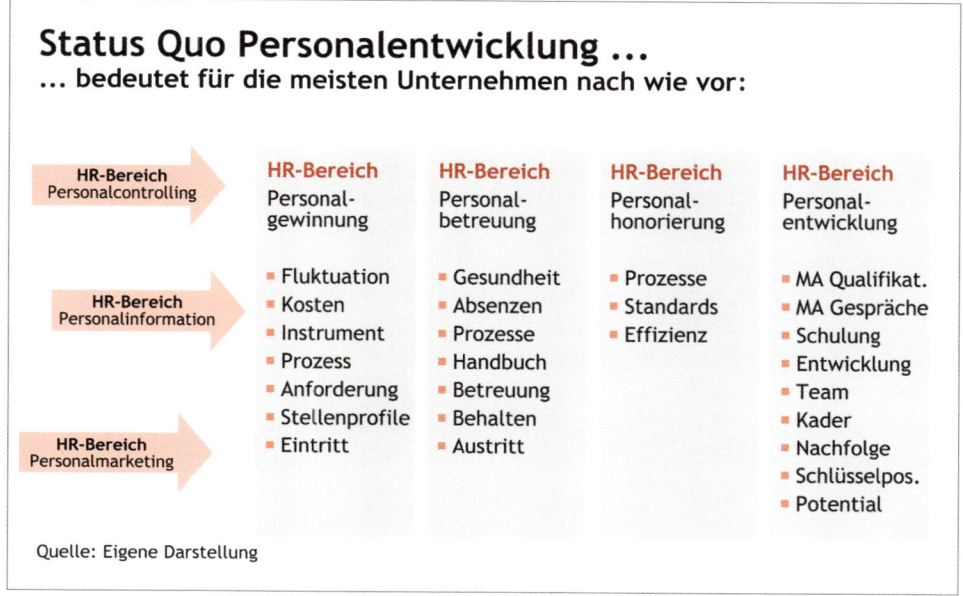

Abb. 9: Herkömmliches Personalmanagement, prozessorientiert und in vertikalen Schwerpunktsäulen organisiert.

Zunächst einmal unterscheidet man vor allem in größeren Unternehmen klar zwischen administrativen und exekutiven Aufgaben innerhalb des Personalbereiches. Typische administrative Themen sind die Personalbetreuung und die Personalverwaltung. In den letzten Jahren tendieren immer mehr Unternehmen dazu, um Kosten einzusparen gerade den Bereich der Personalverwaltung auszulagern, indem interne oder externe sogenannte „Servicecenter" die Verwaltungsarbeit erledigen.

In einem zukunftsfähigen Unternehmen müssen die administrativen Dienstleistungen für die Mitarbeiter professionell und vorbildlich funktionieren. Zum einen drückt sich im direkten Umgang mit den Mitarbeitern die Kultur und Wertschätzung dieser wichtigsten „Unternehmensressource" aus, zum anderen sind es Lästigkeiten, Unprofessionalität, aber auch Zeit- und Motivationsfresser, die sich direkt auf die produktive Arbeit auswirken. Es ist eine Gratwanderung, hier die den richtigen Outsourcingpartner zu finden. Die positiven „Nebeneffekte" des Outsourcings administrativer Aufgaben an Servicecenter sind signifikante Kosteneinsparungen und eine Verschlankung der Unternehmen.

1.1 Traditionelle Bereiche der Personalentwicklung

Die weiteren Betrachtungen konzentrieren sich aber nicht auf die administrativen Aufgaben des Personalmanagements, sondern auf den Bereich der Personalentwicklung. Insbesondere in einer zukünftig veränderten Arbeitswelt und unter der Prämisse eines lebensphasenorientierten Personalmanagements wird Personalentwicklung die Kernaufgabe der Human Resources Abteilungen sein.

Es sind im Wesentlichen die folgenden Bereiche, die traditionell in das Aufgabengebiet Personalentwicklung fallen:

1. Die Fachqualifikationen sind klassische Weiterbildungsmaßnahmen im Hinblick auf Marktentwicklungen, technologische Entwicklungen und Entwicklungen im Umfeld; es handelt sich hier in der Regel um klassische technische und fachliche Weiterqualifizierungen.

2. Die gezielte Förderung von „High Potentials" oder „Talents" ist ein weiterer Standardbereich der Personalentwicklung. Wenn möglich, werden hier spezielle Entwicklungspläne individuell zugeschnitten und als entsprechende Programme angeboten oder sogar neu konzipiert. Dieser individuelle Fokus trifft allerdings nur einen kleinen Prozentsatz der Mitarbeiterschaft (in der Regel unter 5 %, in eher jüngeren Altersklassen). Inhaltlich werden hier die Themen Management, Strategie, Finanzen und Führung behandelt. Fachqualifikationen finden nur in Ausnahmenfällen, bei echten Defiziten, statt. In diesem Bereich findet man auch das Leadership-Development, das im weiteren Verlauf des Buches immer wieder Thema sein wird. Die Förderung von High Potentials wird häufig gemeinsam mit renommierten Business Schools oder anderen externen Experten durchgeführt. Sie gehört zum hochpreisigen Bereich der Personalentwicklung.

3. Die sogenannten Assessment-Center vervollständigen die Toolbox des High-Potential-Managements. Sie kommen in der Regel in größeren Unternehmen zur Anwendung und werden mithilfe externer Experten durchgeführt. Ein Assessment-Center ist ein ein- bis dreitägiges Intensivauswahlverfahren, das – oft unter Einbeziehung von Stressfaktoren – den Versuch unternimmt, die Kandidaten innerhalb eines arbeitsähnlichen Kontextes intensiv einzuschätzen und deren Leistung zu bewerten. Hier werden vor allem diejenigen Kompetenzbereiche beobachtet, die mit innerer Haltung, sozialen und persönlichen Kompetenzen sowie mit Managementkompetenz zu tun haben. Oft bedienen sich Unternehmen ergänzend psychometrischer Werkzeuge, die IT-gestützt ein Persönlichkeitsbild erstellen, an dem dann im Weiteren gearbeitet wird.

4. Ein weiterer Bereich des klassischen Personalmanagements ist die Führungskräfteentwicklung, auf die viele Unternehmen ihren strategischen (und finanziellen) Hauptfokus legen. Für Führungskräfte des mittleren bis Topmanagements werden hier akademisch-praktische Inhalte konzipiert, in aller Regel gemeinsam mit renommierten Business Schools und Experten. Dies geschieht meist im Rahmen von modularen Programmen und Workshops „offsite", also nicht am Unternehmensort. Oft kommen auch hier in der Vor- und Nachbereitung psychometrische Tools zum Einsatz, die eine individuelle Komponente einbringen. Allgemein sind diese Leadership-Programme aber auf große, internationale Gruppen zugeschnitten und folgen dem strategischen Leadership-Brand der Unternehmen. Sie sind nicht in den Unternehmensalltag integriert, sondern verfolgen die Strategie des sich Herauslösens aus dem Arbeitsalltag.

5. Zur breiteren Verfügung steht in der herkömmlichen Personalentwicklung der Bereich der Trainings und Schulungen zu überfachlichen Kompetenzen, wie z. B. Kommunikationstrainings, Verhandlungskompetenz, Feedback- und Moderationskompetenzen, Innovationsmanagement, Teamentwicklung, effektive Meetings steuern etc. Diese Maßnahmen richten sich nicht nur an High Potentials, sondern auch an Experten und Führungskräfte aller Ebenen.

6. Ein individuelles Instrument des Personalmanagements ist das Mitarbeitergespräch. In der klassischen Auffassung findet es mindestens einmal, normalerweise zweimal jährlich statt. Mitarbeitergespräche werden über ein IT-Tool festgehalten und thematisieren Entwicklungspotenzial und -bedarf eines Mitarbeiters, seine Ziele und die nächsten Entwicklungsschritte. Hier planen Mitarbeiter, Führungskraft und Personalberater gemeinsam die Karriere, geben Einschätzungen zur Leistung ab und definieren Entwicklungsbereiche. In der Praxis scheitert dieser sinnvolle und wichtige Ansatz oft an mangelnder Zeit und Gelegenheit. Sowohl willkürliche Stichprobenbefragungen von Mitarbeitern in ganz unterschiedlichen Branchen als auch unsere eigenen Erfahrungen als Berater zeigen immer wieder, dass die Gespräche unregelmäßig stattfinden. Erstaunlicherweise gibt es selbst börsennotierte Unternehmen, die diese an sich so einfache und wirkungsvolle Methode noch gar nicht nutzen.

7. Zu guter Letzt gehört das Thema Nachfolgeplanung in den Bereich der Personalentwicklung – zumindest bei größeren Unternehmen und im gehobenen Mittelstand. Sind es bei ersteren ganze Abteilungen, die sich mit der Übergabe frühzeitig befassen, wird die Nachfolgeplanung bei letzteren häufig auf Entscheider- oder Unternehmerebene verfolgt.

Die Fort- und Weiterbildungsprogramme großer Konzerne oder Institute demonstrieren in vielen Fällen über Jahrzehnte hinweg eine erstaunliche „Konstanz" im Hinblick auf das Angebot. Positive Ausnahmen zu dieser Inflexibilität sind hier die „schnellen" Industrien. So reagieren z. B. Unternehmen wie SAP, IBM, Solarworld oder Google in der Regel sofort auf neue Marktanforderungen und gesellschaftliche Veränderungen, da nicht zuletzt dieser Vorsprung ihr Überleben und ihre gute Marktposition sichert.
Betrachtet man die konventionelle Auffassung von Personalentwicklung und misst sie an den neu entstandenen Voraussetzungen des letzten Jahrzehnts, fällt auf, dass kaum Anpassungen stattgefunden haben. Sieht man von den großen öffentlichen Diskussionen zu Themen wie Frauen und Führung bzw. Frauenquote einmal ab, laufen die Entwicklungsprogramme wie vor zwanzig Jahren. Im weiteren Verlauf dieses Buches werden wir hierauf immer wieder eingehen.

HR- und Führungskonzepte eines Unternehmens – so steht es in den meisten Unternehmensleitlinien – sollten verschiedene und individuelle Facetten von sich selbst, dem Unternehmenskontext und der Mitarbeiterstruktur abbilden und die Unternehmenswerte vermitteln (den Leadership-Brand prägen). Konkret bedeutet dies, dass dabei die Personalentwicklung von der Unternehmensstrategie, also den kurz-, mittel- und langfristigen Zielen, sowie den Leitbildern für die Unternehmenskultur ebenso geprägt wird wie von Branche, Marktsituation, Kundenstruktur und prognostizierter Arbeitsplatzsituation. Soweit die Theorie.

1.2 Theorie und Praxis klaffen auseinander

Hinterfragt man diesen Anspruch jedoch, sieht die Situation häufig anders aus. So stellt sich bei den 150 deutschen Topunternehmen die gängige Situation eines Mitarbeiters hinsichtlich der tatsächlich umgesetzten Personalentwicklung im Durchschnitt – also jenseits der 5 % Top-Potentials – folgendermaßen dar[96]:
Nehmen wir einmal an, ein neuer Mitarbeiter mit Führungsambitionen wird rekrutiert. Bei seiner Einstellung erfährt er, dass jährliche Mitarbeitergespräche mit einer Führungskraft des Unternehmens dazu dienen sollen, sein eigenes Entwicklungspotenzial einzuschätzen und entsprechend passende Entwicklungsmaßnahmen zu planen. In der Regel ist dies eine Maßnahme pro Jahr, abhängig von Budget und

---

[96] Ähnlich sieht die Situation auch bei kleineren Unternehmen aus – hier wird lediglich weniger Geld dafür investiert und der Aufwand geringer gehalten. Die Strukturen sind ähnlich.

Einstufung des Mitarbeiters. Hat er Glück, ist ihm seine Führungskraft wohlgesonnen und hat Interesse an ihm. Gerade in den ersten Jahren einer Karriere wird die Potenzialeinschätzung des Mitarbeiters von seiner Führungskraft rein subjektiv vorgenommen. Die Beziehung der Führungskraft zum Mitarbeiter und ihre Offenheit sind hierbei natürlich ein sehr ausschlaggebender Faktor für eine weitere Entwicklung. Die Instrumente des 360^0-Feedbacks, der Assessment-Center oder der Managementreviews im größeren Kreis kommen meist erst dem mittleren bis oberen Management zugute.

Immer wieder fehlt es Führungskräften sowohl an der Zeit als auch am Verständnis für den Sinn von Mitarbeitergesprächen. Das hindert sie daran, solche Gespräche regelmäßig nach einem standardisierten und damit vergleichbaren Vorgehen zu führen. Hat der Mitarbeiter also Pech, werden diese Mitarbeitergespräche gar nicht geführt. Wer dann nicht eigeninitiativ handelt, hartnäckig auf Gespräche besteht, Personalabteilungen einschaltet oder sich in übergreifenden Projekten engagiert und dadurch sichtbar wird, dessen Weiterkommen ist deutlich verlangsamt.

Eine Alternative zur Eigenverantwortung gibt es für den Mitarbeiter nicht – er ist für seine Karriere selbst verantwortlich und seine berufliche Entwicklung ist ein Wechselspiel zwischen Unternehmen und Mitarbeiter. Es ist eine klassische Falle für Mitarbeiter, hier in eine Konsumentenrolle einzunehmen – und dies ist auch ein Zeichen für mangelnden Karrierewillen und mangelndes Eigenengagement.

Wenn es gut läuft, kommt der Mitarbeiter in den Genuss von Fachqualifizierungen oder Trainings zur sozialen Kompetenz. So könnte bspw. ein Projektmitarbeiter im Dax-30-Umfeld an einem „Merger & Acquisation Base Training", „R&D Budgeting in Projects" oder „Strategic Planning" teilnehmen.

Angenommen, unser Mitarbeiter ist kein absolut sichtbarer High Potential, sondern gehört zu den 70 % der wichtigen Mitarbeiter auf allen Ebenen: Wurde nun die Ebene der frühen Karrierejahre erfolgreich durchlaufen, beispielsweise mit Potenzialaussage fürs mittlere Management, meldet sich irgendwann nach ca. drei bis sechs Jahren die Personalabteilung und bringt den Mitarbeiter in den Management-Review-Prozess ein.

Für den Mitarbeiter folgen nun interne Assessment-Center, zu denen möglicherweise Trainer, Psychologen, Consultants oder externe Business Schools hinzugezogen werden. Sie sollen das Potenzial verifizieren und weiter selektieren. Wer sich zur Führungskraft eignet, wird in Zukunft beobachtet. Der Mitarbeiter ist dann Mitglied eines sogenannten „Talentpools" oder „Managementpools", was bedeutet, dass die Unternehmensführung ihn im Blick hat.

Dies ist insofern von Bedeutung, als sich das Unternehmen gegenüber dem Mitarbeiter nun verpflichtet, ihn zu entwickeln. Auf diesem Level wird zum Beispiel entschieden, wer für wichtige Positionen im Ausland infrage kommt, wer das Potenzial zum Nachfolger für Schlüsselpositionen besitzt und wer weiter (und nun individuell!) gefördert werden soll. In den Managementreviews finden sich vorrangig Außer-Tarif-Mitarbeiter und Führungskräfte.

1.3 Geschafft – und jetzt?

Nun hat es ein Mitarbeiter eines großen Konzerns „geschafft". Er ist wahrscheinlich mittlerweile zwischen Mitte dreißig und Mitte vierzig, bezieht ein gutes Gehalt und darf sich zum Management seines Unternehmens zählen. Jetzt hat das Unternehmen ordentlich in ihn investiert und er hat viel geleistet. Interne Perspektiven werden aufgezeigt, aber oft, aus den verschiedensten Gründen, nicht realisiert. Karrierepfade geraten ins Stocken, es gibt wenig alternative, sinnstiftende Elemente im Personalmanagement und unser Mitarbeiter beginnt – nach einigen Enttäuschungen in seiner Karriereentwicklung – damit, sich neu zu orientieren. Er sucht andere Herausforderungen und Wege.

Jetzt stehen die Unternehmen vor der Herausforderung, ihre Mitarbeiter an sich zu binden. Ungünstig ist es, wenn entsprechende Konzepte im Personalmanagement des Unternehmens nicht verankert sind. Ein durchdachtes Retention-Management ist speziell in dieser Phase – also während der Jahre der mittleren Karrierestufen – wichtig.

Nicht jedes Unternehmen gehört aber zum Kreis der börsennotierten, zum Teil weltweit operierenden DAX- oder Fortune-100-Familie. Die weitaus größte Zahl aller Arbeitsplätze befindet sich in den sogenannten KMUs, in den kleinen und mittelständischen Unternehmen. Die Qualität der Personalarbeit ist natürlich nicht abhängig von der Größe eines Unternehmens. Das Budget und vor allem die Entwicklungsmöglichkeiten und Karrierepfade korrelieren aber naheliegend mit den Rahmenbedingungen eines Unternehmens. Die Qualität der Personalentwicklung – also die tatsächliche individuelle Fokussierung auf den Mitarbeiter, seine derzeitige Situation, seine Ziele und Lebensphase – hängt vorrangig davon ab, mit welcher Ernsthaftigkeit das Unternehmen Personalentwicklung betreibt. Und für diese Ernsthaftigkeit stehen die Führungskräfte und andere Menschen im Unternehmen. Sie stehen für Kultur, Werte und Zukunftsorientierung eines Unternehmens und diese Ausrichtungen sind in kleineren und mittelgroßen Organisationen oft unmittelbarer spürbar als in Weltkonzernen.

Professionalität und höchste Qualität hängen nicht von der Größe eines Unternehmens ab, sondern davon, welches Ansehen das Thema Personalentwicklung im Unternehmen hat. „Manager auf Durchreise" interessieren sich da eher für die kurzfristigen Zahlen, nicht für die langfristige Entwicklung. Von Eigentümern geführte Unternehmen, wie vielfach die von Hermann Simon beschriebenen Hidden Champions, weisen da häufig eine direktere und persönlichere Art der Mitarbeiterorientierung auf.

Ausdrücklich sei an dieser Stelle nochmals erwähnt, dass die Generationen X und Y auch den Zweitnamen „Generation Feedback" haben. Feedback, das persönliche Gespräch bzw. individuelle Maßnahmen sind also nicht nur dringend erwünscht, sondern für die Mitarbeiterbindung unerlässlich. Ohne Feedback keine (gefühlte) Integration, keine Loyalität, keine Bindung.

1.4 Die „Second Career"

Auf den ersten Blick impliziert die zweite Karriere einen zwingenden Berufs- und damit verbunden einen Arbeitgeberwechsel. Dem ist aber ausdrücklich nicht so. Die Second Career appelliert an die vielfältigen Potenziale, die allen Menschen innewohnen – und die manchmal gefunden und gehoben werden müssen.

Die Spezialisierung und Fokussierung auf ein Fachgebiet ist ohne Zweifel ein Schlüssel für eine hohe Produktivität. Eine klassische Berufsausbildung eröffnet zielgerichtet die Möglichkeit, bereits in jungen Jahren eine Leistung anzubieten, die für ein Unternehmen und damit für die Gesellschaft insgesamt einen hohen Wertschöpfungsbeitrag liefert.

Doch diesem Prinzip der Spezialisierung und Fokussierung muss auch Tribut gezollt werden, wie folgendes Beispiel aus einem ganz anderen Bereich veranschaulichen soll: Die Industrialisierung der Landwirtschaft führte z. B. zu Erträgen, die um ein Vielfaches höher sind als noch vor hundert Jahren. Die Konzentration auf das vermeintlich Wesentliche führte aber auch dazu, dass die hochgezüchteten Monokulturen anfälliger gegen Schädlinge oder Unwetter wurden. Auch die typischen Zivilisationskrankheiten, insbesondere die Allergien oder Lebensmittelunverträglichkeiten sind auf die veränderten Ernährungsgrundlagen, sowohl hinsichtlich der Rohstoffe als auch der Zubereitung, zurückzuführen.

Konzentration versus Diversifikation ist auch unternehmensstrategisch eine zeitgenössische und grundlegende Diskussion. Ausgewogenheit, Vielfältigkeit und neue Herausforderungen – gerne auch mehrere gleichzeitig – rücken stärker in den Fokus. Immer das Gleiche, nur höher, schneller, weiter, ist auf Dauer nicht erfüllend. Die jungen Generationen stehen für Multitasking, sind ständig aktiv miteinander verbunden und tauschen stetig Informationen aus. Vielfältige Interessen kann man auch älteren Generationen nicht absprechen. Jedoch haben letztere häufig zugunsten einer disziplinierten Berufsausübung auf vielerlei verzichtet, sie haben zurückgesteckt. Es hat Jahre gedauert, bis eine Work-Life-Balance hoffähig war und diejenigen, die sich zu ihr bekannten, nicht als weltfremd oder gar leistungsschwach bezeichnet wurden. Für die Generation Y oder Z klingt diese Diskussion wiederum weltfremd und gestrig.

Was bedeutet also in diesem Kontext eine Second Career? Die zweite Karriere beschreibt ein neues Karrieremuster, das aus den Umstrukturierungen im Arbeitsmarkt entstanden ist. Klassische Laufbahnmuster werden seltener und viele Arbeitnehmer sehen sich dazu veranlasst, spät in ihrer Erwerbsbiografie eine neue Karriere aufzubauen.

An sich ist die Second Career nichts Neues – schon immer gab es Berufszweige mit einem hohen Bedarf an jungen Menschen, beispielsweise im Spitzensport oder bei der Flugsicherung. Neu hingegen sind die Breitenwirkung des Phänomens und die betroffene Alterskohorte der 50- bis 65-Jährigen. Die Gründe für diese neuen Lebensläufe sind vielschichtig und hängen vor allem mit den großen gesellschaftlichen und demografischen Trends zusammen. Hinzu kommen Vorruhestandsregelungen, Restrukturierungen von Unternehmen, denen ganze Bereiche zum Opfer fallen, oder auch der technische Fortschritt, der einfach den gegenwärtigen Stand der Dinge überholt hat.

Die volatile Erwerbswelt mit ihren hohen Anforderungen an die Flexibilisierung des Einzelnen hat sich für viele Menschen – häufig erst in der Retrospektive – als Vorteil und positive Entwicklung erwiesen.

Erfahrene Menschen z. B. geben ihr Wissen meist gerne als Experte weiter, als Interimsmanager für Unternehmen in Übergangsphasen oder Schieflage, als Ausbilder oder Fachreferent. In der Second Career finden sich oft Tätigkeiten, die dem ursprünglichen Fachgebiet sehr nahestehen, dabei überschneiden sich Beruf, Bildung, Freizeit und Aufgabe aber deutlicher. Diese Tätigkeiten bilden häufig eine enorme Bereicherung für Unternehmen und den Einzelnen.

Die Aufgabe, Erfahrungen erfolgreich weiterzugeben, benötigt andere Fähig- und Fertigkeiten als in der „normalen" Arbeitswelt vorhanden bzw. erforderlich sind. Solche Aufgaben entwickeln die Persönlichkeit weiter und der Mitarbeiter, der die Second Career einschlägt, erfährt eine neue Art der Wertschätzung. Das ist motivierend, belebend und bereichernd – sowohl für das Unternehmen als auch für den Mitarbeiter.

Mentorenaufgaben können eine ähnliche Bereicherung darstellen. Erfahrene Kollegen können jüngeren insbesondere in Krisenzeiten oder Stresssituationen mit Gelassenheit helfen. Umgekehrt sind Jüngere in der Lage, auch alte Haudegen mit in die Welt der virtuellen Kommunikation zu nehmen. Es bilden sich Teams, die von ihrer Heterogenität profitieren.

Eine Second Career ist kein Muss, sie darf lediglich ein Angebot sein und sie setzt voraus, dass sich der Mitarbeiter über seine „schlummernden" Potenziale und Interessen auch bewusst ist. Ob er dann als „Erste-Hilfe-Sanitäter" oder Mentor tätig wird, ob er sich politisch engagiert oder in Sportvereinen als Trainer oder Funktionär, ob er eine Dozententätigkeit an einer Hochschule übernimmt oder ob er das Unternehmen in Netzwerken, in berufsständischen oder Service-Clubs, wie den Rotariern, Lions oder Zonta-Clubs, vertritt oder ob jemand gar für eine bestimmte Zeit komplett off-the-Job ein Volontariat im Ausland machen oder einfach im Sabbatical um die Welt segeln möchte – der Einstieg in eine Second Career muss einem natürlichen Wunsch entspringen, der ausgesprochen werden darf und nach Möglichkeit vom Unternehmen akzeptiert, wenn nicht gar gefördert werden soll[97].

---

[97] Je umfangreicher das Engagement, desto klarer und einvernehmlicher muss dieses mit dem Arbeitgeber abgestimmt sein. Die betriebsinternen Abläufe dürfen nicht gestört noch dürfen etwaige Kosten einseitig zulasten des Unternehmens anfallen. Es hat sich jedoch gezeigt, dass gerade diejenigen Mitarbeiter ein hohes Verständnis für die Belange des Arbeitgebers mitbringen, die für sich selbst weitergehende Gestaltungsräume wünschen. Sie sind darüber hinaus im hohen Grade bereit, etwaige Kosten für den Arbeitgeber mitzutragen. Wechselseitiges Verständnis, Freiraum und Vertrauen führen selbstredend zu einer höheren Loyalität, Identifikation und Bindung.

Jeder, der sich entfalten darf, entwickelt neue, motivierende Energien. Das kommt auch dem eigentlichen Job und damit dem Arbeitgeber zugute. Und wenn nicht, dann werden proaktiv und einvernehmlich die Weichen neu gestellt – im Interesse aller Beteiligten. Überall bekannt sind hingegen die strukturell begrenzten Entwicklungsmöglichkeiten von Mitarbeitern, die über 45 Jahre alt sind.

Bis 2020 wird das Angebot an Arbeitskräften um 1,8 Millionen Menschen sinken, so hat es das Institut für Arbeitsmarkt- und Berufsforschung (IAB) errechnet.[98] Bis 2025 schrumpft es dann noch einmal um weitere 1,8 Millionen. Ein rapides Minus von mehr als dreieinhalb Millionen Menschen binnen nur 15 Jahren! Und dabei gehen die Forscher sogar von recht optimistischen Annahmen für die zusätzliche Beschäftigung von Frauen, Älteren und Zuwanderern aus.“[99] Die Zukunftsfähigkeit vieler Unternehmen steht auf dem Spiel und das Thema Mitarbeiterbindung wird immer wichtiger. Diese kann sich auch als von Unternehmen und Mitarbeitern bewusst gestalteter Parallelprozess zur Second Career ausdrücken.

Wie auch immer, eines bleibt klar: Das Verhältnis von vorhandenen und benötigten qualifizierten Arbeitskräften verschlechtert sich. Qualifizierte, also zukunftsfähige Mitarbeiter werden bereits in naher Zukunft eine deutlich größere Wahlfreiheit haben, für welchen Arbeitgeber sie arbeiten wollen.

Die gesellschaftlichen Flexibilisierungsprozesse führen für alle Generationen zu Herausforderungen, das eigene Leben offener und bewusster zu gestalten. Es ist Zeit, von einer Arbeitswelt Abschied zu nehmen, in der man im erlernten Beruf eine Solokarriere machen konnte und auch die Zeit der lebenslangen Arbeitgeber ist vorbei. Die zweite Karriere ist eine reale, greifbare Möglichkeit geworden, und neue, komplexere Lebensläufe werden die Zukunft bestimmen.

1.5 Neue Wege tun sich auf

Ein interessantes Beispiel und in gewisser Weise ein Vorreiter der neuen Zeit ist die KOENEN GmbH aus Ottobrunn[100]: Der Hightechanbieter von Präzisionssieben für den technischen Siebdruck zeichnet sich seit über vier Jahrzehnten durch finanzielle Unabhängigkeit, Flexibilität und eine Kontinuität in der Unternehmenskultur aus, was den entspannten Umgang mit vermeintlich hektischen Marktveränderungen erklärt.

Dies allein kann jedoch nicht verantwortlich für die überdurchschnittlich hohe Mitarbeitertreue des inhabergeführten Familienunternehmens sein, denn auch andere Betriebe haben vergleichbare Voraussetzungen. Was also macht KOENEN anders und zukunftsfähiger? „Ganzheitliches Personalmanagement“ lautet das Zauberwort, das mittlerweile sogar dazu geführt hat, dass Banken von sich aus ver-

---

[98] Müller, H.: Hofierte Arbeitnehmer – Der neue Wettbewerb um die Köpfe, in Spiegel Online von 24.03.2011.

[99] Ebenda

[100] IHK München Oberbayern, Magazin Wirtschaft 4/2010.

suchen, KOENEN zu einer Investition oder Kreditaufnahme bei ihrem Institut zu bewegen, was in einer Zeit der wirtschaftlichen Unsicherheit fast an ein Wunder grenzt. Und dass „qualifizierte Mitarbeiter bei KOENEN geschätzt werden, hat sich längst weiter herumgesprochen. So waren einige der jetzigen Leistungsträger einst bei Kunden angestellt."[101]

Und wie erwähnt, selbst die Banken reagieren auf die Unternehmensstrategie von KOENEN, denn hier zeigt sich, wie sehr sich unternehmerische Weitsicht auszahlen kann: Wer stetig an seinem Unternehmensmodell feilt und dabei einen besonderen Fokus auf die immateriellen Werte legt, steht heute besser da. Denn „... neben den blanken Zahlen, die eher die Vergangenheit und die Gegenwart darstellen, schauen die Institute auch genau auf die Softfacts, bevor sie Kredite vergeben, sagen die doch am meisten darüber aus, wie es um die Zukunftsfähigkeit einer Firma steht. ,Bei uns fließen diese weichen Faktoren schon seit jeher zu 40 Prozent ins Rating sowie in die Kreditentscheidungen ein', erklärt Peter Heinrich, Vorstandsvorsitzender der Münchner Bank, der zweitgrößten Genossenschaftsbank in Bayern."[102]

Wie erkennen Banken die weichen Faktoren eines Unternehmens? Ein Fragenkatalog kommt den so schwer messbaren Parametern auf die Spur: Dabei geht es neben den üblichen allgemein verbreiteten Kennzahlen um Fragestellungen wie:

- Wie steht es um die Personalentwicklung und den Nachwuchs?
- Existieren Notfallkonzepte, die gegebenenfalls schnell greifen?
- Wie ist das Klima im Betrieb untereinander und zwischen Mitarbeitern und Geschäftsleitung?
- Wird die Unternehmensphilosophie tatsächlich gelebt oder steht sie nur auf dem Papier?
- Existiert eine systematische Nachfolgeregelung für Schlüsselpersonen in Fach- und Führungsfunktionen?
- Wie stark setzt der Betrieb auf Aus- und Weiterbildung?[103]

Allgemein verbreitet scheint dieses Vorgehen bei Kreditinstituten zwar noch nicht zu sein, doch eine Umfrage zeigt deutlich, dass hier zumindest ein neues Bewusstsein entsteht. Inwieweit sich sogar ein Trend daraus entwickeln könnte, ist heute noch nicht abzusehen. Eine spontane Umfrage der Autoren[104] bei bekannten Bankhäusern brachte keine wesentlichen neuen Erkenntnisse. Auf die Frage „Inwieweit spielt die strategische Personalplanung und -entwicklung bei der Kreditvergabe oder anderen Finanzierungen eine Rolle?" wurde zwar stets betont, dass man von-

---

[101] IHK München Oberbayern, Magazin Wirtschaft 4/2010.
[102] Ebenda
[103] Ebenda
[104] Telefonisch durchgeführt im Februar 2011.

seiten der Kreditinstitute durchaus auch auf solche Dinge schauen würde[105], dass letztendlich jedoch Zahlen, Fakten und Bilanzen für die Entscheidungsprozesse herangezogen würden. Dennoch waren sich alle Befragten darüber klar, dass hier ganz sicher ein bislang in der Praxis weitgehend unbeachtetes Bewertungspotenzial liegt, das – würde man es zusätzlich zurate ziehen – sicherlich manche Fehlentscheidung verhindern beziehungsweise positive Bescheide unterstützen könne.

Das derzeitige sehr prozess- und programmorientierte Verständnis von Personalentwicklung reicht nicht aus, um ein Unternehmen zukunftsfähig zu machen. In einem um jeden Topmitarbeiter umkämpften Markt ist derjenige im Vorteil, der Führungskräfte, Experten, Know-how-Träger und Talente nachhaltig und langfristig an sein Unternehmen binden kann.

2 Führung im Wandel – Herausforderung und Chance

Personalentwicklung kann sich nicht aus den eigenen Strukturen heraus verändern, sondern benötigt ein Umdenken in der Führung. Was aufwendig und kompliziert klingt, ist jedoch vor allem eine große Chance für Unternehmen, die Bewertung der vorhandenen Organisationsstrukturen, Menschenbilder und Zielsetzungen zu überdenken und ggf. neu zu priorisieren.

Der kanadische Professor Henry Mintzberg weist zu Recht darauf hin, dass es unzählige Managementmethoden und -techniken gibt, mit mehr oder weniger brauchbarem Wert. Ohne gesunden Menschenverstand, ohne soziale Empathie ist ohnehin jede Technik zum Scheitern verurteilt[106].

Zum weiteren Verständnis möchten wir zunächst zwei Begrifflichkeiten erklären. Nach wie vor wird der Begriff „Management" oft mit „Führung" verwechselt bzw. gleichgesetzt. Wer hier nicht differenziert, läuft Gefahr, einen signifikanten Unterschied zu übersehen.

Ein guter Manager kann seine Einheit – als guter Projektmanager – souverän durch schweres betriebswirtschaftliches Fahrwasser führen und wichtige kurzfristige Entscheidungen fällen. Das Tagesgeschäft wird professionell abgewickelt, Milestones werden erreicht, Budgets gut geplant und eingehalten, Mitarbeiter und Ressourcen auf Teilprojekte verteilt, der Wettbewerb beobachtet und analysiert, neue Themen identifiziert. Dennoch muss der Manager nicht zwingend eine gute Führungskraft sein.

Eine Führungskraft wiederum ist in der Lage, Mitarbeiterteams zu Höchstleistungen zu motivieren und sie für Projekte und Ideen zu gewinnen (weil diese Mitarbei-

---

[105] Bei der Deutschen Bank gibt es zum Beispiel bei der Kreditvergabe an Mittelständler das Bewertungskriterium „Qualität des Managements" – doch nur als allgemeine Größe und ohne messbare oder vergleichbare Parameter.

[106] Mintzberg, H.: Managen, Gabal, Offenbach 2010.

ter es wollen, nicht, weil sie die Anweisung bekommen, etwas zu tun), ein inspirierendes Bild von der Zukunft des Unternehmens oder des Produktes zu malen oder auch ein proaktives Klima zu fördern und innovative Ideen zu generieren. Dies alles zu beherrschen, heißt jedoch nicht automatisch, dass die Führungskraft deshalb ein Verständnis für die Tiefen des operativen Geschäfts hat oder Produkte und Dienstleistungen in allen Details versteht.

Eine Personalunion von fähigem Management und überzeugender Führung ist natürlich das, was ein Unternehmen für ihre Führungskräfte anstrebt.

INSEAD Professor Manfred Kets de Vries hat die unterschiedlichen Fokuspunkte in einer Gegenüberstellung exzellent veranschaulicht:

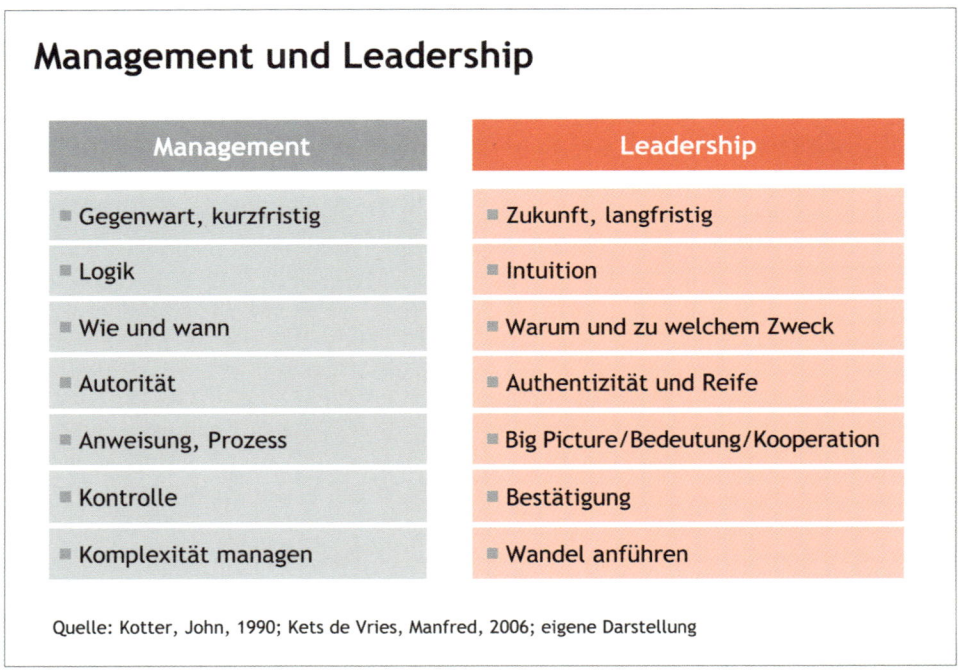

Abb. 10: Unterschiedliche Schwerpunkte von Management und Leadership[107]

Nach Kets de Vries' Verständnis denkt und handelt der Manager in der Gegenwart und tendenziell kurzfristig, während die Führungskraft langfristig agiert. Dabei baut ein Manager auf Logik, Anweisung und Autorität, eine Führungskraft auf In-

---

[107] de Vries, K. und Manfred, F. R., 1991, Organizations on the Couch. Jossey-Bass. Professor für Leadership Development und Gründer des INSEAD Global Leadership Centre. Seine These: Das Handeln von Führungskräften wird maßgeblich von deren Psyche bestimmt. Und weil sich diese Entscheidungsgrundlage der unternehmerischen Diskussion entzieht, kann es zu kollektiv falschen Entscheidungen kommen.

tuition, Inspiration und Authentizität. Oder anders ausgedrückt: Management bedeutet, in einer hierarchischen Position zu sein, aus deren Status heraus man anderen sagen kann, was sie zu tun haben. Führen bedeutet, andere dazu zu inspirieren, Teil von etwas zu werden, das sie als Frucht ihrer eigenen Energieinvestition und damit als wertvoll empfinden, das sie also mit einem Gefühl von Sinnhaftigkeit verknüpfen können.

Der Begriff Manager (Management) beschreibt eine klar definierte Funktion in einem Unternehmen. Management findet also auf der Funktionsebene statt. Diese Managementfunktionen findet man, hierarchisch eingeordnet, in Organigrammen, in offiziellen Jobbeschreibungen mit einer Definition der entsprechenden Aufgaben und Verantwortlichkeiten. Die Einordnung in eine definierte hierarchische Struktur zeigt klar, welche Funktionen im Unternehmen dem Management zugehören und welche nicht. Diese Managementfunktionen beinhalten in aller Regel die Führung von Mitarbeitern. Man spricht deshalb im Deutschen auch von einer Führungskraft. Manager ohne Führungsverantwortung findet man lediglich in Experten- oder Lobbyistenfunktionen (Compliance, CSR, Analysten etc.) oder bei den Technologiegurus.

Der englische Begriff „Leader" bzw. „Leadership" und das Wort „Führungskraft" treffen sich nicht punktgenau. Der Leader beschreibt einen Manager, der sich auf die Führung von Menschen gut versteht, der erfolgreich motivieren, einbinden und dafür sorgen kann, dass sich Mitarbeiter engagieren, der etwas tut, das ohne seinen Einfluss nicht passieren würde. Häufig verknüpft man in der Leadership-Developmentindustrie mit einem guten Leader auch, dass er weit über das Eigeninteresse hinaus handelt und das strategische „Big Picture" des Unternehmens, des Industriesektors und der Gesellschaft im Kopf hat.

Im deutschen Sprachgebrauch gibt es keine wirkliche Entsprechung für das englische Wort „Leader", die Bedeutung des Begriffs „Führungskraft" ist nicht umfassend genug. Will man daher zum Ausdruck bringen, dass jemand ein tatsächlicher Leader ist, also gut führen und gut managen kann, behilft man sich, indem man ein Adjektiv ergänzt: Man spricht dann von einer „erfolgreichen Führungskraft". Jeder Leader, jede erfolgreiche Führungskraft ist also per se auch Manager oder arbeitet im Management – nicht jeder Manager aber ist auch ein Leader bzw. eine „erfolgreiche" Führungskraft.

Ein Aspekt, der in diesem Zusammenhang häufig übersehen wird, ist die Tatsache, dass eine Führungskraft Menschen braucht, die ihr folgen: Ohne Follower kein Leader. Dazu werden Sie im weiteren Verlauf dieses Abschnitts mehr erfahren.

Dieser kleine Exkurs ist deshalb so wichtig, weil gerade im Bereich von Management und Führung vor allem englischsprachige Autoren und Vordenker unsere

Vorstellungen prägen und daher Missverständnisse vorprogrammiert sind, wenn die Begrifflichkeiten ungenau verwendet werden.[108]

2.1 Authentische Führung macht glaubwürdig

„Authentisch" wollen die meisten handeln – diese Vokabel kommt bei Spitzenmanagern verdächtig häufig vor. Auf genauere Nachfrage hin und bei weiterer Analyse zeigt sich aber, dass sie mit dem Begriff „authentisch" in der Regel Egostärke meinen.[109] Um aber mehr zu sein als nur Manager von Personal, braucht man mehr als nur Erfolgswillen, Disziplin und Egostärke.

Sehr deutlich fordert beispielsweise die jüngere Generation greifbare, glaubwürdige Führungskräfte, und auch in diesem Zusammenhang fällt der Begriff „authentisch" auffallend oft. Wobei im Verständnis der jüngeren Generation die Bedeutung von Authentizität eine zusätzliche Dimension erhält: Häufig haben Menschen zwei völlig unterschiedliche „Gesichter". Am Arbeitsplatz kennt man jemanden als steife, unpersönliche Führungskraft, begegnet man ihr aber privat, lernt man einen ganz anderen, nun plötzlich entspannten und „coolen" Menschen kennen. Die jüngeren Generationen lehnen eine solche Spaltung ab. Sie finden, dass ihre Lebenszeit dafür zu kostbar ist und entsprechend erwarten sie auch von den Führungskräften in ihrer Eigenschaft als Rollenvorbilder, authentisch im Sinne einer unverkünstelten, „nicht getrennten" Persönlichkeit zu sein.

Die Authentizität von Führungskräften ist ein Konzept, das Bill George für Harvard tiefer erforscht hat. Authentisch Führende zeichnen sich seines Erachtens durch folgende Eigenschaften aus:[110]

- Sie zeigen ein hohes Maß an Leidenschaft und Begeisterung für ihr jeweiliges Anliegen.
- Sie leben und praktizieren ihre Wertvorstellungen konsequent.
- Sie führen ausgewogen mit Herz und Verstand.
- Sie etablieren und pflegen langfristige und nachhaltige Beziehungen.
- Sie verfügen über ausreichend Selbstdisziplin, um Ergebnisse zu bekommen.
- Sie verstehen Führung als tägliche Praxis und als (Lern-)Prozess, der nie endet.

---

[108] Peter Drucker benutzt zum Beispiel fast konsequent den Begriff Manager/Management und beschreibt damit diejenigen, die eine Führungsfunktion innehaben, ohne notwendigerweise eine Bewertung hinsichtlich der Führungsfähigkeit abzugeben. Er appelliert und beschreibt unter anderem: „... Managers and management are the central ressource, ..., the constituitive organ of society." Er meint damit zunächst einmal alle, die in Führungsfunktionen arbeiten. Ob sie diese gut oder schlecht ausfüllen, steht zunächst nicht im Vordergrund. Natürlich hat Drucker eine Vorstellung von gutem Management (und von Leadership), in den meisten seiner Texte geht es allerdings um philosophische, sozialpsychologische Gedanken.

[109] Höhler, G.: Die Sinn-Macher, Ullstein, Berlin 2006, S. 104 f.

[110] George, B.: Authentic Leadership: Rediscovering the Secrets to Creating Lasting Value, 2003 und ders. In Harvard Business Review February 2007.

George spricht ganz bewusst von einem „Rediscovering", also dem Wiederentdecken bewährter Ideale, und erweitert dies auch auf die Lebensphasen und Wurzeln des Einzelnen. Authentische Führungskräfte wissen, wo sie herkommen, was sie können und wo sie hin wollen.

Das Wissen um die eigene Herkunft, um die persönlichen Lebenserfahrungen und Erlebnisse spielt eine entscheidende Rolle auf dem Weg zu mehr Authentizität. Dieses Wissen wird genutzt, um die persönliche „Work-Life-Balance" zu erproben und zu implementieren. Schwierige Lebenssituationen und berufliche Rückschläge werden nicht einfach nur weggesteckt, sondern als Erfahrung für die Zukunft positiv genutzt und in Empathie umgewandelt.

Ein Bild verdeutlicht dieses Konzept: „Stellen Sie sich Ihr Leben als Haus vor, mit einem Schlafraum für Ihr ganz persönliches Leben, einem Wohnzimmer für Ihre Familie, einem Arbeitsraum für Ihr Arbeitsleben, einer Küche, die Sie mit Freunden teilen und einem Zimmer für Ihre Freizeitgestaltung. Könnten Sie die Wände zwischen all diesen Räumen einreißen und dieselbe Person in jedem Raum sein?"[111] Könnten oder wollten Sie dies überhaupt?

Authentizität lernt man nicht in einer Business School. Authentizität zu leben ist ein lebenslanger Prozess, der u. a. geprägt wird von nachhaltig reflektierter Berufspraxis, tief gehenden Erfahrungen in allen Lebensbereichen und deren Verarbeitung sowie der Offenheit für persönliche Weiterentwicklung. Den Weg der Authentizität zu gehen, ist eine Entscheidung für die eigene Person und für das eigene Leben als Ganzes. Die oben beschriebene Spaltung gibt es dann nicht.

Reflexionsfähigkeit kann durch Leadership-Programme oder Business School Curricula unterstützt werden. Eigene, nachhaltige Erkenntnisse und Reflexionen ersetzen diese akademisch ausgefeilten und intellektuell ganz sicher wertvollen Programme allerdings nicht. Um persönliche Meisterschaft zu erlangen, ist der Austausch mit einem Mentor, Coach oder einem Vorgesetzten, der sich über den gesetzten Arbeitsrahmen hinaus um ein „ganzheitliches Verstehen" des Mitarbeiters bemüht, nicht nur sinnvoll, sondern über die Lebensarbeitsphasen hinweg auch notwendig.

2.2 Kommunikation als Kernprozess

Führung und Management sind bei genauerer Betrachtung im Kern unterschiedliche Formen der Kommunikation. Kommunikation ist ein bzw. *der* Kernprozess einer jeden Unternehmung.

Ob und wie dieser Kernprozess Kommunikation gelebt oder installiert wird, hängt nicht zuletzt vom angewandten Managementstil ab. Es gibt zahlreiche, in den Achtziger- und Neunzigerjahren des vorigen Jahrhunderts beschriebene „Management by …"-Formen, die teilweise heute noch gelebt werden. Management-by-Objec-

---

[111] George, B.: Authentic Leadership: Rediscovering the Secrets to Creating Lasting Value, 2003.

tives, Management-by-Delegation, Management-by-Walking-Around und viele mehr. Keinen dieser Managementstile wird man in einem Unternehmen in Reinkultur finden, und ihre Unterschiede sind hier auch nicht im Zentrum der Betrachtung.

Die verbindende Grundlage aller Management- oder Führungsstile ist die Kommunikation. Und egal, auf welchen Organigrammen, Strukturen, Prozessen und Messinstrumenten das unternehmerische Handeln jeweils basiert –, erst die Kommunikation füllt diese mit Leben. Kommunikation aber kann – unabhängig von den bestehenden Strukturen – auf eine förderliche, neutrale oder auf eine störende Art und Weise passieren.

Der Kommunikationsstil der Führungskraft beeinflusst dabei viel und legt den Boden für eine Team- oder Abteilungskultur. Das Verhalten und die Kommunikation der Führungsmannschaft beeinflussen, ob eine Saat aufgeht und gedeiht oder verkümmert.

Management- bzw. Führungsstile hängen natürlich eng mit dem Industriesektor, in dem das Unternehmen tätig ist, der Unternehmenshistorie und dem Managementteam zusammen. Vor allem aber ist das Individuum selber verantwortlich für seine Vorbildrolle und dafür, wie sie diese lebt.

Kommunikation und die verschiedenen wissenschaftlichen Disziplinen, die diese untersuchen, sind bekanntermaßen ein weites und komplexes Feld, über das es unzählige Bücher gibt. Diejenigen Aspekte, die für die Themen Engagement und Sinnmaximierung wichtig sind, werden wir im Folgenden genauer beleuchten.

Exkurs: Die Illusion der Evidenz

Zahlreiche psychologische Phänomene beeinflussen täglich unser Verhalten – die meisten davon laufen unbewusst ab. Einige davon führen in der Arbeitswelt immer wieder zu nachhaltigen Missverständnissen, zu ineffizienten Meetings oder zu Konflikten zwischen Teams und Kollegen.

Ein besonders erwähnenswerter, weil schwer durchschaubarer Phänomenkomplex mit nachhaltigen Auswirkungen wird mit der „Illusion der Evidenz" beschrieben.

Generell wird alles Wahrgenommene stets und blitzschnell mit dem eigenen Wissen, Erfahrungshintergrund und Gefühl verknüpft und innerlich bewertet. Diese Vorgänge sind komplex und schwer auseinanderzuhalten, weil Gedanken, Wissen und Emotionen miteinander in Wechselwirkung stehen und verschmelzen.

Der eigene Gemütszustand entscheidet also kontextabhängig immer mit darüber, welches Gefühl gerade ausgelöst wird. So kann Wut angesichts eines abfälligen Blickes oder Ärger wegen einer Kritik entstehen. Auch wenn die Wut oder der Ärger zunächst berechtigt waren, kann durch sie die weitere Wahrnehmung verzerrt werden, selbst wenn es keinen Anlass mehr für diese Gefühle gibt. So kommt es auch, dass man oftmals gar nicht auf den anderen Menschen bzw. auf dessen „wirkliche" Botschaft reagiert, sondern auf die Fantasien, die man sich in diesem Augenblick von ihm macht: „Er sieht gestresst aus, ich sollte ihn jetzt nicht mit weiteren Problemen belasten", „Komische Reaktion, was sie wohl wieder auszusetzen hat?".

Die Welt der Interaktion ist komplex. Folgender signifikanter Aspekt ist für die weitere Betrachtung wichtig: Die Schnittmenge zwischen dem mit seinem Gegenüber geteilten Wissen und dem eigenen Wissen wird fast immer überschätzt.

Wenn man Äußerungen vor dem Hintergrund des eigenen Wissens formuliert und nicht bemerkt, dass sein Gegenüber über dieses Wissen nicht verfügt, entstehen leicht Verständnisschwierigkeiten und Missverständnisse.

Der Psychologe und Professor Boaz Keysar[112] hat in jahrelangen Experimenten gezeigt, dass Sprecher ihre eigenen Äußerungen als viel verständlicher einschätzen, als sie es tatsächlich sind. In Anlehnung an Keysar verwenden Bromme und Jucks[113] hierfür den Begriff „Illusion der Evidenz".

Das eigene Wissen hat einen großen Einfluss darauf, was man bei anderen Menschen an Wissen erwartet und das kann der Grund für misslungene Kommunikation sein. Nickerson[114] fasst die Forschungsergebnisse zu drei Effekten zusammen:

1. Man überschätzt, wie sehr das eigene Wissen verbreitet ist (false consensus effect).
2. Die benötigte Zeit zum Erwerb des eigenen Wissens und mögliche Privilegien durch den eigenen Wissensvorsprung werden nicht berücksichtigt (curse of knowledge).
3. Man erkennt nicht, dass das eigene Wissen ausschlaggebend dafür sein kann, dass eine Aufgabe schnell und einfach zu lösen ist (illusion of simplicity).[115]

Generationenmix – neue Herausforderung für die Kommunikation

Ist Kommunikation an sich bereits eine komplexe Angelegenheit, gewinnt das Thema künftig zusätzlich an Brisanz: Wie bereits im Teil 1 des Buchs beschrieben, führt der aus der demografischen Entwicklung resultierende Generationenmix dazu, dass – anders als in der Vergangenheit – heute Menschen mit sehr unterschiedlichen Werten, Gewohnheiten und Ausgangsbedingungen aufeinandertreffen. Dies beginnt bei der Lebenserfahrung, erstreckt sich über die IT-Affinität, das globale Selbstverständnis bis hin zur generationenspezifischen Art zu kommunizieren.

Insofern wird das Führen der unterschiedlichen Generationen in Zukunft eine echte Zukunftsherausforderung sein – und nach einer Erweiterung der Führungsaufgaben verlangen.

---

[112] Keysar, B.: Speaker's Overestimation of their Effectiveness, in: Psychological Science 13/3, S. 207 – 212, 1998.

[113] Jucks, R.: Was verstehen Laien, Waxmann Münster 2001.

[114] Nicerson, R. S.: How We Know And Sometimes Misjudge What Others Know: Imputing One's Own Knowledge to Others, in: Psycholocial Bulletin 125.6/1999, S. 737.

[115] Reiman, G. und Mandl, H.: Psychologie des Wissensmanagements, Göttingen Hogrefe 2004.

2.3 Die Führung in Zukunft

Heute führen weltweit vornehmlich die zur sogenannten „Babyboomergeneration" Gehörenden, also jene Menschen, die in den geburtenstarken Neunzehnhundertfünfziger und -sechzigerjahren das Licht der Welt erblickten. Sie werden in zehn Jahren von der „Generation X" abgelöst, etwa 2030 steht dann die „Generation Y" an der Spitze, gefolgt von der „Generation Z" um 2040.[116]

Eine natürliche Veränderung bzw. Weiterentwicklung von Führung erfolgt auf biologischem Wege evolutionär. Die unternehmensinterne „Evolution" kann man fördernd begleiten, aufhalten kann man sie nicht.

IBM-Manager Moshe Rappoport erwartet künftig einen positiven Wandel auf der Managementebene und bescheinigt der Netzgeneration eine besonders schnelle Reaktionszeit, überdurchschnittliche Fähigkeiten bei der Informationsverarbeitung, Risikobereitschaft und Durchhaltevermögen.[117] Nicht unproblematisch sei allerdings die Übergangszeit, in der sich der digitale Generationenwechsel vollzieht: Eine Befragung des Onlineanbieters LexisNexis, der Wirtschafts-, Finanz- und Rechtsinformationen bereitstellt, fand heraus, dass 44- bis 60-jährige Angestellte den Einsatz von Laptops in Besprechungen als störend empfinden, während die Mehrheit der unter 29-Jährigen dies als effektives Arbeiten bezeichnen. „Auffassungs- und Verhaltensunterschiede zwischen den Generationen können nicht verleugnet werden. Manager sollten nicht zusehen, wie die rasante technische Entwicklung ihr Personal auseinanderdividiert"[118], so Mike Walsh, CEO von LexisNexis.

Ein Blick auf die Herkunft und das Umfeld der unterschiedlichen Altersgruppen macht klar, warum das Thema „Generationenmix" in der Führung von Bedeutung ist. Besonders Unternehmen mit konservativen Strukturen fällt es schwer, sich mit den Bedürfnissen der „Digital Natives" anzufreunden: Für viele der jetzt jungen Netzgeneration stellt der Nine-to-Five-Job ebenso ein Relikt aus Zeiten der Industrialisierung dar, wie die 24-Stunden-Verfügbarkeit nicht mehr zeitgemäß ist. Wozu auch: Als Netzwerkarbeiter befinden sich viele ihrer Kollegen und Kontakte in verschiedenen Zeitzonen, sie bevorzugen flache Hierarchien, das Recht auf Mitbestimmung, Transparenz und Herausforderungen. Dafür bieten sie flexible Prozessstrukturen und arbeiten oft hocheffizient.

Genauer betrachtet ist es allerdings zu einfach, von einem Konflikt vornehmlich zwischen den Generationen zu sprechen, besser trifft es das Bild eines konservativen und eines progressiven Gesellschaftsverständnisses. Damit ist das Phänomen der „Digital Natives" keine technische Revolution, die alles Bestehende hinwegfegen wird, sondern eine Art Kulturevolution: Sicherlich wird die jüngere Generation die Industrie, die Weltmärkte, das Bildungssystem sowie die Politik verändern, aber das

---

[116] Entnommen dem Vortrag von Prof. Lynda Gratton „Future of Work", Peter Drucker Forum Wien 2010.
[117] Ebenda
[118] Ebenda

hat auch schon die Nachkriegsgeneration geschafft – ganz ohne Chats oder E-Mails.[119]

Neu ist allerdings die Geschwindigkeit, mit der das digitale Zeitalter die Gesellschaft transformiert. Mit diesem Tempo müssen Unternehmen zwangsläufig Schritt halten, wenn sie in der Netzgesellschaft bestehen wollen.

Unabhängig von allen gesellschaftlichen Veränderungen hat Führung nach wie vor zwei Kernaufgaben: das Sicherstellen der wirtschaftlichen Unternehmensziele und die Mitarbeiterorientierung. Eine nicht neue, aber zunehmend unabdingbare Herausforderung ist damit verknüpft: Beide Aufgaben müssen von einer Führungskraft kompetent ausgefüllt werden. Dies bedeutet, den Fokus vom reinen Management hin zum Mitarbeiter zu erweitern. Gewinnmaximierung und Mitarbeiterengagement stehen ohnehin in enger Abhängigkeit zueinander. Mit dem anstehenden verschärften Generationenmix in den Unternehmen können sich die Chancen auf eine ausgewogene Bewertung beider Bereiche deutlich erhöhen. Die Sensibilisierung für und die umfassende Information über unterschiedliche Lebensphasen von Mitarbeitern bestimmen die Mitarbeiterorientierung in Zukunft. Das Bewusstsein für die Bedürfnisse verschiedener Generationen und vor allem auch für die mit den veränderten Werten einhergehenden veränderten Prioritäten der Menschen wird in naher Zukunft eine weitere Kernherausforderung für Führungskräfte sein. Führungskräfte sind hier als Vorbilder in einer besonderen Position.

Echte Führung im besten Sinne des Wortes stellt damit eines der wesentlichsten Aktionsfelder für das erfolgreiche Management der Entgrenzung von Arbeit und Freizeit dar. Führungskräfte sind die Schnittstelle zu den Mitarbeiterinnen und Mitarbeitern, sie kennen sie aufgrund des engen Kontaktes meist am besten und sie sind der erste Ansprechpartner. Darüber hinaus spiegelt sich im Führungsverhalten die Unternehmenspolitik wider, und die Führungskräfte setzen in hohem Maße die Rahmenbedingungen für die konkrete Umsetzung operativer Maßnahmen und entscheiden über deren Erfolg.

Führung im Generationenmix begegnet proaktiv den aufgezeigten familienpolitischen, gesellschaftlichen und wirtschaftlichen Entwicklungen. Sie berücksichtigt, dass der Mensch nicht nur ein Funktionsträger im Unternehmen ist, sondern sieht ihn in seiner Ganzheit – mit seinen Erfahrungen und Emotionen im Berufs- und Privatleben. Für alle Mitarbeitenden werden bewusst die unterschiedlichen Lebensphasen in Planungen und Entscheidungen einbezogen. Führungskräfte sind auf-

---

[119] Auf eine neuen Typ junger Menschen aus der Generation Z wird in einem dpa-Artikel vom 24. März 2011 hingewiesen: „Generation sowohl-als-auch" will alles auf einmal. Darin heißt es: „Sie wollen Familie und einen tollen Job, sie wollen Kinder, aber sich nicht binden – und verpassen dabei oft den richtigen Zeitpunkt." Darin wird Andreas Steinle, Geschäftsführer des Zukunftsinstituts zitiert: „Was diese Generation charakterisiert ist, dass sie extrem individualistisch aufgestellt ist. (...) 89 Prozent nennen Unabhängigkeit, 88 Prozent Spaß-Haben als besonders erstrebenswert. Ganz oben auf der Prioritätenliste stehen Gesundheit und Fitness. Auch im Job ist Zufriedenheit am wichtigsten, viel Geld zu verdienen nannten die wenigsten als entscheidendes Kriterium (...)."

gefordert, individuelle, statt kollektive Lösungen anzustreben. Und die Human Resources Abteilungen müssen sich von einer über das ganze Berufsleben gleichermaßen ausgerichteten Personalpolitik wegbewegen.

Führungskräfte werden sich zu Mittlern zwischen den unternehmerischen Rahmenbedingungen und Anforderungen einerseits sowie den privaten Bedürfnissen der Mitarbeiter andererseits entwickeln. Unternehmen, die im globalen Wettbewerb künftig mit einer kompetenten und über alle Altersstufen hinweg leistungsfähigen und -bereiten Belegschaft bestehen möchten, tun gut daran, ihre Führungskräfte und ihre Führungskultur darauf einzustimmen.

3 Die hohe Kunst des Veränderungsmanagements

Die Konsequenzen des allerorts stattfindenden Wandels finden im Unternehmenskontext oft im sogenannten „Change-Management" ihren Ausdruck. Und auch die im Buch beschriebenen Herausforderungen für Führung und Personalmanagement lösen die unterschiedlichsten Veränderungsvorhaben aus. Davon berührt werden z. B. die Ausgestaltung der Arbeitsplätze, die Arbeitsinhalte und -abläufe, die Unternehmenskultur, der Führungsstil sowie die Personalentwicklung. Mit dem Ziel der Erneuerung werden Veränderungsprogramme aufgesetzt werden. Deshalb werfen wir in diesem Kapitel einen Blick auf die signifikantesten Aspekte und Fallen des Veränderungsmanagements.

3.1 Veränderung – immer wieder eine Herausforderung

Durch die veränderten Rahmenbedingungen der Arbeit verändern sich auch die Anforderungen an die Mitarbeiter. Es kommt Bewegung in die Berufsphasen eines jeden Einzelnen. Die wiederkehrenden Anpassungsprozesse der Unternehmen an Markt und Umfeld haben Auswirkungen, von denen die Arbeitnehmer im Laufe ihrer Erwerbsbiografie immer wieder betroffen sind. Restrukturierungen, Merger oder Akquisitionen haben oft einen direkten Einfluss auf den Einzelnen.

Weil unternehmerische Entscheidungen immer gleichzeitig auch Einfluss auf den einzelnen Mitarbeiter haben, ist es in der Organisationsentwicklung notwendig, die psychologische und die strategische Perspektive konsequent miteinander zu verbinden.

Weder mit einer rein ökonomischen Betrachtungsweise noch mit einer primär sozialwissenschaftlichen Denkweise wird man den praktischen Veränderungsvorhaben von Unternehmen gerecht. Veränderungsprozesse in Unternehmen sind komplexe soziale Prozesse, deren Eigendynamik man verstehen und akzeptieren muss. Es ist eine Illusion zu glauben, dass man solche Prozesse linear planen und durchführen kann. Jede Entwicklung im Unternehmen findet unter dem ständigen Einfluss von Markt und Wettbewerb statt – und diese stimmen sich nicht mit den

Unternehmensprozessen ab. Das bedeutet, dass Flexibilität und das Wissen um Einflussfaktoren innerhalb von Veränderungsprozessen wichtig sind.

Die strategische und die psychologische Perspektive von Veränderung zusammenzubringen, ist notwendig, allerdings in der Praxis offensichtlich schwieriger als in der Theorie. Das ist interessant, denn wer sollte etwas dagegen haben, frühzeitig und offen zu kommunizieren, die von der Veränderung Betroffenen zu Beteiligten zu machen, die Veränderungen konsequent vorzuleben, Konflikte mutig zu adressieren? Warum scheitern so viele Change-Management-Vorhaben oder ziehen sich endlos hin, um irgendwann vom nächsten Change-Programm abgelöst zu werden?

Diplom-Psychologe Winfried Berner hat sich ausführlich mit dem Thema „Veränderung" befasst: „Verändern macht mehr Spaß als verändert zu werden" stellt er fest – und gerade deshalb ist es wichtig zu verstehen, was die Forderung nach Veränderungen in Menschen auslöst. „Dabei spielt es keine Rolle, ob die Forderung nach Veränderung vom Vorstand persönlich, vom direkten Vorgesetzten oder aus irgendeinem Veränderungsprojekt kommt. Mit dem Verlangen nach konkreten Veränderungen engen wir in der Regel den Handlungsspielraum der Adressaten ein – zumindest wird diese subjektiv so empfunden. Das löst unweigerlich Abwehrreaktionen aus, die in der Sozialpsychologie unter dem Begriff „Reaktanz" zusammengefasst werden.[120]

Solange Veränderungsforderungen dabei allgemein und abstrakt bleiben („Wir müssen unser Denken in allen Bereichen konsequent am Nutzen für unsere Kunden ausrichten!"), hat in der Regel niemand etwas dagegen. Wenn die Worte geschickt gewählt wurden, stimmen viele Mitarbeiter zu und sind der Meinung, dass die anderen ihr Verhalten nun wirklich ändern sollten. Sobald es jedoch „ans Eingemachte" geht, das heißt an konkrete Veränderungen für einen selbst oder gar an Veränderungen der eigenen Gewohnheiten, kippt die Zustimmung. Was dann abläuft, könnte aus einem sozialpsychologischen Lehrbuch stammen: „Der Mensch ist motiviert, seine Freiheiten und seine Gewohnheiten zu erhalten", fasst Prof. Werner Herkner die Reaktanztheorie von J. W. Brehm[121] zusammen. Auf einen Eingriff in seinen Handlungsspielraum reagiert er empfindlich. Wenn also „bisher verfügbare (oder als verfügbar angenommene) Verhaltens- oder Ergebnisalternativen blockiert oder auch nur bedroht werden, entsteht Reaktanz. Reaktanz ist ein Erregungs- oder Motivationszustand, der darauf abzielt, die bedrohte, eingeengte oder blockierte Freiheit wieder herzustellen."[122]

Der Freiheitsbegriff, von dem hier die Rede ist, ist allerdings nicht philosophischer oder politischer Natur, sondern bezieht sich auf die Menge der Handlungsalternativen, die einem Menschen in einer gegebenen Situation – zum Beispiel in seinem Job – zur Verfügung stehen. Dazu zählen nicht nur solche Handlungsoptionen, von

---

[120] Berner, W.: Change!, Schäffer-Poeschel, Stuttgart 2010.
[121] Brehm, J. W.: Theory of psychological reactance, New York Academic Press, 1966.
[122] Herkner, W.: Lehrbuch Sozialpsychologie, Bern Huber Verlag, 2008.

denen man tatsächlich Gebrauch macht, sondern auch solche, die man noch nie genutzt hat und vielleicht auch nie genutzt hätte.

So wird zum Beispiel die Schließung eines Theaters nicht nur von denjenigen als Einschränkung ihrer Handlungsfreiheit angesehen, die dieses Theater regelmäßig oder wenigstens gelegentlich besucht haben, sondern auch von denjenigen, die es zwar nie besucht, einen Besuch aber zumindest als Möglichkeit in Betracht gezogen haben. Völlig unberührt lassen wird die Schließung nur diejenigen, die das Theater für sich überhaupt nicht als Möglichkeit der Freizeitgestaltung angesehen haben. Dieselben Prozesse passieren in Unternehmen, wenn beispielsweise zwei Abteilungen zusammengelegt werden oder eine Produktlinie eingestellt werden soll.

Was danach passiert, ist vorhersagbar – hier stimmen „sozialpsychologische Forschung und Lebenserfahrung überein"[123]. Zunächst kommt es zu einer „Aufwertung der eliminierten Alternative" – mit anderen Worten: Was bedroht ist, zieht uns an und gewinnt unsere Emotionen und die Attraktivität steigt. Auf die drohende Einschränkung unserer Handlungsmöglichkeiten reagieren wir mit Verstimmung und Ärger, unter Umständen sogar mit Aggression und Wut. Manche beteiligen sich dann zum Beispiel an Unterschriftensammlungen oder Demonstrationen; andere gehen mit ihrer Verärgerung sozusagen „in den Untergrund", grollen im Stillen oder leisten verdeckten Widerstand.

An diesem Punkt gehen die Führungskräfte, die eingesetzte Steuerungsgruppe oder externe Berater immer wieder in eine weitere Falle: Anstatt Handlungsvarianten aufzugreifen, versuchen sie mit mehr vom Selben, oft sogar mit intensiverem Aufwand, die angestrebten Ergebnisse zu erreichen – ohne nachhaltigen Erfolg. Doch warum erwarten Menschen wirklich, etwas Neues zu erreichen, indem sie immer wieder das Gleiche tun?

3.2 Widerstand – Bremsen in einer temporeichen Welt

Bei Veränderungen in Unternehmen ist verdeckter Widerstand sehr viel häufiger anzutreffen als offener. Abhängig von der Unternehmenskultur protestieren Mitarbeiter und Führungskräfte offen, viel öfter aber verdeckt, zumindest dann, wenn noch Unternehmenskulturen des vergangenen Jahrzehnts vorherrschen.

Die Mitarbeiter leisten beispielsweise „Widerstand durch Zustimmung", das heißt, sie legen gegenüber ihren Vorgesetzten Lippenbekenntnisse ab und tun in unbeobachteten Momenten doch alles, um die bedrohten Freiheiten wieder herzustellen. So entstehen versteckte Konflikte oder „offene Rechnungen", vor allem aber wird der Veränderungsprozess nachhaltig blockiert. Die Neuerungen lassen sich einfach nicht implementieren bzw. erzielen nicht den gewünschten Effekt. In der Folge wundert sich das Management über das langsame Tempo oder die Energielosigkeit

---

[123] Berner, W.: 2002 www.umsetzungsberatung.de

eines Change-Projekts. Dieses Phänomen kennen sicher viele, die Erfahrungen mit Veränderungen gemacht haben.

Für ein Unternehmen ist eine solche Entwicklung fatal, denn sie ist aus der internen Perspektive sehr schwer zu erkennen. Nur in seltenen Fällen gelingt es, solche Tendenzen – gerade in einem hektischen operativen Geschäftsalltag – bereits im Frühstadium zu erkennen und gegenzusteuern. Es sind vor allem die komplexen Veränderungsprozesse und deren Folgen, zu denen externe Berater hinzugerufen werden. Die Erfahrung von externen Fachleuten zeigt: Ärger, Aggression und Wut sind umso größer, je wichtiger den Betroffenen der Ausgangszustand war, je fester sie auf dessen Beständigkeit vertraut haben und je größer das Ausmaß der (gefühlten) Freiheitseinschränkung ist.

Wenn von vielen Handlungsoptionen nur eine gekippt wird, ist die Reaktanz geringer, als wenn nahezu alle Möglichkeiten eliminiert werden. Hat etwa ein Unternehmen seinen Kunden bislang fünf Zahlungswege angeboten und streicht nun die Zahlungsmöglichkeit per Rechnung, wird der Zorn der Kunden geringer sein, als wenn ab sofort nur noch die Zahlung per Kreditkarte möglich sein soll. Auch im ersten Fall wird jedoch die Empörung derjenigen Kunden am größten sein, die bislang aus Sicherheitsgründen per Rechnung bezahlt haben.

Das Streben nach Gleichgewicht und Stabilität ist ein Naturprinzip, das auch für Menschen gültig ist. Triebfeder dieses Prinzips ist die Evolution. Alle Organismen versuchen sich so perfekt wie möglich an ihren Lebensraum anzupassen, um überleben zu können. Energie und Material sind dabei kostbares Gut.

Sorgen um diese Stabilität äußern sich in bestimmten Reaktionsformen: Allgemeine Unruhe, offene oder verdeckte Ablehnung, Feindseligkeit, Angst, Wut, Misstrauen, endlose Diskussionen, Unterstellungen, Gefühle von Inkompetenz („ich kann das nicht und niemand soll es sehen") oder Versagensängste (Angst den neuen Anforderungen nicht gewachsen zu sein) sind typische Anzeichen dieser Angst vor Veränderung.

Eine weitere Komponente des Widerstandes ist die – fast nicht sichtbare – Angst von Arbeitnehmern, dass sie herabgewürdigt werden, da der Wert ihrer bisherigen Arbeit durch die Veränderung möglicherweise infrage gestellt wird. Diese sind in aller Regel rein subjektive Empfindungen gegenüber einer abstrakten Bedrohung. Der ehemalige Harvardprofessor und Managementvordenker William Bridges beschreibt diese abstrakte Angst vor der Herabwürdigung des in der Vergangenheit geleisteten als eine der Hauptursachen für Widerstand gegenüber Veränderungen im Unternehmenskontext.[124]

Der Mechanismus der gefühlten Degradierung – erzeugt allein durch eine (anstehende) Veränderung – ist in allen Lebensbereichen wirksam und generell eine Veränderungsbremse.

---

[124] Bridges, W.: Managing Transitions: Making the Most of Change, Da Capo Lifelong Books, New York 2009.

Vor den beschriebenen Hintergründen wird klar, warum so viele Veränderungs-projekte in Unternehmen von Anfang an zum Scheitern verurteilt sind. Oft werden grundsätzliche Gesetzmäßigkeiten der Sozialpsychologie und der Organisations-entwicklung nicht in die Planung der Vorhaben einbezogen.

Dazu einige Beispiele:
Ein klassischer Fehlstart in der Organisationsentwicklung ist der „Kaltstart". Beim Kaltstart werden die Mitarbeiter mit getroffenen Entscheidungen überrumpelt und vor vollendete Tatsachen gestellt. Die beschriebene Illusion der Evidenz schlägt zu. Es wird in den planenden Projektgruppen (oft ein Innercircle hochrangiger Mana-ger, Strategen und deren Berater) angenommen, dass das eigene Wissen um die Si-tuation en détail verbreitet ist (false consensus effect), dass weiterhin die benötigte Zeit zum Erwerb des eigenen Wissens und mögliche Privilegien durch den eigenen Wissensvorsprung (curse of knowledge) bei allen Betroffenen gleich sei und dass das im Projektteam geteilte Erfahrungswissen allgemein verbreitet ist, sodass man die Dinge als einfach bzw. schnell und einfach zu lösen ansieht (illusion of simplici-ty).[125] Dies ist kein bewusstes Fehlverhalten, denn dieser Illusion sitzen wir alle täg-lich auf. Dennoch führt dieses Vorgehen zu großem Unverständnis, zu Ängsten und in der Folge zu Widerstand.

Auch wird der wirkliche Sinn – die wahre Strategie – hinter der Veränderung oft nicht deutlich und transparent kommuniziert und etwas Nebulöses schwebt im Raum. Manchmal liegt bei den von der Veränderung Betroffenen gar kein Bewusst-sein für das von der Leitung fokussierte Problem vor („lief doch alles super, die Zahlen stimmen und wir liefern Topqualität") oder es existieren fundamentale In-formationslöcher.

Ein weiterer klassischer Fehler, der bei Veränderungen gemacht wird, ist ein Füh-rungsstil, der vertikal ausgerichtet ist. Initiiert, geplant und kommuniziert wird aus-schließlich von oben nach unten, also Top-down. Dabei soll ein Thema schnell (und effektiv) gelöst werden. Deshalb sind nur das oberste Management und deren Berater und Experten für das Veränderungsprogramm verantwortlich und in die Planungen involviert. Das geht oft einher mit hektischer Betriebsamkeit hinter ge-schlossenen Türen, manchmal unter Einbeziehung von externen Beratern. Als Re-sultat werden fertige Lösungen präsentiert, die von den Mitarbeitern umzusetzen sind. Im Unterschied zum Kaltstart steht hier die Direktive von oben nach unten im Vordergrund, die Widerstände hervorruft. Die Energie raubenden Dynamiken, die entstehen, wenn das eigene oder das Gruppenwissen verallgemeinert werden, wirken zusätzlich.

Ist eine Veränderung erst einmal eingeführt und hat den ersten Sturm der Ableh-nung ausgehalten, wollen die wenigsten Menschen wieder in den alten Zustand vor der Veränderung zurück. Offenbar wiegt also zunächst der befürchtete Verlust des

---

[125] Reiman, G. und Mandl, H.: Psychologie des Wissensmanagements, Göttingen Hogrefe 2004.

Gewohnten schwerer als die Aussicht auf einen möglichen Gewinn. Hat man sich dann an das Neue gewöhnt – und die damit verbundenen Vorteile –, wird dies zum neuen Maßstab, also zum Gewohnten, das man nicht mehr hergeben möchte.[126]

4 Lebenslanges Lernen und Weiterbildung – am besten auf höchstem Niveau

Da, wie bereits erläutert, die Wettbewerbsfähigkeit eines Unternehmens künftig immer stärker davon abhängen wird, sich als attraktiver Arbeitgeber zu positionieren, muss es den verschiedenen Generationen von Mitarbeitern Wege aufzeigen, wie sie trotz verlängerter Lebensarbeitszeit die Balance zwischen Berufs- und Privatleben meistern und dabei ihre Beschäftigungsfähigkeit (Employability) aufrechterhalten können.

Gleichzeitig ist aber auch jeder Einzelne zu lebenslangem Lernen und zu kontinuierlicher Weiterentwicklung im eigenen Kompetenzbereich und über diesen hinaus aufgefordert. Wobei mit dieser Aufforderung ohnehin bei vielen offene Türen eingerannt werden, da die Weiterbildung laut einer Studie von Towers Watson[127] ohnehin ein natürliches Bedürfnis der Menschen ist. In diesen Prozess sollte neben der rein beruflichen Qualifikation auch die persönliche Weiterentwicklung einbezogen werden. Dies stellt die eigene Employability auch in Zukunft sicher. Eine informative Grafik zum Thema „lebenslanges Lernen" finden Sie auf Seite 53.

Eine Unternehmens- und Personalpolitik, die sich an den Lebens- und Entwicklungsphasen ihrer Arbeitnehmer orientiert, ist unumgänglich. Sie maximiert die Bindung an das Unternehmen und erzeugt das Gefühl einer für beide Seiten fairen und sinnvollen Kooperation.

Die Herausforderung für beide Seiten ist dabei, einen kontinuierlichen Lernprozess zu gestalten. Das Unternehmen muss einerseits eine „Lernkultur" entwickeln und zur Verfügung stellen, die die Lernmotivation und -kompetenz der Mitarbeitenden fördert. Mitarbeiter aller Generationen sind auf der anderen Seite dazu aufgefordert, Lern- und Entwicklungsangebote offen zu nutzen und mit neuen Herangehensweisen zu experimentieren.

Wenn es gelänge, den „Spannungsbogen des Lernens" während der gesamten Berufstätigkeit aufrechtzuerhalten, wäre dies ein großer Gewinn für alle Beteiligten. Ein hoher Grad an Employability der Mitarbeitenden wäre eine Folge sowie auch eine für Bewerber sehr attraktive Unternehmenskultur.

Mit diesem Fokus sollte die Personalentwicklung in Zukunft nach einem ganzheitlicheren Bild arbeiten, als dies heute der Fall ist. Die fachlichen und überfachlichen

---

[126] Berner, W.: Change!, Schäffer-Poeschel, Stuttgart 2010.

[127] Studie der Unternehmensberatung Towers Watson in Kooperation mit Fiebes in Company, Benefits Survey Germany, 2008.

Qualifikationen, individuelle Stärken, Präferenzen und Interessen der Beschäftigten müssen stärker als bisher berücksichtigt werden.

Ein innovatives Vorgehen dabei wäre es, das Augenmerk auf die unterschiedlichen Lebensphasen der Arbeitnehmer zu legen, entsprechende Bildungsangebote zur Verfügung zu stellen sowie Konzepte, die die Bedarfe der unterschiedlichen Lebensphasen in den Arbeitsalltag integrierbar machen.

Eine lebensphasenorientierte Personalpolitik führt zwangsläufig zu einem individuelleren Bildungsansatz, der die Vereinbarkeit von Beruf und Familie ebenso einbezieht wie z. B. erforderliche Pflegezeiten oder Auszeiten.

Unternehmen, die dafür sorgen, dass die Intelligenz und Erfahrung aller Mitarbeiter optimal genutzt wird, stärken ihre Innovationskraft sowie ihre Wettbewerbsfähigkeit – und angesichts der ökonomischen und demografischen Entwicklungen erhält dies einen noch höheren Stellenwert.

Schlagworte wie flexible und individuelle Aus- und Weiterbildung, Personal Coaching, Work-Life-Balance oder Retention-Management geistern seit Jahren durch die Räume der Personalabteilungen und der professionellen Personalentwickler im Markt. Es gibt vielversprechende Ansätze, die sich auf neue Pfade wagen. Die Individualisierung des Lernens ist einer davon.

Dabei müssen Lernkonzepte einen weiten Weg in modernere Gefilde zurücklegen. Die verbreiteten Lernansätze in den verschiedenen Bildungssystemen beruhen in aller Regel überwiegend auf alten Konzepten. Das beginnt in der Schule bei den „Lehrplänen", die lediglich von mutigen und sehr selbstbewussten Pädagogen freier interpretiert werden (und dann oft gegen einen elterlichen Entrüstungssturm verteidigt werden müssen), und auch im Berufsleben ist das Weiterbildungsangebot an feste Themen, Hierarchieebenen und Zeitvorgaben gebunden. Dies ist umso erstaunlicher, als wir eigentlich wissen, dass Lernen etwas sehr Individuelles ist.

In der (Neuro-)Biologie und der Entwicklungspsychologie wird seit jeher von „Lerntypen" und „Lernstilen" gesprochen, die jedoch erstaunlich wenig in der Praxis berücksichtigt werden.

4.1 Menschen lernen unterschiedlich

Jeder Mensch beginnt bereits im Mutterleib zu lernen und fährt nach seiner Geburt damit fort. Er lernt nicht nur zu laufen oder zu sprechen, selbst seine Persönlichkeit „erlernt" der Mensch. Zu lernen ist also eine zutiefst menschliche Angelegenheit – und gleichzeitig eine höchst individuelle: Verschiedene Menschen lernen unterschiedliche Dinge unterschiedlich leicht, da sie für spezielle Lernbegabungen genetisch prädisponiert sind. Hinzu kommt, dass sich das Gehirn nur in Interaktion mit seiner Umwelt entwickelt. Da diese Interaktionen sehr unterschiedlich stattfinden, bilden sich – vereinfacht gesagt – unterschiedliche Lernpräferenzen und Lernstile aus.

Und eine weitere Tatsache ist für unsere Betrachtungen wichtig: Die Neuro-wissenschaften haben gezeigt, dass das Gehirn keine rigiden Strukturen bildet, sondern sich dynamisch verändert – und zwar bis zum Tod des Menschen. Lernen ist also bis ins hohe Alter möglich – sofern der „Muskel" Gehirn nicht mangels Training verkümmert.

4.2 Hardware Gehirn trifft auf Softwareerfahrung

Die Hardware Gehirn ändert sich also beständig in Abhängigkeit zur Software-erfahrung, die auf ihr läuft. Man bezeichnet dies als „Neuroplastizität". Wichtig für Lernprozesse sind die beteiligten Emotionen. „Wer Angst hat, ist nicht kreativ. Wenn ein neutraler Inhalt unter Angst im Gehirn abgespeichert wird, dann wird er mit der Angst verknüpft – solange bis man die Verknüpfung ändert oder löscht. (…) Es wird beim Lernen mit Angst schon dafür gesorgt, dass beim Abruf des Ge-lernten die Kreativität gleichsam blockiert wird. Was unter Angst gelernt wird, taugt daher nicht zum Problemlösen."[128]

Lineares Lernen nach Büchern fällt den Menschen „von Natur aus" schwer, da das Gehirn auf diese Form der Informationsverarbeitung nur bedingt eingerichtet ist – insbesondere in jungen Jahren. Begriffe bleiben dabei gleichsam verarmt, da während des Lernens keine Möglichkeit besteht, die zu erlernenden Gegenstände auch zu hören, zu sehen, zu riechen oder zu fühlen – eine Erfahrung damit zu verknüp-fen. Große Lernerfolge sind dann kaum zu erwarten. Erst durch *sinn-liches* Lernen, also wenn alle Sinne am Lernen beteiligt sind, werden die Verbindungen zwischen den Nervenzellen gezielt verstärkt.

Werden die Lerninhalte emotional gefärbt, wie beispielsweise beim Erzählen von Geschichten, werden diese auch besser im Langzeitgedächtnis verankert, denn die Weiterleitung dorthin wird von denselben Gehirnarealen gesteuert, die auch für die Gefühle zuständig sind.

Gleichzeitig muss man davon ausgehen, dass Gehirnstrukturen immer unterschied-lich sind, sich nie gleichen und auch andere Entwicklungen nehmen. Daher liegt es auf der Hand, dass bestimmte Formen des Lernens leichter fallen, wenn man sich spezieller Lerntechniken bedient, die der individuellen Struktur des Gehirns ent-gegenkommen. Solche Persönlichkeitsmerkmale und individuellen Präferenzen werden häufig unter dem Begriff der „Lernstile" zusammengefasst.

4.3 Lernstile als praktikables Modell

Zu den in der Praxis am häufigsten verwendeten Lernkonzepten zählen die Lernsti-le nach Kolb.[129] Lernen geschieht demnach aufgrund von Erfahrungen und ist ein

---

[128] Studie der Unternehmensberatung Towers Watson in Kooperation mit Fiebes in Company, S. 174.

[129] Kolb, D.: Experiential learning: Experience as the source of learning and development, Englewood Cliff, Prentice-Hall, New Jersey 1984.

ständig fortschreitender Prozess. Kolb betont den Prozesscharakter des Lernens. Er unterscheidet insgesamt vier Lernstile, von denen zwei angeben, wie Erfahrungen gesammelt werden und sich die beiden anderen darauf beziehen, wie die Erfahrungen anschließend verarbeitet werden. „Je nach Veranlagung geschieht der Prozess der Integration des Lernstoffes in bereits vorhandene Erfahrungen eher abstrakt oder eher konkret."[130]

Welcher Form dabei der Vorzug gegeben wird, hängt von den persönlichen Präferenzen und Eigenarten des Lernenden ab.

Der gesamte Prozess durchläuft einen Zyklus von vier Phasen.[131] In Phase eins werden konkrete Erfahrungen gemacht. Wichtig ist dabei, dass der Lernende für Neues offen ist und die neuen Erfahrungen zunächst einmal ohne Vorurteile betrachtet. In Phase zwei erfolgt dann das genauere, reflektierende Beobachten. Der Lerngegenstand wird von verschiedenen Seiten betrachtet. Dies führt schließlich in Phase drei zu einem Erklärungsansatz, einer Regel oder einer Theorie. Das Problem beziehungsweise der Lernstoff wird fassbar, nimmt Gestalt an. Diese Theorie, dieser Erklärungsansatz wird dann schließlich in der Praxis auf seine Tauglichkeit hin getestet und erprobt (Phase vier). Aus diesen Ergebnissen entstehen neue Erkenntnisse und Erfahrungen und der Regelkreis beginnt von vorne.

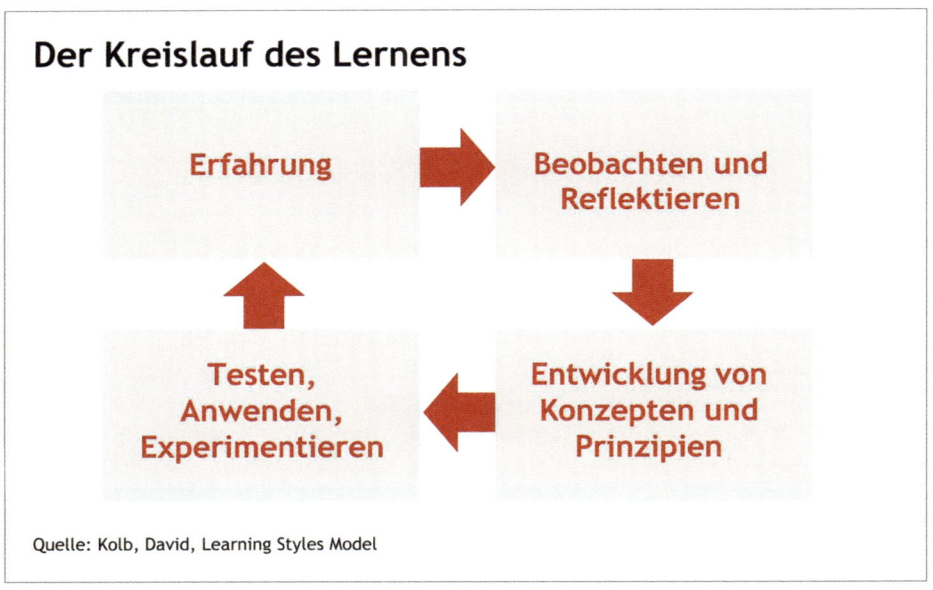

Abb. 11: Der Kreislauf des Lernens

---

[130] Kolb, D.: Experiential learning: Experience as the source of learning and development.
[131] Honey, P. und Mumford, A.: The Manual of Learning Styles. Maidenhead, Berkshire 1992.

Der Mensch kombiniert nun diese vier Phasen je nach individuellem Lernstil auf verschiedene Weise miteinander. Das Modell von Kolb besitzt eine Anzahl von Schlüsselelementen. Lernen ist demnach ein zyklischer Prozess mit integrierten aufeinanderfolgenden und logischen Stufen, wobei jeder Zyklus einen neuen Zyklus erzeugt: Jedes Ende ist ein neuer Anfang, und der Lernprozess stellt sich als eine Art Spirale dar.

Die Bezeichnungen für die Lernstile nach Kolb klingen einigermaßen abstrakt, beschreiben jedoch den Kern seiner Forschungserkenntnisse: Kolb unterscheidet den Divergierer, den Assimilierer, den Konvergierer und den Akkommodierer. Zwei davon geben an, wie Erfahrungen gesammelt werden (abstrakt/analytisch oder eher konkret/praktisch), und zwei geben an, wie diese Erfahrungen dann verarbeitet werden (nach innen gerichtetes Beobachten und Nachdenken oder nach außen gerichtetes konkretes Handeln).

Die **Divergierer** bevorzugen konkrete Erfahrung und reflektiertes Beobachten. Ihre Stärken liegen in der Vorstellungsfähigkeit. Sie neigen dazu, konkrete Situationen aus vielen Perspektiven zu betrachten, und sind an Menschen interessiert. Sie haben breite kulturelle Interessen und spezialisieren sich oft in künstlerischen Aktivitäten.

Assimilierer bevorzugen reflektiertes Beobachten und abstrakte Begriffsbildung. Ihre Stärken liegen in der Erzeugung von theoretischen Modellen. Sie neigen zu induktiven Schlussfolgerungen und befassen sich lieber mit Dingen oder Theorien als mit Personen. Sie integrieren einzelne Fakten zu Begriffen und Konzepten.

Konvergierer ziehen abstrakte Begriffsbildungen und aktives Experimentieren vor. Ihre Stärken liegen in der Ausführung von Ideen. Sie neigen zu hypothetisch-deduktiven Schlussfolgerungen und befassen sich lieber mit Dingen oder Theorien (die sie gern überprüfen) als mit Personen.

Akkomodierer hingegen bevorzugen aktives Experimentieren und die konkrete Erfahrung. Ihre Stärken liegen in der Ausgestaltung von Aktivitäten. Sie neigen zu intuitiven Problemlösungen durch Versuch und Irrtum und befassen sich lieber mit Personen als mit Dingen oder Theorien. Sie verlassen sich mehr auf einzelne Fakten als auf Theorien.

In vielen Berufsgruppen dominiert zumeist einer dieser vier Lernstile oder Lerntypen.

Lernen ist in den Kontext von Alltag und Erfahrung eingebettet und muss nicht während expliziter und formaler „Lernsitzungen" stattfinden. Individuen unterscheiden sich dabei in ihren persönlichen Vorzügen und Ausprägungen hinsichtlich der verschiedenen Stufen des Lernzyklus. Diese Vorzüge sind konstant, können nur bewusst geändert werden.

Honey und Mumford gehen folgerichtig davon aus, dass jeder Mensch zwar bestimmte Phasen dieses Zyklus' bevorzugt und bestimmte Vorlieben aufweist, aber sich keine bewussten Gedanken darüber macht, wie er lernt. Aus diesem 1992 entstandenen Zyklusmodell sind, in Anlehnung an Kolb, folgende Bezeichnungen für Lerntypen hervorgegangen: **Aktivist, Reflektor, Theoretiker** und **Pragmatiker**.

Eine klassische Businesssituation verdeutlicht das Modell anschaulich. Vier verschiedene Manager, die vier verschiedene Lerntypen repräsentieren, übernehmen ein neues, herausforderndes und bereichsübergreifendes Projekt mit hoher Komplexität. Ihre jeweilige Herangehensweise ist dabei ganz unterschiedlich:

Abb. 12: Lernstile – Projekte managen

Die 10 Prinzipien des Lernens nach Carl Rogers[132] sollen hier der Vollständigkeit halber nicht fehlen:

---

[132] Rogers, C. R.: Lernen in Freiheit. Zur Bildungsreform in Schule und Universität, Kösel-Verlag, München 1984.

1. Menschliche Wesen haben die natürliche Gabe zu lernen.
2. Intensives nachhaltiges Lernen findet vor allem dann statt, wenn der Lerninhalt vom Schüler für die eigenen Absichten als wichtig eingestuft wird. Wenn das Individuum ein Ziel vor Augen hat und das gebotene Material für sich selbst als relevant zum Erreichen des Ziels einordnet, geht der Lernprozess äußerst schnell vonstatten.
3. Lernprozesse, die in der eigenen Wahrnehmung eine Veränderung des eigenen Selbst beinhalten, werden als bedrohlich eingestuft und häufig abgewehrt.
4. Jene Lernerfahrungen, die für das Selbst(-bild) bedrohlich wirken, werden dann leichter wahrgenommen, angenommen und verarbeitet, wenn es kaum äußere Bedrohungen gibt.
5. Wenn es wenig Gefahren für das eigene Selbst gibt, können Erfahrungen in unterschiedlichen Facetten wahrgenommen werden und der Lernprozess kann voranschreiten.
6. Sehr verankert sind Lernerfahrungen, wenn sie durch Handlungen angeeignet wurden.
7. Gefördert und erleichtert wird ein Lernprozess dann, wenn ein Schüler (selbst-) verantwortlich daran teilnimmt.
8. Selbst gewähltes Lernen, das die Person als Ganzes erfordert, also sowohl Emotionen als auch Intellekt, erzeugt die durchdringendsten und nachhaltigsten Lernerfahrungen.
9. Unabhängigkeit, Kreativität und Selbstvertrauen werden dann erleichtert und gefördert, wenn Selbstkritik und Selbsteinschätzung von entscheidender und die Beurteilung durch andere von zweitrangiger Bedeutung sind.
10. Den größten sozialen Nutzen in der modernen Welt erbringt das Erlernen von Lernprozessen als solche, eine anhaltende Offenheit, Veränderungen zu erfahren und in das eigene Selbstbild zu integrieren.

Diese zehn Prinzipien sind nicht zuletzt unter anderem auch Grundlage für jeden reformpädagogischen Lernansatz.
Sie machen zudem klar, dass die „Individualisierung des Lernens" eine Grundvoraussetzung ist, damit Unternehmen das Wissenspotenzial ihrer Mitarbeiter möglichst zielgerichtet fördern und nutzen können.
Einen Wettbewerbsvorteil werden jene Arbeitgeber haben, die sich auf die Lernbedarfe ihrer generationengemischten Mitarbeiter schnell und umfassend einstellen können und Inhalte am Puls der Zeit und unter den Gesichtspunkten der Selbstbestimmung anbieten können.

Ein Beispiel soll abschließend illustrieren, welche Konsequenzen eine richtige oder falsche Konzeption von Aus- und Weiterbildung nach sich ziehen kann:
Eine Bank passt zum wiederholten Male ihre Beratungs- und Kundenverwaltungsapplikationen an. Es besteht keine grundsätzliche Diskussion darüber, dass – ge-

drängt durch ständige Finanzmarktregulierungen und eine angestrebte, eigene verbesserte Positionierung – ein Relaunch der IT-Systeme sinnvoll und notwendig ist. Oder doch? Viele Berater beherrschen ja das alte System noch gar nicht und fühlen sich überfordert. Die technisch Versierten bemängeln hingegen schon seit jeher die Unausgereiftheiten der letzten Softwaregeneration, die nach wie vor nicht ausgeräumt wurden. Nicht zu vernachlässigen ist zudem, dass dem Unternehmen durch diese Investition erhebliche Kosten entstanden sind. Diese sind zwar dem Wohle der Kunden und damit dem Beratererfolg gewidmet – eine hohe Investition war es dennoch.

Das reservierte Verhalten eines Großteils der Kundenberater ist vor diesem Hintergrund aus Sicht der Unternehmensführung kaum zu verstehen. Die Illusion der Evidenz offenbart sich und Konflikte schwelen.

Aus Managersicht ist der Sachverhalt ganz einfach: „Wir sagen, was der Mitarbeiter zu tun und zu lernen hat, und dies sollte dann doch klar und einfach zu implementieren sein."

Eine Führungskraft mit hohen Leadership-Qualitäten wird in vielen Gesprächen zunächst sicherstellen, dass es eine breite Akzeptanz innerhalb der Mitarbeiterschaft gibt. Ohne die Akzeptanz derjenigen, die eine Veränderung annehmen und umsetzen sollen, ist eine erfolgreiche Veränderung, hier die Implementierung neuer IT-Applikationen, fast unmöglich.

Zudem besteht die Gefahr, dass in diesem Prozess mit hoher Wahrscheinlichkeit einige Mitarbeiter abgehängt oder sogar verloren werden. Um dieses zu vermeiden, sollte an verschiedenen Punkten den Mitarbeitern die Möglichkeit gegeben werden, sich immer wieder neu andocken zu können. Dies kann im Rahmen von Gesprächen, von Projektgruppen oder von Foren, in die sich der Mitarbeiter einbringen kann, geschehen.

Neben dem Thema Führen ist ein zweiter Aspekt rund um das Thema Weiterbilden zu betrachten:

Die zentrale Frage ist, wie gelernt werden muss und welches Ziel damit angestrebt wird. Das „Was" ist mehr oder weniger für alle Mitarbeiter gleich, da die Applikationen nun einmal standardisiert sind. Die Ausgangssituation ist für die einzelnen Mitarbeiter jedoch höchst unterschiedlich hinsichtlich des vorhandenen (Ausgangs-)Wissens, des bevorzugten Lernstils und der Bereitschaft, die Veränderung anzunehmen, also des Widerstands gegen oder der Motivation für den Veränderungsprozess.

Ideal ist in diesem Fall eine Clusterbildung, in der nicht „Erstklässler" mit „Abiturienten" zusammen lernen müssen. Denn sowohl die Überforderung der einen als auch die Unterforderung der anderen würde zu einem Prozess der Ablehnung führen. Die Mitarbeiter würden sich nicht „ernst genommen" fühlen und das Unternehmen würde nicht professionell wirken. Die richtige Einordnung erreicht man durch die Kombination aus einem objektiven, einheitlichen Wissenstest und einer

„subjektiven" Selbsteinschätzung des Mitarbeiters. Gerade der Weg über die Selbsteinschätzung ermöglicht es dem Mitarbeiter, sich freiwillig und insofern ohne Gesichtsverlust in die Gruppe der „Erstklässler" einzureihen. Gravierende Fehleinschätzungen sind hier erfahrungsgemäß die Ausnahme.

Dass Weiterbilden umso mehr Freude bereitet, je leichter es dem Lernenden fällt, ist eine Binsenweisheit. Wie im vorangegangenen Kapitel aufgezeigt, kann der ideale Weiterbildungsweg sehr unterschiedlich sein. Ein falscher Weg kann im Einzelfall gerade bei einem gestandenen Mitarbeiter zu einem fatalen Effekt führen. Schafft er die Veränderung nicht, fühlt er sich bloßgestellt, den Anforderungen nicht mehr gewachsen. Ein weiteres Rädchen im Abnabelungsprozess beginnt zu greifen.

Einem erfolgreichen, breit getragenen Veränderungsprozess wird so zwangsweise weiter die Grundlage entzogen. Falls nun die Bereitschaft zur Veränderung, hier die Implementierung der neuen Applikationen, auf tönernen Füssen steht und im Lernprozess die Mehrheit nicht ihren optimalen Lernweg gehen kann, werden weder das Einfordern höchster Professionalität noch alle arbeitsrechtlichen Weisungsmöglichkeiten das gewünschte Ergebnis zeitigen. Vielmehr noch kann eine negative Spirale ihren Lauf nehmen. Die eigentliche Qualität der Applikationen spielt keine Rolle mehr, sie hat in ihrer Akzeptanz quasi von Beginn an verloren. Damit ist die Investition in Gefahr und unvermeidlich in diesem Prozess auch die Führungsfähigkeit der Verantwortlichen. Die Spirale dreht sich weiter. Es werden „Schuldige" gesucht, Verantwortlichkeiten weitergeschoben. Am Ende sind es dann die Schwächsten, die Mitarbeiter, die nicht willig waren, sich der notwendigen Veränderung zu stellen. Dass so keine Veränderungsbereitschaft für weitere Neuerungen entsteht, dass die Entscheider hier kritisch gesehen werden und dass sich die Bindung zum Unternehmen eher löst, ist folgerichtig.

Ein Erfolg versprechender Lernweg wäre in diesem Zusammenhang beispielsweise eine bewusste Gruppierung der Teilnehmer in IT-Easy-Adopter, IT-affine und weniger IT-affine Mitarbeiter. Für jede dieser Gruppen würden dann andere Zeitpläne, Trainer und Umfelder zum Einsatz kommen und auch der inhaltliche Aufbau wäre jeweils unterschiedlich für die verschiedenen Lerntypen aufgebaut. Voraussetzung ist natürlich, dass ein Unternehmen die hauptsächlich vorkommenden Lerntypen innerhalb seiner Mitarbeiterschaft kennt und dass die Führungskräfte ihre Mitarbeiter im gesamten Lernprozess engagiert unterstützen. Das überall verbreitete und angewandte „Gießkannenprinzip" führt im Bereich Lernen (in der Erwachsenenbildung) erwiesenermaßen nicht zum Ziel.

Für alle Lernenden gilt, dass Inhalte sehr handlungsorientiert und eng an den relevanten Arbeitskontext gekoppelt vermittelt werden müssen. So bereitet man den Boden und schafft Offenheit auch für neue oder nicht beliebte Lernthemen, die aufgrund des konkreten und transparent gemachten Mehrwerts für die eigene Arbeitsumgebung dann auch nachhaltiger geübt werden.

Natürlich gibt es wirtschaftliche Aspekte, die ein Unternehmen zu bedenken hat. Individualisierung der Ausbildung und ein langwieriger Überzeugungsprozess für die Veränderung kosten Geld. Es gibt allerdings auch eine Menge kostenneutraler und kostengünstiger Maßnahmen, die im Vordergrund einer Umstellung stehen können. Vorbehalte hinsichtlich kostspieliger Maßnahmen, die gerade für kleine und mittelständische Unternehmen kaum zu realisieren sind, lassen sich durch entsprechende kostenneutrale bzw. kostengünstige Gegenbeispiele entkräften. An erster Stelle steht hier wieder das direkte Gespräch zwischen Führungskraft und Mitarbeiter. Aber auch unternehmensinterne Foren oder Come-together-Veranstaltungen mit Mitarbeitern und Führungskräften sind hier zielführend.

Idealerweise führt die Abwägung des Gesamtbilds und -ziels unter Einbeziehung des strategischen Personalmanagements (langfristige Opportunitätskosten) zu einer geänderten Herangehensweise. Selbst, wenn ein Unternehmen aus Kostengründen nicht alle Möglichkeiten ausschöpfen und anbieten kann, gibt es Erfolg versprechende Wege: So erhöht z. B. Transparenz die Akzeptanz bei den Mitarbeitern ebenso, wie ein sich Vorwärtsbewegen in mehreren Teilschritten anstatt in einem einzigen Riesenschritt.

Zu bevorzugen sind also auf dem Weg zunächst solche flexiblen Lösungen und pragmatischen Ansätze, wie sie oben bereits genannt wurden. In der Regel fällt die Überzeugungsarbeit leichter, wenn die praktische Umsetzbarkeit für alle Beteiligten klar ersichtlich und leicht zu realisieren ist. Auf diese Weise werden aber auch die vorgeschobenen Argumente von „Verweigerern" oder „ewig Gestrigen" aufgehoben. Zu Recht und zum Wohle der Unternehmensgemeinschaft. Wer den Sinn der Maßnahme verständlich erläutert und diskutiert, erhält Zustimmung und Unterstützung und wird letztendlich Engagement einfordern können und auch erhalten.

5 Zukunft der Arbeit – was Mitarbeiter künftig erwarten

Lassen Sie uns zunächst eine kurze Bestandsaufnahme machen: Die verschiedenen Generationen im heutigen Arbeitsmarkt greifen auf höchst unterschiedliche Sozialisationsmuster und Erfahrungswerte zurück und unterscheiden sich daher auch in ihren Erwartungshaltungen und Verhaltensweisen. Bei den älteren Generationen (Nachkriegsgeneration und Babyboomer) ist tendenziell ein stärkerer Fokus auf traditionelle Werte – wie Leistungsorientierung, Disziplin, starke Berufsorientierung, Kollegialität, Sicherheitsdenken und die Suche nach Beständigkeit – zu beobachten. Die jüngeren Generationen lassen hingegen eine deutliche Relativierung der traditionellen Werte erkennen. Dies zeigt sich für sie auch in Spannungsfeldern. So erlebt man bei ihnen zwar eine äußerst hohe Leistungsbereitschaft, jedoch gleichermaßen eine Forderung nach Freude an der Arbeit, Flexibilität und eigenen Rhythmen.

Es kann davon ausgegangen werden, dass die Forderung nach Freude an der Arbeit auch etwas mit Entschleunigung zu tun hat: „In einer Arbeitswelt, die durch eine steigende Veränderungsgeschwindigkeit und Beschleunigung gekennzeichnet ist, reagieren viele Menschen mit einem Gegentrend im privaten Bereich. Darüber hinaus spielt bei den jüngeren Generationen die Vereinbarkeit von Beruf und Familie sowieso eine große Rolle. Arbeits- und Familienleben werden nicht als Gegensatz, sondern als verbundene Bereiche wahrgenommen."[133]

Gleichzeitig trifft man eine starke Tendenz zur Individualisierung bei diesen Altersgruppen an, die mit der Orientierung an gemeinsamen Zielen gekoppelt ist. Dieser Fokus auf eine kollektive Herangehensweise an Arbeitsaufgaben und Herausforderungen findet vermehrt im Kontext von Projektarbeit statt. Hinter der Orientierung an gemeinsamen Zielen verbirgt sich das Wissen, in den Arbeitsprozessen mit komplexen Aufgaben und Projekten konfrontiert zu sein, die nicht allein zu bewältigen sind. Teamorientierung äußert sich erst einmal in Zweckgemeinschaften. Ähnlich wie die älteren Generationen wünschen sich die jüngeren Generationen Beständigkeit und „Nischen zum Verschnaufen". Dieser Themenkomplex wurde bereits im Teil I des Buchs detailliert erörtert.

Bei der Gestaltung von Arbeitsplätzen und -bedingungen sollte berücksichtigt werden, dass Perspektiven, Sinn und Freude an der Arbeit eine hohe Bedeutung haben.[134]

Wie schafft man also Arbeitsräume und -atmosphären, die den Einzelnen fördern und fordern und dem Generationenmix gerecht werden? Wie sehen die individuellen Voraussetzungen für „Arbeitszufriedenheit" aus?

Die Überlegungen von Telekom-Personalvorstand Thomas Sattelberger weisen eine klare Richtung: „Wir müssen unsere Vorstellung vom Berufsleben neu definieren. Wer Anfang 50 ist, der steht nicht vor dem letzten Berufsabschnitt, sondern mitten im Berufsleben. Damit dieses Verständnis sich entwickelt, müssen wir aber auch älteren Mitarbeitern neue Perspektiven bieten. Das gilt übrigens auch für die Führungskräfteentwicklung."[135] Und das bedeutet konkret: „Auch ältere Beschäftigte dürfen (...) profitieren. Bislang wird in Deutschland in Mitarbeiter jenseits der 45 Jahre kaum noch investiert. Fortbildung ist etwas für Jüngere – das ist nach wie vor die vorherrschende Haltung. In Zukunft werden die Firmen sich derlei Nachlässigkeit im Umgang mit ihren wichtigsten Produktionsfaktoren nicht mehr leisten können."[136]

Während bis Mitte der 1990er-Jahre 50 % der Produktivitätszuwächse aus dem Einsatz von Wissen resultierten, sind es heute bereits 80 %. Für die nächsten zehn Jahre wird mit einem Anteil von 90 % gerechnet.

---

[133] Ministerium für Wirtschaft Rheinland-Pfalz (HRSG): Strategie für die Zukunft – Lebensphasenorientierte Personalpolitik, 2008.
[134] Ebenda
[135] Müller, H.: Hofierte Arbeitnehmer – Der neue Wettbewerb um die Köpfe, in Spiegel online v. 24.03.2011.
[136] Ebenda

Angehörige der Generation Y, die erstmals das kreative Potenzial weltweiter Wissensvernetzung erkannt haben, wollen an ihrem Arbeitsplatz vernetzt handeln und Wissen teilen, vernetzen und vermehren. Dynamische und offene Netzwerkteams sind für die „Digital Natives" ein Indikator für kollektive Intelligenz und prägen das gesamte Arbeits- und Problemlösungsverhalten. Da diese Gruppe mittels Blogs, Wikis[137] etc. jederzeit und zu jedem Thema mit anderen zusammenarbeiten kann, wird sie viele der gestellten Aufgaben in wesentlich kürzerer Zeit erledigen können – was wiederum ganz neue Möglichkeiten eröffnet. Die Schwierigkeit einer Aufgabe und die vom Mitarbeiter zu erbringende Leistung erhält damit eine neue Messinstanz, die sich nicht mehr am Wissen des Einzelnen, sondern an seiner persönlichen Fähigkeit zur vernetzten Kommunikation orientiert.

Der feste Arbeitsort im Büro hat nur noch eingeschränkt Zukunft, wenn virtuelle Vernetzung ohnehin an jedem Platz auf dieser Welt möglich ist. Die klassischen Acht-bis-fünf-Uhr-Jobs sind daher auch ein Relikt aus vergangenen Zeiten, als die Industrialisierung verlässliche Manpower vor Ort brauchte. Die Netzwerke unserer globalen Welt sind ohnehin über verschiedene Zeitzonen hinweg immer online und in Interaktion – von den Börsen über dezentralisierte Forschungslabore der Industrie bis hin zu den vielen virtuellen Teams.

Wer an dieser Stelle bereits den Kopf schüttelt und sich mit einem inneren „bei uns geht so etwas aber nicht" gegen Trends sperrt, wird es schwer haben. Schon heute übersteigt in den MINT-Branchen (**M**athematik, **I**nformatik, **N**aturwissenschaften und die **t**echnischen Berufe des Ingenieurwesens) die Nachfrage das Angebot.

Fassen wir also noch einmal zusammen: Die Zukunft der Arbeit wird von drei zentralen Faktoren bestimmt: Auf der Nachfrageseite führen Globalisierung und rascher technologischer Fortschritt zu einer Reorganisation und zu neuen Formen von Arbeit. Auf der Angebotsseite bestimmen Ausbildung, Mobilität und demografische Faktoren den Umfang und die sozialen Konsequenzen dieser Veränderungen. Das Zusammenspiel von Angebot und Nachfrage wird zudem von der Reaktion von Politik und Arbeitsmarktinstitutionen auf die Veränderungsprozesse beeinflusst.

Auch Dr. Hilmar Schneider, Direktor für Arbeitsmarktpolitik beim Forschungsinstitut zur Zukunft der Arbeit (IZA)[138] äußerte sich in einem Interview zu dem Thema, wie sich die Arbeitsorganisation verändern wird: „(...) Die Arbeit als solches wird uns nicht ausgehen, aber der Inhalt der Arbeit unterliegt einer fortwährenden

---

[137] Ein Blog [blɔg] oder auch Web-Log [ˈwɛb.lɔg], engl. [ˈwɛblɒg], Wortkreuzung aus engl. World Wide Web und Log für Logbuch, ist ein auf einer Website geführtes und damit – meist öffentlich – einsehbares Tagebuch oder Journal, in dem mindestens eine Person, der Web-Logger, kurz Blogger, Aufzeichnungen führt, Sachverhalte protokolliert oder Gedanken niederschreibt. Quelle: Wikipedia.
Ein Wiki (hawaiisch für „schnell"[1]), seltener auch WikiWiki oder WikiWeb genannt, ist ein Hypertext-System für Webseiten, deren Inhalte von den Benutzern nicht nur gelesen, sondern auch online direkt im Browser geändert werden können. Quelle: Wikipedia.

[138] www.absolventa.de

Weiterentwicklung. Die Herausforderung besteht darin, sich rechtzeitig den wandelnden Wissensanforderungen anzupassen. Daneben erleben wir einen schleichenden Wandel der Arbeitsorganisation. (...) Die beschriebene Situation erfordert Arbeitnehmer, die in der Lage sind, Kundenwünsche eigenständig zu erkennen und zu bedienen. Streng hierarchisch organisierte Unternehmensstrukturen und strikte Handlungsanweisungen gehören einer Vergangenheit an, die durch standardisierte Massenproduktion gekennzeichnet war.

Die Zukunft wird davon geprägt sein, dass Zielvereinbarungen an die Stelle von Handlungsanweisungen treten und Teamstrukturen strenge Hierarchien ersetzen. Der einzelne Arbeitnehmer muss lernen, unternehmerisch zu denken und zu handeln. Das schlägt sich schon heute in der zunehmenden Bedeutung von erfolgsabhängigen Gehaltsbestandteilen und einem Verschwimmen der Grenzen zwischen Arbeit und Freizeit nieder. (...) Das sogenannte Normalarbeitsverhältnis ist in der Tat auf dem Rückzug. Damit ist gemeinhin ein sozialversicherungspflichtiger 35-40-Stunden-Job von Montag bis Freitag gemeint. Viel wichtiger aber ist die Tatsache, dass selbst das Normalarbeitsverhältnis einem Wandel unterliegt, der von mehr unternehmerischer Verantwortung des Einzelnen geprägt ist. Darin besteht der eigentliche Trend, unabhängig davon, ob sich Arbeitsbeziehungen in Form von befristeten Arbeitsverträgen, Soloselbstständigkeit, Zeitarbeit oder eben dem sogenannten Normalarbeitsverhältnis abspielen."[139]

Und Dr. Hilmar Schneider bringt noch einen neuen Aspekt ins Spiel, der eine genauere Betrachtung verdient, indem er das Verschwimmen der Grenzen zwischen Arbeit und Freizeit anders interpretiert als viele: „Interessanterweise gelangen wir damit auf moderne Weise an einen Punkt, den wir längst hinter uns gelassen glaubten: Den Haushalt als Ort des Lebens und Wirtschaftens. Das verbindet die moderne Gesellschaft mit der Agrargesellschaft und der merkantilen Gesellschaft."[140] Diesen Bogen zu Ende zu denken, führt zwangsläufig wieder zum Thema der viel beschworenen „Work-Life-Balance", die offenbar erheblichen Einfluss auf die Arbeitsplatzgestaltung der Zukunft einnehmen wird.

5.1 Frauen in der Arbeitswelt von morgen

Der Trendforscher Matthias Horx beschrieb bereits im Jahr 2005, Frauen seien „an allen Fronten auf dem Vormarsch" – aus vielerlei Gründen: Die Angleichung des Qualifikationsniveaus und Bildungsstandes spielt eine große Rolle ebenso wie die Aufhebung des traditionellen Rollenverständnisses, in deren Folge das traditionelle Alleinverdienermodell zusehends ins Wanken gerät. Hinzu kommt der pragmatische Umgang vieler Frauen mit Unsicherheiten und Instabilitäten am Arbeitsmarkt, aber auch im privaten Bereich. Das zeigt sich z. B. an den steigenden Schei-

---

[139] www.absolventa.de
[140] Ebenda

dungsraten, die immer mehr Frauen ihre ökonomische Absicherung in die eigenen Hände nehmen lassen.[141]

Und wie steht es mit Frauen in Führungspositionen? Es besteht der bekannte, erhebliche Unterschied zwischen ,männlich' und ,weiblich', wenn es um die Themen Karriere, Vergütung und Steuerrecht geht. Laut einer Untersuchung des Deutschen Instituts für Wirtschaftsforschung[142] sind nur 3,2 Prozent der Vorstandsposten der 200 größten deutschen Unternehmen von Frauen besetzt; in DAX-Unternehmen fällt die Quote sogar noch schlechter aus.

Dazu werden diese wenigen weiblichen Fach- und Führungskräfte deutlich schlechter bezahlt als ihre männlichen Kollegen, allen berechtigten Beschwerden und Gleichstellungsgesetzen zum Trotz. So verdienen Frauen „laut Statistischem Bundesamt in Deutschland pro Stunde durchschnittlich 23 Prozent weniger als Männer", fasst ein Zeit-online Artikel zum Thema das Dilemma zusammen[143]. Und, das ist besonders erschreckend, „laut OECD ist der Lohnunterschied in Deutschland größer als in fast allen Industrieländern"![144]

In der Politik ist das seit Jahren Thema, man hört immer wieder Stimmen, die nach Quoten und gesetzlichen Regelungen rufen. Erstaunlich ist die Tatsache, dass sich weitaus weniger Frauen (Ausnahmen wie beispielsweise im Hochschulbereich bestätigen die Regel) für Führungsaufgaben interessieren und entsprechend qualifizieren lassen. Dafür gibt es eine Reihe von Ursachen: Häufig fehlen für „typisch weibliche" Karrierewege in den Unternehmen die erforderlichen Strukturen des lebensphasenorientierten Personalmanagements. Dazu zählen neben flexibleren Arbeitszeitmodellen vor allem Instrumente, die es ermöglichen, dass Mitarbeiter neben der Familiengründung ihre Karriere weiterverfolgen können, ohne Entwicklungsnachteile oder finanzielle Einbußen hinnehmen zu müssen. „Mutterschaft bedeutet nach wie vor für Frauen einen Karriereknick ..." und nur „13 Prozent aller Mütter, die eine Kinderpause von drei oder mehr Jahren machen, schaffen den Wiedereinstieg in den Beruf."[145] Allein das würde den geringen Anteil weiblicher Führungskräfte in den Topetagen der Unternehmen schon erklären.

Diejenigen, die den Wiedereinstieg schaffen, stehen in Sachen Bezahlung meist erstaunlich schlecht da. Die Erklärung, warum sie das dennoch akzeptieren, liefert ausgerechnet der Gesetzgeber. „Frauen haben einen guten Grund dafür, schlecht bezahlte Jobs anzunehmen: das Steuer- und Sozialversicherungsrecht"[146], das den Mann als Hauptverdiener in der Regel deutlich bevorzugt.

---

[141] Horx, M.: Future Fitness – Wie Sie Ihre Zukunftskompetenz erhöhen. Ein Handbuch für Entscheider. Eichborn AG, Frankfurt am Main 2005.

[142] Wirtschaftswoche Nr. 6 v. 7.2.2011: Chancen statt Quote, S. 76 ff.

[143] Niejahr, E.: Warum Frauen weniger verdienen, in Zeit-online, 16.12.2010.

[144] Ebenda

[145] Ebenda

[146] Ebenda

Es gibt erste Ansätze in vielen Unternehmen, Frauen dazu zu motivieren, Führungspositionen anzustreben: Kinderkrippen, Babysittingnotdienste und Betriebskindergärten gehören ebenso dazu wie Home-Offices und Elternteilzeitmodelle. Die Erfolge stellen sich nur langsam ein und nicht immer mit wohlwollender Begleitung durch die Personalabteilungen. In einer TNS-Umfrage, die der Spiegel veröffentlichte, kam heraus, dass „74 Prozent der Frauen (...) keine Führungsposition" anstreben, „während 42 Prozent der Männer nach Macht und Verantwortung eifern, wollte das nur jede vierte Frau."[147]

„Quote oder nicht" bleibt hier trotzdem eine wichtige Frage: Frank Appel, Vorstandschef der Deutsche Post, lehnt sie vehement ab – und ist dennoch davon überzeugt, dass die Vorstandslandschaft schon bald weiblicher wird: „Es bedarf keiner Quoten, um Frauen ins Topmanagement zu bringen. (...) Junge Frauen lehnen eine Quote ab, weil sie sich damit in ihrer Qualifikation nicht ernst genommen fühlen".[148] Zudem hegt Appel keinen Zweifel daran, „dass Unternehmen mit mehr weiblichen Führungskräften erfolgreicher sind. Es gibt viele Studien, die das zeigen."[149]

Gründe dafür sieht er in den besonderen Qualitäten von Frauen, die dazu geführt haben, dass gewisse Konzernbereiche in vielen Branchen von Frauen geführt werden, wie zum Beispiel die Pressearbeit, das Konzernrecht oder Umwelt- und Sozialprogramme. Damit bestätigt Appel eine Entwicklung, die sich deutlich abzeichnet: Dort, wo auch weiche Faktoren und eine hohe Kommunikationskompetenz gefragt sind, haben Frauen schon heute sukzessive die Führung übernommen. Nicht zufällig sind es Ideen wie „Manager ohne Grenzen" oder andere Corporate Volunteering-Ansätze[150], die von Frauen geleitet werden; und auch in vielen CSR-Gremien oder im Bereich Führungskräftecoaching macht sich ein überdurchschnittlich hoher weiblicher Anteil mit immensem Engagement bemerkbar.

Andere vertrauen auf eine Quote. Die Deutsche Telekom beispielsweise setzt seit März 2010 auf eine Quotenregelung, Microsoft Deutschland ist sogar seit 2003 in Sachen Frauenförderung mit der Quote aktiv. Für Telekom-Personalvorstand Thomas Sattelberger ist die Quote ein „wegweisendes Programm": Er will „30 Prozent der Toppositionen alsbald mit Frauen besetzen. (...) Und damit meint der Personalchef nicht nur Jobs im Management des Konzerns, sondern die wichtigen Kontrollposten im Aufsichtrat gleich mit."[151]

Auf der Erfolgsspur ist Microsoft mit der selbst verordneten Frauenquote – und das seit Jahren: Das Unternehmen ist mittlerweile Vorreiter in Sachen Frauen in Führungsetagen: „Sieben der 15 Geschäftsführerposten sind derzeit mit Frauen besetzt,

---

[147] Wirtschaftswoche Nr. 6 a. a. O., S. 79.
[148] Ebenda, S. 81.
[149] Ebenda
[150] www.manager-ohne-grenzen.de
[151] Brors, P.: Telekom prescht bei Frauenquote voran, in: Handelsblatt v. 15.03.2010.

von denen wiederum fünf Kinder haben. Das entspricht einem Anteil von 46,6 Prozent"[152] – und liegt eindeutig über dem bundesdeutschen Durchschnitt. Microsoft begründet sein Engagement in dieser Hinsicht klar mit dem demografischen Wandel: Man könne es sich einfach nicht leisten, in Zeiten des Fachkräftemangels qualifizierte Frauen zu verlieren, nur weil Betreuungsengpässe und veraltete Rollenmuster im Weg stünden. Die Lösung für den Konzern aus diesem Dilemma ist eine familienfreundliche Personalpolitik. „Die rechnet sich nicht nur für die Mitarbeiter", so Personalchefin Brigitte Hirl-Höfer, „sondern auch für das Unternehmen."[153] Und noch ein Detail ist hier entscheidend: Im Gegensatz zu praktisch fast allen großen Unternehmen unterscheidet Microsoft bei der Vergütung nicht zwischen den Geschlechtern – was die Attraktivität für weibliche Fachkräfte zusätzlich erhöht.

Die Beispiele zeigen, dass Frauen als Fach- und Führungskräfte unabhängig von Quotenregelungen schon in naher Zukunft eine weitaus bedeutendere Rolle spielen werden als bislang. Die Unternehmen sollten sich darauf einstellen und am besten umgehend damit beginnen, eine Führungskultur zu etablieren, in der sich Frauen nicht nur gleichwertig behandelt sehen, sondern trotz Familiengründung und daraus resultierend vermeintlich langsamerer Karriereentwicklung eine solide Basis für ihr persönliches Engagement finden. Unterm Strich geht die Rechnung auf: Schon aufgrund der Bevölkerungsentwicklung steigt der Anteil qualifizierter weiblicher Fachkräfte im Vergleich zu den Männern überproportional hoch. Wer hier den Anschluss verpasst, könnte auf Dauer zum Verlierer werden.

Das Alleinverdienermodell verliert zunehmend an Bedeutung, und auch das Zuverdienermodell wird mehr und mehr infrage gestellt. So bevorzugt die überwiegende Mehrheit der Bevölkerung heute ein Modell, in dem Mann und Frau gemeinsam für die ökonomische Basis der Familie die Verantwortung tragen. Damit verliert auch das traditionelle Ziel der Familienpolitik, nämlich die Finanzierbarkeit eines (zumindest zeitweisen) Ausstiegs eines Elternteils aus dem Berufsleben – vornehmlich der Mutter –, seine Basis.

Stattdessen gewinnt das Ziel der Vereinbarkeit von Beruf und Familie an Relevanz. „Aufholpotenziale gibt es weniger bei der Erwerbsquote von Frauen, die bereits bei 69,8 % und damit auf einem vergleichsweise hohen Stand angelangt ist, sondern vielmehr beim Arbeitsvolumen, dem Anteil an Führungspositionen sowie dem Berufsspektrum. So trugen Frauen im Jahr 2004 lediglich 41 % zum Arbeitsvolumen bei, während ihr Anteil an den Erwerbstätigen bei 49 % lag.[154] Verantwortlich für die Differenz ist vor allem der hohe Anteil an Teilzeitbeschäftigungen. Drei Viertel aller Teilzeitstellen in Deutschland sind von Frauen besetzt. Teilzeitbeschäftigung stellt nach

---

[152] Vogt, D.: Mit Frauenförderung gegen den Fachkräftemangel, in: Handelsblatt Nr. 39 v. 24.02.2011, S. 69.

[153] Ebenda

[154] Ministerium für Wirtschaft Rheinland-Pfalz (HRSG): Strategie für die Zukunft – Lebensphasenorientierte Personalpolitik, 2008.

wie vor eines der häufigsten Angebote (und nicht selten auch das einzige) von Arbeitgebern zur Verbesserung der Vereinbarkeit von Beruf und Familie dar."[155]
Erstaunlich ist, wie nachhaltig diese alten Strukturen wirken, obwohl Frauen seit Jahren in der Qualifikation gleichgezogen haben: Das Bildungsniveau und der Qualifikationsstand von Frauen sind in den letzten Jahrzehnten deutlich gestiegen. 60 % der Abiturienten waren 2007 Frauen, der Anteil der weiblichen Studienanfänger lag bei 48 %, die Quote der erfolgreichen Absolventinnen von Hochschulen gar bei 54 %, und auch der Anteil von Frauen an Promotionen beträgt mittlerweile 40 %.[156]
Immer mehr Unternehmen setzen aktiv auf Frauenförderung, indem sie Familie und Karriere durch Teilzeit, Heimarbeit, Jobsharing, betriebseigene Kinderkrippen oder Kindergärten möglich machen. Dies ist ein Wettbewerbsfaktor bei der Arbeitnehmersuche, der in den letzten Jahren an Bedeutung gewonnen hat: So kommunizieren zum Beispiel in einer Stadt wie Regensburg mit eher traditionell gelebten Werten große Arbeitgeber wie BMW, Continental oder KRONES offensiv, dass Frauen aufgrund betriebsinterner Familienunterstützung gerade hier Karriere machen können. Außerhalb solcher Initiativen sind die Rahmenbedingungen nach wie vor für Frauen mit Familie und echten Karriereambitionen schwierig. Auch in einer bundesweiten Befragung von Führungskräften wird die Doppelbelastung von Familie und Beruf als Hauptursache für die schlechten Karrierechancen von Frauen angesehen.[157] Teilzeit oder auch Telearbeit für Führungskräfte ist noch immer rar und nicht in allen Unternehmen gern gesehen.
Die von den jüngeren Generationen verstärkten Schlüsselkompetenzen in Unternehmen eröffnen eine für Frauen vielversprechende Perspektive. Teamorientierung, Kooperation, Kontextdenken, Flexibilität, Intuition oder soziale und emotionale Handlungen sind seit jeher vorwiegend weibliche Attribute – zumindest in der generellen Wahrnehmung.

6 Retention-Management – wie man Mitarbeiter an das Unternehmen bindet

Es ist interessant, jeder kennt das Problem des drohenden Fachkräftemangels und die daraus resultierende Notwendigkeit einer aktiven Mitarbeiterbindung, doch in der Realität ist „Retention-Management" als Antwort auf diese Herausforderung noch nicht angekommen. Dies belegt eine Studie, die gemeinsam vom Institut für Performance Management (IfP) der Leuphana Universität Lüneburg und MLP Finanzdienstleistungen im Auftrag des Stifterverbandes für die Deutsche Wissen-

---

[155] Ministerium für Wirtschaft Rheinland-Pfalz (HRSG): Strategie für die Zukunft, 2008.
[156] Ebenda
[157] Holst, E. und Wiemer, A.: Frauen in Spitzengremien großer Unternehmen weiterhin massiv unterrepräsentiert, Deutsches Institut für Wirtschaftsforschung, 2009,
http://www.diw.de/documents/publikationen/73/diw_01.c.346402.de/10-4-1.pdf

schaft durchgeführt wurde.[158] Befragt wurden Geschäftsführer und Personaler von mehr als 100 Unternehmen, wobei schon das erste Ergebnis verblüffend war: Mehr als die Hälfte der Befragten kannte den Begriff des Retention-Managements nicht. Erst als ein Zusammenhang mit „Mitarbeiterbindung" hergestellt wurde, konnten mehr Befragte damit etwas anfangen. Dies ist umso erstaunlicher, als fast jedes zweite Unternehmen Retention-Management in der Unternehmens- bzw. HR-Strategie verankert hat – zumindest theoretisch!

Auf die Frage, welche Bereiche des Retention-Managements denn im konkreten Bedarf greifen würden, gab knapp die Hälfte aller Befragten an, dass Jobinhalte eines der wichtigsten Gebiete seien, gefolgt von 40 % monetäre Anreize, 36 % Unternehmenskultur, 23 % Wertschätzung, 22 % Karrieremöglichkeiten und nur 13 % Weiterbildungsmaßnahmen. Ganz im Gegensatz zu Studien, deren Befragungen sich an die Mitarbeiter richten und die insofern die Mitarbeitersicht abbilden,[159] ist auffällig, dass der Bereich Entlohnung ganz offensichtlich immer noch als wesentlicher Baustein zur Mitarbeiterbindung gesehen wird. Allerdings wurde die Befragung zum Ende der sogenannten Finanzmarktkrise durchgeführt, was das Ergebnis möglicherweise relativiert.

Fast ausnahmslos wurde von den Entscheidungsträgern bestätigt, dass insbesondere im Personalbereich erhebliche Kürzungen kurzfristig vorgenommen wurden. Arbeitsrechtlich komplizierte Maßnahmen wie Lohn- und Gehaltskürzungen oder gar Personalfreisetzungen waren dies aber nicht. Hier war dem einen oder anderen Verantwortlichen schon bewusst, das heute „überflüssige" Topmitarbeiter morgen bei verbesserter Auftragslage nicht von jetzt auf gleich wieder verfügbar sind[160]. Gekürzt wurde viel mehr in der Aus- und Weiterbildung der Mitarbeiter, bei Schulungen, Trainings, Coachings etc.

Die meisten Unternehmen hatten überdies so gut wie keine verfügbaren Informationen darüber, wer denn im Unternehmen eine Schlüsselfunktion innehat und wie diese gegebenenfalls ersetzt werden kann. Systematische Personalplanung (auch im Hinblick auf die strukturelle Alterung des Unternehmens selbst) findet so gut wie

---

[158] Forschungsprogramm „Qualität und Transparenz in der Quartären Bildung" des Instituts für Performance Management (IfP) der Leuphana Universität in Lüneburg im Auftrag des Stifterverbandes für die Deutsche Wissenschaft, Berlin, Essen, 2011: Teilstudie: Quartäre Bildung als Bindungsinstrument in KMU: Mögliche Strategien für Retention Management.

[159] Studie der Unternehmensberatung Towers Watson in Kooperation mit Fiebes in Company, Benefits Survey Germany 2008. Die Top-Benefits aus Mitarbeitersicht waren allgemeine Fort- und Weiterbildungsangebote (Platz 1), flexible Arbeitszeit/Homeoffice (2), spezifische Fort- und Weiterbildungsangebote für den aktuellen Job (3), regelmäßige Mitarbeiterfeedback-Gespräche (4), Karriereplanung und gezielte Fortentwicklungsmaßnahmen (5), arbeitgeber- (6) und eigenfinanzierte (10) betriebliche Altersvorsorge.

[160] Dieses wird unter Experten auch als ein wesentlicher Grund angesehen, warum Deutschland die wirtschaftliche Erholung so erfolgreich meistern konnte. Anders als in vielen anderen Ländern gab es keine unternehmerischen Engpässe, da die benötigten Fach- und Führungskräfte wieder umgehend voll zur Verfügung standen.

nirgends statt. Insofern wundert es dann auch kaum, dass selbst gewisse Grunddaten über Fluktuation (gewollte oder auch ungewollte) nicht vorlagen, geschweige denn Daten darüber, ab welchem Grad der Bereich der gesunden Fluktuation verlassen wird. Kosten für Replacement, direkte (Aufwand in der Personalabteilung, Headhunter etc.) oder auch indirekte (Opportunitätskosten durch Nichtbesetzung), konnten bestenfalls geschätzt werden und lagen dann häufig im 6-stelligen Bereich. Eine Investition in dieser Größenordnung bedarf nicht selten eines entsprechenden Vorstandsbeschlusses.

Erstaunlich waren auch die folgenden Ergebnisse des Interviews: Die Antworten auf die Frage, was denn eine Schlüsselperson nachhaltig an ein Unternehmen bindet, basierten auf einer bloßen Schätzung der Personaler oder Geschäftsführer, eine systematische Befragung der Schlüsselpersonen selbst fand nicht statt. Wer denn überhaupt die Schlüsselpersonen sind, war den Personalverantwortlichen in den jeweiligen Unternehmen auch nur im Ausnahmefall bewusst.

Zudem bestätigte die Befragung, dass regelmäßige und strukturierte Mitarbeitergespräche eher die Ausnahme sind. Wenn solche Gespräche doch stattfanden, wurde aber so gut wie nie über Aspekte gesprochen, die ein Mitarbeiter im Hinblick auf die Arbeitgeberattraktivität für wichtig erachtet.

Hinzu kommt, dass es keine etablierte Kultur gibt, beispielsweise den Wunsch nach einem Sabbatical aus familiären Gründen oder gar verbunden mit einer Weltreise zu äußern, würde doch diese Information umgehend in der Personalakte landen – und zwar mit negativer Kennzeichnung. So ist zumindest die weitverbreitete Einschätzung von Offenheit hinsichtlich der Karriereverträglichkeit.

In einer Welt, die zunehmend durch die Generationen Y und Z geprägt wird, in der Transparenz und Offenheit, Werte und Selbstbestimmung wichtig sind, in der die Grenzen von Arbeits-, Lern- und Freizeit zerfließen, wäre es eine besondere Stärke – heute sogar noch ein Alleinstellungsmerkmal für einen Arbeitgeber –, sich proaktiv und ohne Berührungsängste mit den Wünschen des (potenziellen) Mitarbeiters zu beschäftigen. Der Arbeitgeber gewinnt dadurch an Attraktivität und kann sich selbst viel besser auf die spezifischen Herausforderungen des eigenen Personalmanagements einstellen.

Es stellt sich nun also die Frage, was „Retention-Management" bislang leistet und in Zukunft leisten kann und leisten muss, um langfristig erfolgreich zu sein. Die Fragestellungen sind dabei im Prinzip für alle Unternehmen und Institutionen gleich. Große Unternehmen haben es hier etwas leichter, da sie Mitarbeiterabgänge durch Nachrücker zunächst kompensieren können, doch damit ist das Problem nur aufgeschoben. Worum also geht es?

Durch Retention-Management versuchen Unternehmen, gute Mitarbeiter und Führungskräfte zu halten, indem sie neben dem Arbeitsplatz einen Benefit anbieten. Klassische finanzielle Incentives gehören zum Standard. Die vermeintlich bewährten Instrumente müssen jedoch kritisch hinterfragt werden. Sind Gehaltserhöhungen und Boni wirklich noch zeitgemäß? Wie kann eine betriebliche Altersvorsorge auf Dauer bindend wirken? Und was genau ermöglichen sogenannte Zeit-wertkonten? Die Fragen sind berechtigt – zeigt der Arbeitsmarkt doch ganz deut-lich, dass Geld allein in Form von Zuschlägen als Bindungselement mittel- bis lang-fristig nicht ausreicht.

6.1 Der Total-Compensation-Ansatz

Die Gegenleistung zur Arbeit ist nicht nur der Lohn oder das Gehalt. Das gesamte Einkommen setzt sich aus vielfältigen Elementen zusammen und ist somit auch sel-ten mit einem anderen Einkommen direkt vergleichbar. Das Gesamtvergütungssys-tem (Total Compensation) setzt sich im Wesentlichen aus drei Säulen zusammen, die ihrerseits eine Reihe von verschiedenen Elementen beinhalten können. Neben dem Grundgehalt als Basis stehen häufig insbesondere für Fach- und Führungskräf-te erfolgs- und leistungsorientierte Vergütungselemente. Abgerundet werden diese beiden Säulen durch die sogenannten Nebenleistungen, zu denen z. B. die vielfälti-ge betriebliche Altersvorsorge, der Dienstwagen oder andere zum Teil unterneh-mensspezifische Benefits gehören.

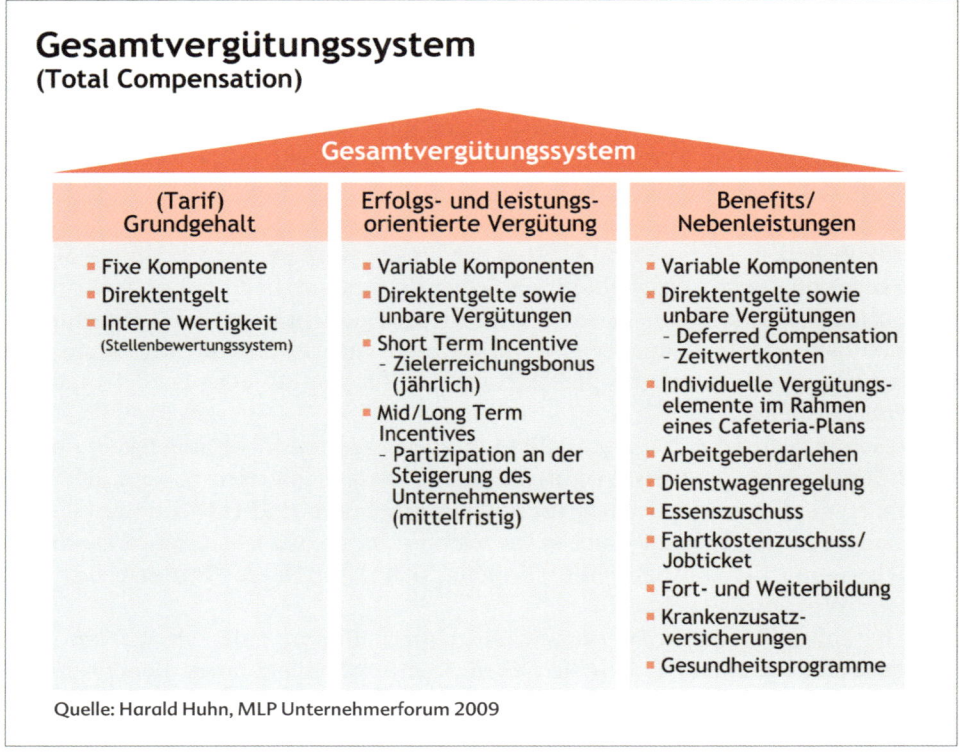

Abb. 13: Gesamtvergütungssystem

Im Rahmen eines sogenannten Cafeteria-Planes wird dann die für den Mitarbeiter individuelle Gesamtvergütung festgelegt. Leider – aber das wäre auch betriebswirtschaftlich kaum möglich – nicht in der Art, dass sich jeder Mitarbeiter sein Gehaltsmenü (mit einer definierten Obergrenze) beliebig frei zusammenstellen kann. Konsequenterweise müsste nun jedes Element auf seine Wirkungsweise hinterfragt werden. Da es hier jedoch vorrangig um Wirkungsmechanismen geht, werden nur einige wenige im weiteren Verlauf des Buchs exemplarisch aufgearbeitet. Am besten wäre ohnehin, man fragt einfach den Mitarbeiter nach seinen persönlichen Präferenzen.

Naheliegend ist, dass das Cafeteria-Modell eine gewisse zum Teil auch gewollte Intransparenz nach sich zieht, deren Einfluss umgekehrt wieder auf die Unternehmenskultur wirken kann.

Ein anderer Blick auf die Gestaltung der Vergütungsbestandteile zeigt auf, dass ein Mitarbeiter vom reinen Gehaltsempfänger bis hin zum Mitunternehmer positioniert werden kann. Hiermit verbunden ist der Gedanke, dass eine Identifikation mit dem Unternehmen durch Beteiligung an der wirtschaftlichen Entwicklung deutlich erhöht werden kann. Eine höhere Identifikation soll zu höherem Engagement führen, dass Unternehmen als Ganzes hiervon profitieren.

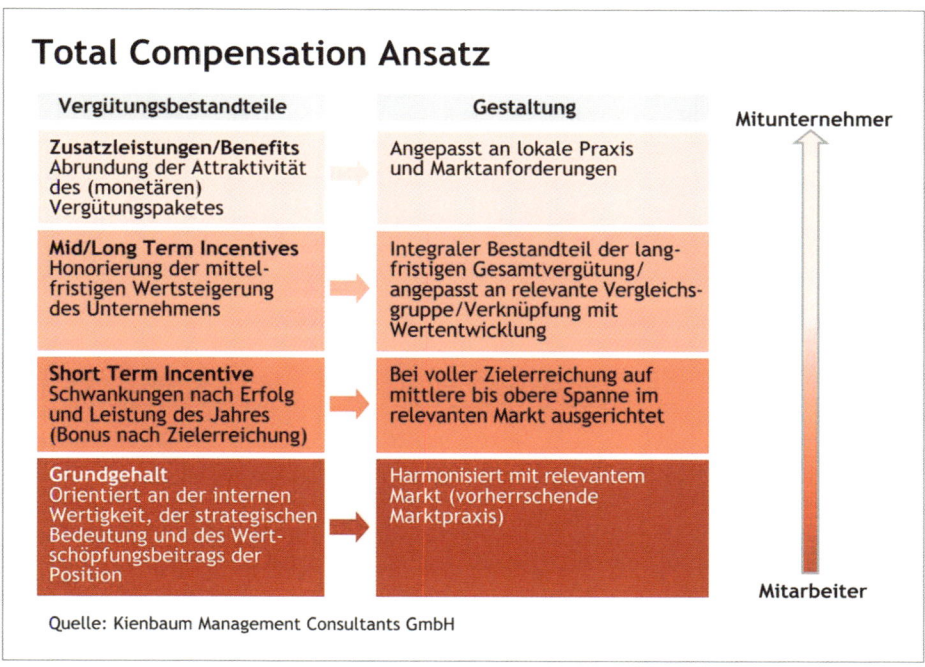

Abb. 14: Total-Compensation-Ansatz

6.2 Der Klassiker – die betriebliche Altersvorsorge

Die betriebliche Altersvorsorge ist ein beliebtes und mittlerweile recht weitverbreitetes Instrument zur Finanzierung des Alterseinkommens. Das Angebot durch den Arbeitgeber ist nicht nur zeitgemäß, sondern durch weitgehende Gesetzesvorschriften auch festgeschrieben. Der Staat alleine kann die Aufgabe der Altersvorsorge nicht mehr übernehmen, der Einzelne soll und muss gemäß seinen Möglichkeiten und Zielen selbst vorsorgen. Erfolgt das gemeinsam mit dem Arbeitgeber, wird diese Vermögensbildung steuerlich gefördert und auch im Bereich der Sozialabgaben begünstigt. Der Umfang, und damit das Volumen der Beiträge oder Zusagen, steigt in der Regel mit der Position des Begünstigten. Bei Topleitungsfunktionen stellen sie nicht selten einen erheblichen Anteil der Gesamtvergütung der Führungskraft.

Die betriebliche Altersvorsorge ist für die Mitarbeiterbindung durchaus interessant: Zum einen können dem Mitarbeiter auf diese Weise attraktive Nebenleistungen zum Einkommen geboten werden. Dies kann durch Arbeitgeberleistungen, durch Beiträge des Arbeitnehmers selbst oder auch durch Kombination beider erfolgen. Für das Bindungsmanagement werden diese auch als Deferred Compensation (aufgeschobene Gegenleistungen) bezeichneten Leistungen insbesondere für längerfristige Arbeitsverhältnisse an Wert gewinnen. Langfristige Vorsorgeverträge sind in der Regel zu Beginn der Laufzeit mit höheren Kosten belastet, sodass mit zunehmender Laufzeit die (Beitrags-)Rendite stetig zunimmt.

Noch deutlicher wird die unmittelbare Auswirkung für das Retention-Management bei den Durchführungswegen der betrieblichen Altersvorsorge[161], die mit einer sogenannten Verfallbarkeit ausgestattet sind. Eine Unverfallbarkeit wird häufig an eine Unternehmenszugehörigkeit von mindestens 5 Jahren geknüpft. Ein Mitarbeiter verliert demnach eine verfallbare betriebliche Altersvorsorge, wenn er vor Ablauf einer Frist, hier von 5 Jahren, das Unternehmen verlässt. Das können schnell einige Tausend Euro sein, die dem Mitarbeiter dann dieser Arbeitgeberwechsel kosten könnte.

Diesen vertragsrechtlichen Bedingungen muss jedoch nicht zwingend die Motivation der Mitarbeiter folgen. Es wird sicher Menschen geben, die einer beruflichen Veränderung mit inhaltlicher Perspektive den Vorrang gegenüber einer finanziellen Sicherheit einräumen.

Für die Attraktivität des Arbeitgebers kann bei Neueinsteigern hingegen eine potenzielle Übertragbarkeit der angebotenen betrieblichen Altersvorsorge ein deutlicher Pluspunkt sein. Dem neuen Mitarbeiter wird von vorneherein signalisiert, wir wollen dich nicht durch vertragsrechtliche Konstrukte „knebeln", wir wollen dich langfristig für uns gewinnen. Diese Herangehensweise wird in Zukunft wohl eine

---

[161] Die 5 Durchführungswege der betrieblichen Altersvorsorge sind: Direktversicherung, Pensionszusage, Pensionsfonds, Direktzusage (Pensionszusage) und Unterstützungskasse.

größere Bedeutung haben, da der Arbeitsmarkt insgesamt durchlässiger werden wird. Außerdem ist das Modell der betrieblichen Altersvorsorge überall machbar – unabhängig von Unternehmensgröße, Mitarbeiterzahl oder Standort.

6.3 Das Spielzeug – der Dienstwagen

Die Vorteile einer durchgängigen Dienstwagenregelung liegen auf der Hand. Die Frage sei erlaubt, ob alle Mitarbeiter einer Funktions- und Einkommensstufe mit dem gleichen Modell in gleicher Farbe und gleicher Ausstattung auf dem Weg zur Arbeit gleichermaßen inspiriert und motiviert werden.
Die betriebswirtschaftlichen (Kosten-)Vorteile sollen auch hier nicht in Abrede gestellt werden. Konformität ist aber nicht zwingend Zeichen einer farbigen und lebendigen Unternehmenskultur. Claus Schuster[162], geschäftsführender Gesellschafter der defacto AG in Erlangen, beschrieb sichtlich überzeugt, dass sich seine Mitarbeiter ihren Dienstwagen selbst aussuchen und zusammenstellen können: Sportwagen und auch Cabrios bis hin zum SUV. Vorgegeben wird lediglich ein Preis bzw. eine Leasingrate, die nicht überstiegen werden darf oder dann entsprechend vom Mitarbeiter selbst übernommen werden muss.
„Der Mitarbeiter soll morgens gleich mit Freude in sein Auto steigen und gut gelaunt in der Firma ankommen und abends auf dem Heimweg vom Kunden seine Zugehörigkeit zur defacto AG bewusst noch einmal genießen können. Das steigert seine Motivation und auch das Zugehörigkeitsgefühl zum Unternehmen. Denn wer gibt schon gerne sein geliebtes Spielzeug her, dass er sich möglicherweise sonst nicht leisten könnte ...“

6.4 Wertschätzung – die Corporate University

Der Mitarbeiter ist unser wichtigstes Kapital – welches Unternehmen würde das nicht von sich behaupten. Um die Ressource Personal entsprechend hochqualifiziert zu halten, bedarf es einer regelmäßigen Investition. Dies liegt nicht nur im ureigensten Unternehmensinteresse, sondern ist auch das Hauptaugenmerk, der größte Wunsch vieler Fach- und Führungskräfte – ein Leben lang. Die Studie der Unternehmensberatung Towers Watson zeigt klar[163]: Auf den Plätzen 1, 3 und 5 unter den Topbenefits aus Mitarbeitersicht rangierten die Fort- und Weiterbildungsangebote des jeweiligen Unternehmens! Platz 1 in der Fort- und Weiterbil-

---

[162] Inhalte entnommen aus der Begrüßungsrede von Claus Schuster im Rahmen des Selbst-GmbH Netzwerktreffens, Erlangen, Mai 2010.
[163] Studie der Unternehmensberatung Towers Watson in Kooperation mit Fiebes in Company, Benefits Survey Germany 2008, Platz 2: flexible Arbeitszeit/Homeoffice, Platz 4: regelmäßige Mitarbeiter-, Feedback- oder Jahresgespräche zur Personalentwicklung und die betriebliche Altersvorsorge, arbeitgeber- (Platz 6) und eigenfinanziert (Platz 10).

dung erreichten die allgemeinen vor den spezifischen und den gezielten Karriereangeboten.

Also sollte ein Unternehmen die Entwicklung der eigenen Mitarbeiter im höchsten Eigeninteresse fördern. Selbst, wenn der Mitarbeiter dann für den Arbeitsmarkt noch interessanter wird und daher die Investition möglicherweise verloren gehen könnte: Das Image, sich wirklich um die Mitarbeiterentwicklung zu kümmern, hat eine Sogwirkung auf all diejenigen, denen solche Möglichkeiten in ihrem Unternehmen nicht geboten werden. Und das Unternehmen profitiert zusätzlich, da es jederzeit die „fittesten" Mitarbeiter hat.

Und auch die Plätze 2 (flexible Arbeitszeit/Home-Office) und 4 (regelmäßige Mitarbeiter-, Feedback- oder Jahresgespräche zur Personalentwicklung) der Studie haben einen indirekten Bezug zur persönlichen Entwicklung. Flexibilität hinsichtlich der Arbeitszeit und des Arbeitsorts eröffnet Räume, die man für Aktivitäten außerhalb des Unternehmens nutzen kann, nicht zuletzt auch für Weiterbildung, also häufig für die externe Qualifizierung oder persönliche Erfahrungen in einem gesellschaftlichen Engagement. Ein flexibler Ort ist einerseits ein Ausdruck von großem Vertrauen, andererseits lernen viele sicher besser zu Hause auf der Couch als im Großraumbüro – insbesondere in Zeiten des E-Learnings, Distance-Learnings oder gar der virtuellen Classrooms.

Wenn dann tatsächlich auch regelmäßige Mitarbeiter-, Feedback- und Jahresgespräche zur Personalentwicklung stattfänden, würde man der „Generation Feedback" sehr entgegenkommen. Innerhalb der Feedbackgespräche sollte natürlich klar herauskommen, welche Perspektiven es für den Mitarbeiter gibt.

Die Bedeutung nachhaltiger Mitarbeiterqualifizierung für das Unternehmen selbst ist in diesem Buch umfassend behandelt worden. Der Stellenwert der Personalentwicklung muss entsprechend positioniert und verankert sein, sie darf nicht mehr als fünftes Rad am Wagen nebenherlaufen. Gerne wird zwar nach außen damit geworben, dass Wohl und Wehe der Mitarbeiter dem Unternehmen wichtig sind. In der Praxis entscheiden aber die wirtschaftliche Situation und vor allem der persönlichen Gusto des Vorstands(-vorsitzenden) darüber, wie intensiv in das Mitarbeiterwohl tatsächlich investiert wird.

Die strategische und operative Umsetzung einer nachhaltigen Mitarbeiterqualifizierung wird insofern nur dann nachhaltig gelingen, wenn die Personalentwicklung so aufgesetzt, so institutionalisiert wird, dass nicht bereits einfachste Veränderungen in der Führung fundamentalen Einfluss ausüben. Eine eigenständige, wenn auch unselbstständige Einheit, die zumindest als Cost- wenn nicht gar mit internen Verrechnungspreisen auch als Profitcenter eingerichtet ist, sichert die Positionierung und die künftige Entwicklung der Aus- und Weiterbildung.

Die Namensgebung für diese „Bildungsinstitution" ist dabei frei und lässt noch keinen Rückschluss auf die Qualität und Eigenständigkeit zu. So gibt es eine Capgemini University, die Credit Suisse Business School, das Allianz Management Institute, die Swiss Re Leadership Academy oder auch EL Solaruco, das Corporate Learning und Development Centre der Banco Santander. Egal, ob nun Business School, (Corporate) University, Institute oder Academy: alle eint die Positionierung nach innen wie nach außen[164]. Dies ist ein wichtiger Aspekt im Hinblick auf das Employer-Branding-Merkmal „Mitarbeiterentwicklung ist uns wichtig". Die klare Positionierung wird häufig noch durch einen eigenen physischen Ort unterstrichen, einen Campus, der neben einer professionellen Infrastruktur vielfach auch als „hub", als Nabel der lebbaren und gelebten Unternehmenskultur verankert ist.

Das wohl am häufigsten zitierte Beispiel ist der General Electric Campus in Crotonville, den Jack Welch in seiner Zeit als CEO häufiger aufsuchte als jeden anderen Ort der Welt. Die wahrnehmbare Positionierung ist eine wichtige Zielsetzung einer eigenständigen Aus- und Weiterbildungseinrichtung. Diese Institutionalisierung darf natürlich nicht zum bloßen Selbstzweck erfolgen, sondern muss sich konsequent an den jeweiligen Geschäftsmodellen und den unternehmensspezifischen Zielsetzungen ausrichten.

Generell lassen sich solche „Corporate Institutions" untereinander kaum vergleichen. Es gibt aber dennoch eine Vielzahl von Kriterien und Aspekten, deren Qualität und Professionalität in eine grundsätzliche Bewertung einfließen können. Wird diese Bewertung durch eine übergeordnete Institution durchgeführt, kann sowohl für die aktuellen als auch zukünftigen Mitarbeiter erreicht werden, dass sie die jeweilige Personalentwicklungseinrichtung objektiver und valide einordnen können. Eine Unternehmensleitlinie wird somit nicht nur formuliert, sie wird greifbar, lebbar und überprüfbar.

Eine Akkreditierung im Hochschulbereich ist gang und gäbe und dient insbesondere im angelsächsischen Bereich als wichtiges Wahlkriterium für den angehenden Studenten. In den USA ist die AACSB (Association to Advance Collegiate Schools of Business, vormals bekannt als American Assembly of Collegiate Schools of Business) die wichtigste Akkreditierungseinrichtung, die britische Amba (Association of MBAs), die FIBAA (Foundation for International Business Administration, eine internationale Stiftung der Wirtschaft in Bonn) oder auch die EFMD (European Foundation for Management Development, Brüssel) diesseits des Atlantiks.

Insbesondere die EFMD hat neben der weitbekannten EQUIS (Systemakkreditierung für eine gesamte Hoch- oder Business-School) und neben EPAS-Akkreditierungen (für einzelne Studiengänge) eine eigenständige Akkreditierung für Unternehmenseinrichtungen, den sogenannten CLIP (Corporate Learning Improvement Prozess). Dieser Evaluierung mit Akkreditierungssiegel hat sich bereits eine Vielzahl von insbesondere international ausgerichteten Unternehmen gestellt.

Übergeordnete Kriterien sind bspw. „Verbreitung des Wissens und der Expertise durch die gesamte Organisation", „Integration der Lernfunktionen in den Mainstream-HR-Prozess wie z. B. Managemententwicklung, Talent Management, Nach-

---

[164] www.efmd.org/index.php/accreditation-/clip--corporate/accredited-members

folgeplanung etc." und Leistungsverbesserung, aber auch „Die besten Manager gewinnen und halten".[165]

Kurzum, auch im Bereich der unternehmensinternen Aus- und Weiterbildung wird die Transparenz steigen und (potenzielle) Mitarbeiter werden eine Vielzahl von Möglichkeiten haben, Werbeprospekte und Lippenbekenntnisse im Hinblick auf die eigenen Entwicklungsmöglichkeiten auf ihre Substanz und Nachhaltigkeit hin zu überprüfen. Die Spannbreite der Informationsrückkopplung wird auch hier von den einschlägigen Internetforen bis hin zu den eben angesprochenen Akkreditierungseinrichtungen reichen und in die Entscheidungsfindung einfließen. Tue Gutes und mach es wahrnehmbar ...

6.5 Geld wird zu Zeit – Zeitwertkonten

„Eine gespenstische Gesellschaft grauer Herren ist am Werk und veranlasst immer mehr Menschen, Zeit zu sparen. Aber in Wirklichkeit betrügen sie die Menschen um die ersparte Zeit. Doch Zeit ist Leben und das Leben wohnt im Herzen. Je mehr Menschen daran sparen, desto ärmer, hastiger und kälter wird ihr Dasein und desto fremder werden sie sich selbst. Diejenigen, die diese zunehmende Lieb- und Leblosigkeit am deutlichsten zu fühlen bekommen, sind die Kinder. Aber ihr Protest verhallt ungehört. Als die Not am größten ist und die Welt schon endgültig jenen grauen Herren zu gehören scheint, entschließt sich Meister Hora, der geheimnisvolle Verwalter der Zeit, endlich schweren Herzens zum Eingreifen, doch braucht er dazu die Hilfe eines Menschenkindes. Die Welt steht still und MOMO, die kleine Heldin dieser Geschichte mit den struppigen Haaren, stellt sich mit nichts als einer Blume in der Hand und einer Schildkröte unter dem Arm, gegen das riesige Heer der grauen Herren – und siegt auf wunderbare Weise. Alle Lebenszeit, um die die Menschen bisher betrogen worden sind, kehrt zu ihren Eigentümern zurück."[166]

Michael Ende hat bereits 1973 in seinem mit dem deutschen Jugendpreis ausgezeichneten Roman MOMO die Finger in die (heutigen) Wunden gelegt. Zeit als disponierbares Gut, sinnentleerte Menschen, die sich beschleunigt um ihre Lebenszeit bringen (lassen).

Engagement wird durch Sinn gefördert und das umso mehr, je mehr neben der Arbeit auch die anderen Inhalte des Lebens gelebt werden können. Nun ist es aber nicht selten so, dass man dann arbeitet, wenn es sinnvollerweise etwas zu tun gibt.

---

[165] Allen, M.: The Corporate University Handbock. Designing, Managing, and Growing a Successful Program, Amacom, New York 2002; Meister, J. C.: Corporate Universities. Lessons in building a world-class work force. Revised and updated edition. McGraw-Hill, New York 1998; Paten, R., Peters, G., Storey, J., Taylor, S.: Handbook of Corporate University Development. Managing, Strategic Learning Initiatives in Public and Private Domains. Gower, Aldershot 2005; Plompen, M.: Innovative Corporate Learning, Excellent Management Development Practice in Europe, Palgrave MacMillan, Basingstoke/New York 2005; www.efmd.org/index.php/accreditation-/clip--corporate/accredited-members

[166] Ende, M.: MOMO, Thienemann-Verlag, Stuttgart, 1973, Cover-Beschreibung.

Die Feuerwehr löscht nicht einfach so, sondern, wenn es brennt. Ein Unternehmen hat viel zu tun, wenn der Markt boomt. In der wirtschaftlichen Flaute hingegen herrscht oft Leerlauf. Ist Geld da, fehlt die Zeit. Ist Zeit da, fehlt das Geld ...

Übersetzt auf die stete Notwendigkeit, die „Employability" zu pflegen und zu erhöhen, fällt es Unternehmen nachvollziehbar häufig schwer, ihre Schlüsselmitarbeiter dann weiterzuentwickeln, wenn es geschäftlich brummt. Man verschiebt die notwendigen Qualifizierungsmaßnahmen gerne in die Zukunft. Dem Boom folgt garantiert die Krise, dann aber wird reflexartig gespart. Es können jedoch nicht viele Aktivitäten und Investitionen kurzfristig gekürzt und gestrichen werden. Vielfach binden langfristige Verträge und nehmen den Handlungsspielraum. Aber Personalmaßnahmen sind häufig sehr leicht disponierbar und fallen dann den „grauen Herren" als low-hanging-fruit (schnelles Ergebnis) zum Opfer. Muss aber nicht gerade dann gesät werden, wenn der Keller leer ist? Der sich stetig wandelnde Markt fordert, die unternehmerische Zukunftsfähigkeit sicherzustellen: Die Employability der Mitarbeiter als Basis für nachhaltigen Erfolg.

Zur Wiederholung: Ist Geld da, fehlt die Zeit. Ist Zeit da, fehlt das Geld ...

Konsequenterweise stellen Unternehmen in wirtschaftlich erfolgreichen Phasen Gelder zurück. Sie bilden also in die Zukunft übertragbare Rückstellungen, zulasten eines heutigen Gewinns, zugunsten eines besseren Ergebnisses in der Zukunft – im doppelten Sinne: buchhalterisch und vor allem strategisch. Und konsequenterweise können die qualifizierenden Maßnahmen dann auch durchgeführt werden. Denn auch der nächste Aufschwung kommt bestimmt. Und selten wird der Erfolg auf die exakt selbe Art und Weise erzielt.

Andererseits sind die Bereitschaft und die Motivation insbesondere von Fach- und Führungskräften hin zu neuen, ergänzenden Inhalten auch dann deutlich zu erkennen, wenn sie dafür eigene finanzielle Mittel aufbringen müssen. Weiterbildungsmaßnahmen und Qualifizierungen müssen nicht mehr ausschließlich (kostentechnisch) vom Arbeitgeber getragen werden.

Der Bologna-Prozess hat in Deutschland die Einführung der Bachelor- und Masterstudiengänge beschleunigt. Junge Akademiker kommen also in der Regel nicht mehr als Diplomierte in den Arbeitsmarkt. Vielmehr entscheidet sich ein Großteil nach Erwerb des Bachelors nicht mehr für den sich unmittelbar anschließenden (Consecutive) Master, sondern wählt den Berufseinstieg – und zwar in der Absicht, zu einem späteren Zeitpunkt aufbauend auf erste Berufserfahrung den Executive Master folgen zu lassen. Der Fach- und Führungskräftenachwuchs ist somit deutlich jünger, wenn er den Arbeitsmarkt betritt.

Ist das gut für die Unternehmen oder mittelfristig nachteilig? Ein Großteil der Young Professionals wird doch nach einigen Jahren den Executive Master anstreben und dann das Unternehmen wieder verlassen oder zumindest temporär begrenzt zur Verfügung stehen.

Unternehmen sind also gut beraten, wenn sie für diese Entwicklung intelligente Konzepte anbieten können. Das ist nicht nur für das eigene Image hervorragend (und damit für die Bewerberattraktivität), sondern auch personalstrategisch höchst bedeutsam. Die Bereitschaft der Mitarbeiter, die betriebswirtschaftlichen Auswirkungen nicht alleine dem Arbeitgeber aufzubürden, ist hoch und auch im Werteverständnis tief verankert. „Gibst du mir Perspektive und Entwicklungsraum, komme ich dir natürlich auch gerne entgegen – wirtschaftlich wie emotional."

Die Finanzierung wird intelligent gemeinsam geschultert: vom Unternehmen und dem Mitarbeiter, unter Einbeziehung des Staates (Steuer- und Sozialabgabenersparnis).

Das ideale Instrument für diesen Gestaltungsbereich sind die sogenannten Zeitwertkonten, die nachfolgend kurz beschrieben werden:

Bereits bei der Einordnung zeigt die Expertendiskussion die ungeklärte Frage auf, ob es sich denn bei den Zeitwertkonten um den sogenannten „6. Durchführungsweg der betrieblichen Altersvorsorge" (bAV) handelt. Zeitwertkonten sind als personalpolitisches Steuerungsinstrument geschaffen worden und, wenn man es so formulieren darf, noch im jungen Stadium der facettenreichen Entwicklung, rechtlich wie personalpolitisch. Und darin liegen der besondere Charme und die vielfältigen Chancen. „Zeitwertkonten sind per se langfristig ausgerichtet, bei geeigneter Gestaltung der damit verbundenen Anreizsysteme erzielen sie aber auch mittel- und kurzfristig vorteilhafte Wirkungen."[167]

Zeitwertkonten sind ein Instrument, in dem Zeit in Geld umgerechnet wird. Dieses Wertguthaben kann sowohl vom Arbeitgeber als auch vom Mitarbeiter aufgebaut werden. Voraussetzung ist eine schriftliche Vereinbarung, die nicht das Ziel hat, werktägliche oder betriebliche Produktionszyklen kurzfristig auszugleichen.[168] Zeitwertkonten sind also nicht mit Arbeitszeitkonten zu verwechseln, über die vor allem die sogenannten Überstunden verwaltet werden.

Das Ziel der Zeitwertkonten ist eine zeitliche Freistellung von der Arbeitsleistung, sei es temporär durch Reduzieren der vertraglichen (täglichen) Arbeitszeit oder auch für eine Übergangsfreistellung. Insbesondere letzteres ist die Motivation des Flexi II-Gesetzes[169], mit dem für Unternehmen und Mitarbeiter eine weitergehende Lösung der sogenannten Vorruhestandsregelung gefunden werden kann. Als Instrument des Retention-Managements muss jedoch der Blick auf die Einsatzmöglichkeiten vor dem Ruhestand gerichtet werden. Das Vermischen von Lern- und Arbeitsphasen, von Lebens- und Arbeitszeiten bedarf optimaler arbeitsrechtlicher und betriebswirtschaft-

---

[167] Ries, M. und Keil, T.: Zeitwertkonten als Instrument der Personalpolitik, Kompendium betriebliche Altersversorgung 2010, Hrsg. Von Markus Jähnig, FAZ-Institut für Management, Markt- und Medieninformation GmbH, S. 74 ff.

[168] Inhaltlich basierend auf: Kümmerle, Buttler, A., Keller: Betriebliche Zeitwertkonten, Einführung und Gestaltung in der Praxis, Hüthig 2009.

[169] Flexi II-Gesetz: Gesetz zur Verbesserung der Rahmenbedingungen der sozialversicherungsrechtlichen Absicherung flexibler Arbeitszeitregelungen von 2009.

licher Voraussetzungen. Die Entwicklung hin zu mehr auch arbeitsrechtlich selbstständiger Tätigkeit ist möglicherweise u. a. dem Fehlen von ansprechenden Gestaltungsmöglichkeiten vertraglich bindender Arbeitsverhältnisse geschuldet.

Wie kann also ein Zeitwertkonto bespart werden? Und wie kann dann zu einem späteren Zeitpunkt über das Guthaben verfügt werden? Sowohl der Mitarbeiter als auch der Arbeitgeber kann das dem jeweiligen Mitarbeiter klar zugeordnete Zeitwertkonto besparen. Dieses wird übrigens meist sogar steuerrechtlich und bei den Beiträgen zur gesetzlichen Sozialversicherung begünstigt! Der Staat fördert also das Besparen – und zwar zugunsten des Arbeitnehmers und des Arbeitgebers. Der Staat gewährt dabei quasi einen Aufschub der Steuern und Sozialversicherungsbeiträge bis zum Entnahmezeitpunkt. Die Auflösung des Guthabens in Form eines Einkommens wird dann wieder steuerrechtlich und sozialversicherungspflichtig relevant. Da das Einkommen dann aber oft geringer als zum Sparzeitpunkt ist, ergibt sich aus der Differenz zuzüglich Zinseszins dann der tatsächliche, zum Teil nicht unerhebliche Vorteil.

Je nach Unternehmen oder Unternehmensvereinbarung kann der Mitarbeiter Mehrstundenvergütungen, variable Vergütungen, Urlaubsansprüche (jedoch nicht derart, dass der gesetzlich vorgegebene Mindesturlaub von 24 Tagen unterschritten würde) oder sogar Teile des laufenden Gehalts einbringen. Die Einzahlungen des Arbeitgebers können einmalig sein oder auch in Form von „umgewidmeten" Gehaltserhöhungen.[170] Natürlich wird das Wertguthaben verzinst und kann auch unter bestimmten Bedingungen in der Anlageform in verschiedenen Anlageklassen mit unterschiedlichen Risiken gestaltet werden.

Über einen längeren Zeitraum können auf diese Weise Zeiten „angespart" werden, die dann idealerweise für eine (externe) Weiterbildung oder auch gerne für eine Auszeit (Sabbatical) verwendet werden dürfen. Das Arbeitsverhältnis besteht dabei rechtlich fort. Sowohl der Arbeitnehmer als auch der Arbeitgeber sind vertraglich hinsichtlich des Fortbestehens der Zusammenarbeit abgesichert. Vielmehr noch: Auch emotional dürfte dieser „Entwicklungsraum" beiden Seiten guttun.

Wirtschaftlich wird dieses Modell ebenfalls auf beide Schultern verteilt: Der Arbeitnehmer erhält ein sicheres Einkommen in der Verfügungsphase und wird nicht durch vielleicht zwischenzeitliche Familiengründung und Eigenheimerwerb in der persönlichen Weiterentwicklung eingeschränkt. Der Arbeitgeber hingegen trägt keine zusätzlichen Kosten, da die „Lohnfortzahlung" aus einem Wertguthaben heraus erfolgt, das durch frühere Gehaltsbestandteile aufgebaut wurde. Die Personalkosten reduzieren sich für den Arbeitgeber in diesem Zeitraum. Natürlich muss sichergestellt sein, dass die Aufgaben des Mitarbeiters, der sein Zeitwertkonto in Anspruch nimmt, durch Dritte weitergeführt werden, dass eine Störung im Betrieb also vermieden wird. Hier ist das Unternehmen in der Tat gefordert, rechtzeitig durch vorausschauende Personalplanung die (temporäre) Engpasssituation zu antizipieren und zu lösen.

---

[170] Flexi II-Gesetz.

Das Instrument der Zeitwertkonten ist ein idealer Einstieg in das Konzept der Flexibilisierung von Arbeitszeiten – gleichermaßen für Großkonzerne wie auch für den Mittelstand. Es gibt aber bereits eine Reihe von Unternehmen, die unabhängig von dem Prinzip Zeitwertkonten erfolgreich flexible Arbeitszeiten realisieren, wie die folgenden Beispiele zeigen.

Der schwäbische Maschinenbauer Trumpf probt beispielsweise die individuellen Arbeitszeiten. Mitte Mai 2011 hat Trumpf ein Modell gestartet, in dem sich die Mitarbeiter ihre Arbeitszeiten je nach Lebenssituation „maßschneidern" können, wie das Unternehmen es nennt. Sie dürfen nun alle zwei Jahre entscheiden, ob sie ihre Arbeitszeit erhöhen oder absenken wollen – in einem Band von 15 bis 40 Stunden. Das sei eine Antwort auf den „großen Trend, dass sich die Wünsche und Forderungen von Arbeitnehmern immer mehr individualisieren", sagt Unternehmenschefin Nicola Leibinger-Kammüller.[171]

Und auch ein tarifpolitisches Sonderprojekt in der Chemieindustrie probt im Rahmen des sogenannten „Demografiepakts", wie sich das Konzept Zeitwertkonten branchenweit in der Chemieindustrie umsetzen lässt. Diese „lebensphasenorientierte Arbeitszeit" soll in der Zeit der Familiengründung oder wenn Angehörige zu pflegen sind, eine Reduktion der Arbeitszeit möglich machen. Das ist ein erheblicher Perspektivwechsel, den die Arbeitnehmervertreter (IG BCE) mit den Arbeitgebern (BAVC) diskutieren. Bisher ging es darum, Arbeitszeiten möglichst flexibel nach den Produktionsanforderungen auszurichten. Jetzt rücken die Flexibilitätsbedürfnisse des Arbeitnehmers in den Vordergrund. „Das ist das neue Generalthema. Wenn Menschen länger im Arbeitsleben bleiben sollen, kommt es umso mehr darauf an, auch die Bedingungen danach auszugestalten."[172]

Und es gibt überraschend viele kleine Pflänzchen, die in der Gesamtbetrachtung ein doch erstaunliches Bild abgeben.

Auch ein Dutzend Betriebe, darunter die Bitburger-Braugruppe, beteiligte sich beispielsweise am Pilotprojekt „Lebensphasenorientierte Personalpolitik" in Rheinland-Pfalz. „Früher haben sich Unternehmen Belegschaften aus lauter jungen Kurzstreckenläufern zusammengestellt, heute sind dagegen ältere Marathonläufer gefragt." Für Professorin Jutta Rump vom Institut für Beschäftigung und Employability ist das eine direkte Folge des demografischen Wandels. In den Betrieben macht diese Veränderung andere Methoden der Mitarbeiterentwicklung erforderlich. Wie diese aussehen können, hat die Wissenschaftlerin im Pilotprojekt „Lebensphasenorientierte Personalpolitik" erarbeitet.[173]

Wer einfache Rezepte erwartete, wurde – wie vorausgesagt – enttäuscht. „Es gibt nicht die eine Lösung", räumt die Forscherin ein. Man müsse vielmehr in jedem Unternehmen „individuell hingucken". Die Hauptprobleme seien sattsam bekannt

---

[171] Handelsblatt, 20.06.2011.

[172] So Peter Hausmann, Vorsitzender der IG BCE im Handelsblatt, 20.06.2011.

[173] Rump, J.: Institut für Beschäftigung und Employability. Kooperationsprojekt des Landes Rheinland-Pfalz, der Universität Ludwigshafen und der EU. www.lebensphasenorientierte-personalpolitik.de

und in allen Branchen gleich: Zum einen nennt Rump die Führungskräfte, die für die unterschiedlichen privaten und beruflichen Situationen der Mitarbeiter nicht sensibilisiert und im Umgang mit den entsprechen Instrumenten nicht genügend geschult seien.

Zum anderen gehe es um die Arbeitsorganisation, die immer noch sehr stark am sogenannten Normalarbeitsverhältnis ausgerichtet ist. „Wir müssen dringend über die Flexibilisierung von Arbeitszeiten nachdenken", so auch Rump.[174]

Ob Zeitwertkonten, maßgeschneiderte Arbeitszeit, lebensphasenorientierte Arbeitszeit – insgesamt lässt sich ein klarer Trend erkennen. Im Gegensatz zu anderen Bereichen verringert sich hier die Diskrepanz zwischen dem, was die Wissenschaft weiß, und dem, was die Wirtschaft tut. Die demografische Entwicklung vor Augen werden verbreitet Zukunftsszenarien entwicklt, die vorausschauend und innovativ sind. Dies macht Hoffnung auch für andere Bereiche, die einer Grundsanierung bedürfen, wie z. B. die erfolgskritischen Handlungsfelder Unternehmenskultur, Führung, Organisation, Personalentwicklung und Karrieremodelle.

6.6 Und der Mittelstand?

Laut einer Umfrage des Ernst & Young Mittelstandbarometers[175] nennen regelmäßig immerhin 47 Prozent der befragten Mittelständler auf die Frage „Was macht Ihnen derzeit Sorgen?" den drohenden Fachkräftemangel – noch vor den Themen „Inflation" und „Konjunkturentwicklung im Ausland".

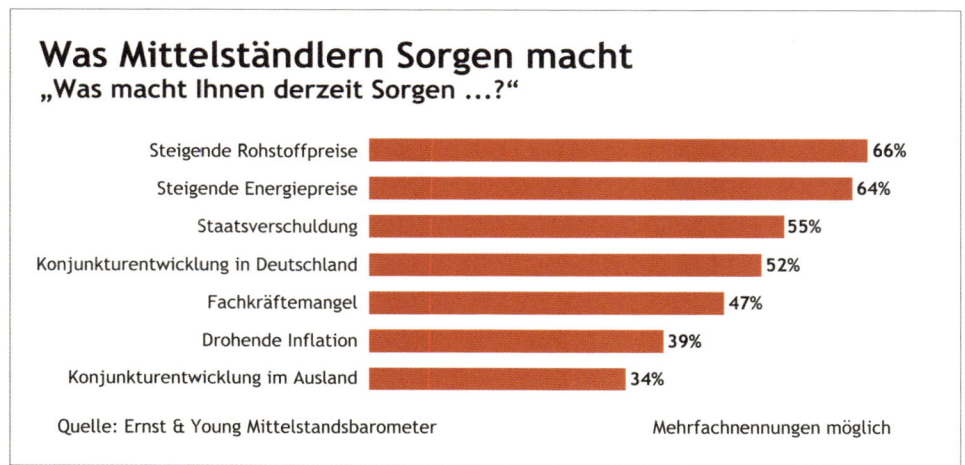

Abb. 15: Was Mittelständlern Sorge macht[176]

---

[174] Lebensmittel Zeitung 24.06.2011 und: www.lebensphasenorientierte-personalpolitik.de
[175] Veröffentlicht in Welt online v. 24.01.2011: „Fachkräftemangel kostet Mittelstand 30 Milliarden".
[176] Ebenda

Wenn beispielsweise SAP-Personalvorstand Jörg Staff sagt, dass er es zwar für sehr wichtig hält, die Arbeitnehmer in Deutschland zu fördern – den demografischen Wandel könne man jedoch auch „global ausgleichen, in China und Indien steigt z. B. die Bevölkerungszahl",[177] dann ist das zwar schön für den Global Player. Viele Mittelständler hingegen haben diese Ausweichmöglichkeit meist nicht. Sie sind es aber, die der demografische Wandel am härtesten treffen wird, wenn sie nicht rechtzeitig gegensteuern.

Ein Vorteil des Mittelstandes ist, dass er den Nachwuchs oft aus der Region rekrutiert und dort jeweils eine sehr hohe Reputation und Bindungskraft genießt. Nordzucker Personalchefin Inga Dransfeld-Haase ist hier zuversichtlich. Der Nachwuchs, den sie sucht, kommt aus der Region, oft ist er mit dem süßlichen Geruch der Zuckerfabrik aufgewachsen. Wen sie erst überzeugt hat, den wird sie schon halten. „Zucker klebt", sagt sie. 98 Prozent ihrer Mitarbeiter bleiben – bis zur Rente.[178]

„Gefahr erkannt, Gefahr gebannt!", heißt es in einem alten Sprichwort, doch das klingt einfacher, als es tatsächlich ist. Denn während Arbeitnehmer heute schon ihren Wert erkannt haben und sich dadurch in eine recht komfortable Verhandlungssituation bringen, sieht das auf Unternehmerseite überwiegend ganz anders aus.

Die Fragen, wann Mitarbeiter Alternativen suchen, wann die „Guten" aussteigen oder warum Menschen überhaupt Alternativen suchen, werden – außer in abstrakten Umfragen – praktisch wenig beantwortet. Möglicherweise verbirgt sich dahinter ein Paradigmenwechsel im Umgang mit den eigenen Mitarbeitern. Es könnte gut sein, dass das jahrzehntelange Credo „Der Kunde ist König" in Zukunft eine veränderte Tonalität bekommt. Im Mittelpunkt steht plötzlich der Mitarbeiter – für den Kunden. Der Mitarbeiter ist es, den man bei Laune halten muss, den es langfristig zu halten gilt.

---

[177] DIE ZEIT, 28.04.2011, Nr. 18.
[178] Ebenda

Engagement und Sinn – der Weg in die Zukunft

1 Engagement und Sinn als Motor für die Arbeitswelt

Die Diskrepanz zwischen dem, was die Wissenschaft weiß, und dem, was die Wirtschaft tut, wird besonders deutlich, wenn man sich den Bereichen Mitarbeiterengagement und Sinnhaftigkeit des Tuns zuwendet. Dies gilt z. B. auch für viele Gebiete des öffentlichen Lebens, wie z. B. die Bildung oder Politik.

Um einige der folgenden Thesen leichter nachvollziehen zu können, sollten neben den ökonomischen Einflussfaktoren auch diejenigen Aspekte betrachtet werden, die von jedem Einzelnen selbst ausgehen. Dies betrifft den Bereich der Psychologie, in dem die grundlegenden Verhaltensmuster und Motivatoren des Menschen im Licht der übergeordneten gesellschaftlichen Veränderungen reflektiert werden. Gegenstand der Betrachtungen sollen also die Wechselwirkungen von Makro- und Mikrokosmos sein. Der eilige Leser kann sich direkt auf die handlungsrelevanten Zusammenhänge im Kapitel 5 konzentrieren.

1.1 Bestandsaufnahme: Wie sieht es in der Praxis aus?

Je mehr gesellschaftliche Grenzen in der Arbeits- und Lebenswelt verschwimmen, desto mehr Orientierungspunkte gehen verloren. Es steigt sowohl die Bedeutung als auch der Einfluss persönlicher Wertvorstellungen.

Wenn Menschen einen persönlichen Sinn in Dingen oder Tätigkeiten sehen, engagieren sie sich, während Zufriedenheit für Beständigkeit sorgt – ein Kernaspekt für die Wettbewerbsfähigkeit der Unternehmen in Zukunft. Arbeit und Freizeit bzw. „Leben" bedingen und beeinflussen sich fundamental, sie sind nicht trennbar, sodass wir ständige beide Lebensinhalte gleichermaßen betrachten müssen.

Und viele Entwicklungen sprechen dafür, dass wir mit einer weiteren Entgrenzung von Arbeit und Freizeit rechnen können. „Verstärkt durch den Einzug der jüngeren Generationen in die Unternehmen und Führungsfunktionen, verlassen noch mehr Arbeitsaufgaben den klassischen Rahmen ehemals fest vorgegebener Arbeitszeiten und verschieben sich in den Freizeitbereich. Umgekehrt werden Freizeitkomponenten bewusst mit Arbeit kombiniert oder als Ausgleich auch während der eigentlichen Arbeit geduldet und mitunter sogar gewünscht. Je mehr jedoch Grenzen verschwimmen und Orientierungspunkte verloren gehen, desto mehr steigen die Bedeutung und der Einfluss persönlicher Wertvorstellungen, die nicht selten aufgrund der fehlenden Orientierungspunkte im privaten als auch im Arbeitsleben nicht miteinander vereinbar sind und so zu Spannungsfeldern führen."[179] Gerade jüngere Menschen haben bspw. vielfach den Wunsch, eine hohe Leistungsbereitschaft aufzuweisen, die aber mit Spaß, einer guten Perspektive und Sinnhaftigkeit zu vereinbaren sein muss.

Am Beispiel von zwei erfolgreichen Ex-Managern können wir ein Szenario beobachten, das eintritt, wenn Menschen an ihrem Arbeitsplatz in Wertekonflikte kommen und sich zu neuen Ufern aufmachen[180]: „Abbas Manjee ist 26 Jahre alt, er war einer der aufsteigenden Sterne unter den Investmentbankern. (...) Manjee (...): „Das war ... nur noch eine Kultur des Geldes. Überhaupt, wir jagten einfach nur noch dem nächsten Deal hinterher und Du warst trotzdem nie zufrieden. Das entwickelte sich zu einem regelrechten Kreislauf: mehr Geld, mehr Gier, noch mehr Geld, noch mehr Gier. Und es war nie genug." Das hatte er einfach satt. (...) Jetzt unterrichtet Abbas Manjee Mathematik und Finanzbuchhaltung an einer Highschool, in der Jugendliche, die an anderen Schulen in New York gescheitert sind, eine zweite Chance bekommen. (...) „Ich verdiene zwar sehr viel weniger als vorher, aber ich werde hier dafür auch noch anders belohnt. Ich sehe die Ergebnisse meiner Arbeit direkt an meinen Schülern. Ich kriege sofort mit, wenn die was nicht kapieren. Und ich beobachte, wie sie sich auch als soziale Persönlichkeit entwickeln."[181]

Ein anderes Beispiel: „Ed Tiedge ist 52 Jahre alt. (...) Bald zwei Jahrzehnte war er im Investmentbusiness unten an der Wallstreet tätig. (...) „Ich fragte mich plötzlich, was für einen zusätzlichen Wert schaffe ich eigentlich für die Gesellschaft?"[182] Heute stellt Tiedge in eigener Manufaktur hochwertigen Gin und Wodka her, als Selfmademan und ohne Vorkenntnisse. Und er ist zufriedener als je zuvor, der Ausstieg aus dem Investmentgeschäft hat sich für ihn persönlich gelohnt: „Früher hatte ich nie so ein Gefühl wie heute. (...) Ja, was ich jetzt mache, haut wohl hin."[183]

Fehlt einer Tätigkeit auf Dauer ein tieferer Sinn, der Zufriedenheit nach sich zieht, wendet der Mensch sich über kurz oder lang ab. Ob das nun geschieht, indem er als Arbeitnehmer nur noch „Dienst nach Vorschrift" macht, ob er eine innere Kündigung vollzieht, oder indem er einfach alles hinschmeißt und an anderer Stelle etwas Neues beginnt, hängt von der Persönlichkeit des Einzelnen ab.

Gut beraten sind diejenigen Unternehmen, die das Grundprinzip dahinter klar erkennen und entsprechende Maßnahmen und Strukturen im System implementieren: Wer Engagement fordert, muss Sinn bieten, sonst macht sich der Arbeitnehmer an anderer Stelle auf die Suche.

---

[179] Rump, J. und Biegel, I.: Arbeit und Freizeit: Wie wir in Zukunft leben und arbeiten werden, Talheimer Verlag, 2009.

[180] ARD-Beitrag, Sendereihe „Weltspiegel", Januar 2011: „Die Aussteiger von der Wallstreet".

[181] Ebenda

[182] Ebenda

[183] Ebenda

Immer wieder zeigen prominente Beispiele, wie schnell so ein Abwanderungs-prozess bei gefühlt fehlendem Sinn auch in den höheren Hierarchieebenen gehen kann: So kündigte der Betriebsratsvorstand der debis AG, Axel Dubinski, Mitte der Neunzigerjahre als Folge einer massiven Sinnkrise im beruflichen und privaten Umfeld[184]. Er fand den Sinn wieder – durch soziales Engagement, das Übernehmen von ökologischer Verantwortung und die intensive Beschäftigung mit sich selbst und seinen ganz persönlichen Bedürfnissen.

Auch Paul Kothes, der ehemalige Mitbegründer der Werbeagentur Kothes Klewes, kannte das Problem der Wertekonflikte und Überschleunigung für sich selber und er erkannte es auch als generelles Phänomen. Er gründete daraufhin eine Meditationsgruppe für Manager, die sich alle drei Monate an unterschiedlichen Orten in Deutschland trifft. Kothes selbst bezeichnet dieses Engagement nicht als „Club zum Aussteigen, im Gegenteil, fest integriert im Geschäftsleben" sind die Mitglieder. Zenmeditation unter Gleichgesinnten bietet den aktiven „Führungs-kräften mit erweiterter Bewusstseinsebene sowohl Austausch als auch Rückver-sicherung. Den deutschen Managern (...) fehle die Selbstdistanz, der Mut zur Kreativität, haben sie doch in der Regel nur das Funktionieren gelernt. (...) Manager bewegen sich heute in einem zum Platzen angespannten System. Burn-out, Wirtschafts- und Finanzkrise. (...) Zen sei ein Weg, aus diesem System Druck herauszunehmen. Erst wer sich von dem Druck befreit hat, alles richtig machen zu wollen, trifft die besten Entscheidungen, wird souverän."[185]

Ein prominentes, dennoch nicht sehr bekanntes Beispiel ist der als Astronaut bekannte Physiker Ulf Merbold. Er entschied sich im Alter von 35 Jahren für einen einschneidenden Karrierewechsel. Seit Jahren war Merbold ein erfolgreicher For-scher am Max-Planck-Institut für Metallforschung in Stuttgart. Er war verheiratet, hatte eine Tochter, gute Freunde und Zeit für seine Hobbys Segelfliegen, die Musik und das Kulturangebot der Stadt Stuttgart. Und dennoch stellte er sich die Sinnfrage, „Soll das schon alles gewesen sein? Soll ich meine Arbeit hier noch bis zu meiner Pensionierung fortsetzen oder vielleicht doch noch einmal etwas ganz Neues anfangen?" Als er im April 1977 die Zeitung aufschlug und zufällig die Annonce des Deutschen Zentrums für Luft- und Raumfahrt las, bewarb er sich und seither beherrschte die Raumfahrt die folgenden 35 Jahre seines Lebens. Gefragt nach seinen Motiven beschreibt Merbold seine Lebensphilosophie folgendermaßen: „Man muss ab und zu mal stehen bleiben, sich in aller Ruhe umsehen und überlegen, wo man eigentlich ist, ob man da eigentlich hin wollte, oder ob sich nicht noch andere, einem selbst mehr entsprechende Perspektiven oder Lebens-möglichkeiten abzeichnen."[186]

---

[184] Zeit online, Andreas Wenderoth: „Manager üben sich im Meditieren", 26. Januar 2011.
[185] Ebenda
[186] Frankfurter Rundschau, 20. Juni 2011.

Die angeführten Beispiele zeigen erfolgreiche Manager oder Experten, die sich, trotz positiver Karriereentwicklung und guter materieller Einstufung, freiwillig umorientiert haben. Diese Umorientierungen haben einerseits sicher individuelle Gründe und Motivatoren, sie haben aber auch eine systemische Dimension auf der Ebene der Unternehmen.

Für Unternehmen ist eine hohe Fluktuation immer ein Warnsignal und die Sensibilität im Bezug auf Fluktuation ist in den vergangenen Jahren sichtbar gestiegen. In weit über der Hälfte aller Beratungsaufträge der Organisationsentwicklung spielt das Thema Mitarbeiterbindung, Motivation und Engagement mittlerweile eine große Rolle. Viele Unternehmen haben in den letzten 15 Jahren ab dem mittleren Management auch Key Performance Indikatoren (KPIs) für Fluktuationsraten eingeführt.

Führungskräfte werden dann unter anderem daran gemessen, wie viele Mitarbeiter ihre Abteilung oder ihr Team im Quartal verlassen haben, und diese Anzahl beeinflusst die Jahresbewertung der Manager. Am Ende hat dieser mitarbeiterbezogene Indikator auch Einfluss auf den Bonus. Gerade, wenn geschätzte und langjährige Experten von Bord gehen, werden das Management und die Human-Resources-Abteilungen sehr nervös. Verständlich, denn die jeweils in den Unternehmen errechneten Fluktuationskosten sind enorm.

Wir haben in unserem Beratungsalltag zum Thema Fluktuation den Eindruck gewonnen, dass eben genau die Faktoren Engagement und Sinnbezug fehlen, wenn Mitarbeiter scheinbar plötzlich aus erfolgreichen und/oder langjährigen Positionen ausscheiden, etwas ganz anderes machen oder zu einem anderen Unternehmen wechseln. Häufig stand in diesen Fällen zu lange nicht der Mitarbeiter im Mittelpunkt des Personalmanagements. Die Beratungspraxis zeigt, dass etablierte Prozesse und Programme in Unternehmen oft deutlichen Vorrang vor solchen Maßnahmen haben, die individuell auf den jeweiligen Mitarbeiter passen.

Vor allem in größeren Unternehmen schätzen viele, gerade gut ausgebildete Mitarbeiter ihre Möglichkeiten der persönlichen Einflussnahme und ihre Gestaltungsfreiheit als zu gering ein – ob im Projektalltag, auf der Karriereleiter oder in den Entwicklungsprogrammen der Unternehmen. Dies führt dann zu Neuorientierungen, die, wie den Beispielen oben beschrieben, häufig an die Hoffnung gekoppelt sind, im nächsten Unternehmen andere Strukturen, eine andere Führungskultur oder interessantere Arbeitsthemen zu finden.

Ein kleinerer Teil macht sich selbstständig und schafft selbst alternative Arbeitsstrukturen und -umgebungen und andere verlegen Entschleunigung und Sinnsuche in den außerberuflichen Bereich.

Auf der individuellen Ebene sind angenommene 50 Jahre Arbeitsleben eine Zeitspanne, in der Brüche, Krisen und Veränderungswünsche bei einem Menschen unvermeidbar auftreten.[187] Und viele Menschen – insbesondere ab der mittleren Karrierephase – stufen den Wert dieser Lebenszeit für sich als hoch ein. In diesem Zusammenhang sind auch die Unternehmen gefordert, neue Wege der Mitarbeiterbindung einzuschlagen und Faktoren zu schaffen, die generationenübergreifend bindend wirken. Wir werden in diesem Kapitel die Bindung stiftenden Faktoren vertiefen.

1.2 Welche Sinnvernichter wirken?

Gerade, weil die Frage nach dem Sinn so wichtig für Engagement und Motivation von Menschen ist, lohnt ein Blick auf diejenigen Faktoren, die sich – neben den individuellen Zäsuren und Fragen des Lebens und neben den strukturellen Faktoren vieler Organisationen – negativ auf Engagement und Sinn auswirken.

Es sind die prominenten gesellschaftlich-gesundheitlichen Phänomene wie chronischer Stress, Burn-out oder Arbeitslosigkeit, die Sinn vernichtend wirken. In Anlehnung an Maslow[188] verlieren Menschen die Energie für Engagement und Sinn, wenn sie mit dem täglichen Überleben beschäftigt sind – sei es, weil beruflicher Stress keinen Raum für Freiheit und Regeneration lässt, oder weil Arbeitslosigkeit und soziale Härten zu einem tatsächlichen Alltagskampf führen. In beiden Fällen gehen Energie und Motor für die Arbeitswelt verloren.

Diese Engagement und Sinn mindernden Dimensionen sind nicht isoliert zu betrachten, sondern hängen häufig kausal zusammen und sind oft für die persönlichen Zäsuren und Brüche im Arbeitsleben verantwortlich. Björn Engholm fasst diese Dreidimensionalität wie folgt zusammen: „Gesellschaftlicher Leistungsdruck ist vielleicht die zentrale Erklärung. Wenn Sie heute zum Beispiel eine Firma in München haben, können Sie viele Arbeiten per Netz in sieben Zeitzonen nacheinander machen lassen. Spielen die Mitarbeiter in Deutschland nicht mehr mit, kann die Firma mit Outsourcing in andere Länder drohen. Ein solches System gebiert Menschen, die versuchen, mit 26 promoviert zu sein und langjährige Auslandserfahrung vorweisen zu können. Die weltweite Einsatzbereitschaft, totale

---

[187] Vgl. u. a. Elliot Jaques, kanadischer Psychoanalytiker und Consultant, der dieses Phänomen der Zäsuren im Life-Cycle jahrzehntelang evaluierte und beschrieb. Er wies eindringlich darauf hin, dass unbeachtete Midlife-Crisis zu schwerwiegenden Folgen wie Übersprungshandlungen oder Depressionen führen können.

[188] Abraham Maslow konnte 1943 zeigen, dass sich der Mensch, wenn seine zum Überleben wichtigen Grundbedürfnisse gesichert sind, um das Thema Selbstverwirklichung kümmert und dass damit häufig die Frage nach dem „Sinn" des eigenen Tuns und Daseins einhergeht. „Die Maslowsche Bedürfnispyramide beruht auf einem (...) Modell zur Beschreibung der Motivationen von Menschen. Die menschlichen Bedürfnisse bilden die ‚Stufen' der Pyramide (physiologische Grundbedürfnisse, Sicherheit, soziale Beziehungen, soziale Anerkennung, Selbstverwirklichung) und bauen dieser eindimensionalen Theorie gemäß aufeinander auf. Der Mensch versucht demnach zuerst, die Bedürfnisse der niedrigen Stufen zu befriedigen, bevor die nächsten Stufen Bedeutung erlangen." zitiert nach: Wikipedia.

Flexibilität und geringe Ansprüche signalisieren. Wer sich selbst so unter Druck setzt, der gehört zu den Kandidaten, die eines Tages Hilfe brauchen."[189]

Die negativen Folgen von chronischem Stress im Zusammenhang mit Arbeit sind nicht nur für den Einzelnen eine Herausforderung, sie mindern insgesamt die Energie von Unternehmen und kosten die Gesellschaft viel Geld: Seelische Störungen sind heute bereits die vierthäufigste Krankheitsursache. 2009 waren sie Ursache für 8,6 Prozent der Krankheitstage. In den vergangenen zwölf Jahren stiegen die Fehlzeiten aufgrund psychischer Erkrankungen um fast 80 Prozent an. Depressionen und seelische Störungen sind die Gründe für einen jährlichen wirtschaftlichen Schaden von 26,7 Milliarden Euro, sie sind inzwischen auch die Ursache für jede dritte Frühverrentung.[190] Das Phänomen des Burn-outs und seine Folgen werden zunehmend auch in den übergreifenden allgemeinen Medien thematisiert. Ob Focus, Spiegel oder Die Zeit – im Jahr 2011 brachten sie alle Sonderausgaben und fundierte Berichte zum Thema Überforderung, beruflicher Stress und Sinnkrisen.

Auch ohne Arbeit zu sein, macht krank: Der Krankenstand bei den Erwerbstätigen liegt bei 4,4 Prozent, bei den Beziehern von Arbeitslosengeld I bereits bei 7,9 Prozent und bei den Beziehern von Arbeitslosengeld II sogar bei 10,9 Prozent. Auch der Bedarf an Antidepressiva ist in dieser Gruppe deutlich höher als innerhalb der arbeitenden Bevölkerung. Während 5 Prozent der arbeitenden Männer und etwa 10 Prozent der arbeitenden Frauen Antidepressiva einnehmen, sind es bei den arbeitslosen Männern mehr als 15 Prozent und bei den arbeitslosen Frauen sogar knapp 30 Prozent.[191]

Weiterhin spielen die wachsende soziale Schere und Parallelgesellschaften eine Rolle: Die Finanzkrise der letzten Jahre hat die sozialen Abstiegsängste in Deutschland noch einmal erheblich verstärkt. Immer mehr Menschen sind davon überzeugt, dass wir uns Gerechtigkeit, Solidarität und Fairness für alle nicht länger leisten können. Solange die Grund- und Existenzbedürfnisse nicht gesichert sind, ist das Sicherheitsbedürfnis hoch. Menschen ziehen sich zurück und kreatives unternehmerisches Denken sowie das Thema Selbstverwirklichung finden bei den allermeisten Menschen keinen Platz. Das gesellschaftliche Haifischbecken spiegelt sich auch darin, dass 60,4 % aller Deutschen glauben, man könne in Krisenzeiten nicht auf Fairness durch andere zählen und 56,7 % sind der Ansicht, dass Bemühungen um Gerechtigkeit in diesen Zeiten nicht erfolgreich sind.[192]

Die Einkommenskluft nimmt zu: Die Zahl der Deutschen, die weniger als 70 Prozent des mittleren Einkommens zur Verfügung hat, stieg von 18 Prozent im

---

[189] Der Spiegel 30/2011, Neustart – Wege aus der Burnout Falle und Spiegel Online: Dauerstress und Burnout-Gefahr „Wir erleben eine Entsinnlichung".

[190] Wissenschaftliches Institut der AOK: Fehlzeitenreport 2010, www.wido.de/fzr_2010.html

[191] DGB, 2010.

[192] Studie „Deutsche Zustände" von Wilhelm Heitmeyer, Institut für Interdisziplinäre Konflikt- und Gewaltforschung an der Universität Bielefeld 2010.

Jahr 2000 auf fast 22 Prozent im Jahr 2009. Die Gruppe der Wohlhabenden, die mehr als 150 Prozent des mittleren Einkommens zur Verfügung haben, wuchs von 16 Prozent im Jahr 2000 auf 19 Prozent im Jahr 2008. „Gerade bei den mittleren Schichten, deren Status sich auf Einkommen und nicht auf Besitz gründet, besteht eine große Sensibilität für Entwicklungen, die diesen Status bedrohen", so das Deutsche Institut für Wirtschaftsforschung.[193]

Die Neurowissenschaft hat jüngst erkannt, dass das Gefühl von Fairness ein ausschlaggebender Faktor für Engagement und Kooperation ist,[194] was ein wesentlicher Grund für die hohe Sensibilität gegenüber unfairen Bedingungen oder unfairem Verhalten sein kann. Dies ist eine signifikante Erkenntnis der Wissenschaft, deren Transfer in die reale Welt noch auf sich warten lässt. Eine konsequente Implementierung dieser Erkenntnis könnte allerdings große Auswirkungen auf das Engagement innerhalb von Unternehmen haben.

Chronischer Stress, Burn-out oder Arbeitslosigkeit – die Volksleiden der modernen Gesellschaft haben viele Namen. Die WHO hat beruflichen Stress zu einer der größten Gefahren des 21. Jahrhunderts erklärt. Bis 2030 könnte die Depression die wichtigste Ursache von Krankheitsbelastungen sein – in reichen Ländern ist sie es bereits. Beruflicher Stress trifft alle Berufskategorien. Prominent berichtet wird allerdings in der Regel über die gehobenen und mittleren Managementpositionen sowie über die Beratungsbranche. In der Praxis der Unternehmensberatung kann man diesen Trend bestätigen. Viele Führungskräfte und Mitarbeiter ab dem mittleren Management leiden stark unter lang anhaltendem Stress und mannigfaltigen Überlastungen. Sehr häufig findet man Fachleute und Manager, die zwei bis drei Funktionen ausfüllen – zunächst zeitbefristet geplant – und deren Gesundheit und Privatleben massiv in Mitleidenschaft gezogen sind. Wege aus diesem Dilemma gäbe es, aber auch für die kreative Planung von Alternativen benötigt man einen freien Kopf und Zeit. Und selbstverständlich befinden sich die meisten Arbeitnehmer in einer Situation, aus der heraus sie nicht völlig unabhängig entscheiden können, sei es, weil das Haus abbezahlt werden muss, die Kinder unterhalten werden müssen, die äußere Stabilität fehlt etc.

Die Folgen von beruflichem Stress sind kostenintensiv für das Gesundheitssystem, für die Unternehmen lähmend und für den Einzelnen demotivierend: „Viele Leute sehen ihren Sinn im Leben nur noch monostrukturiert. Wenn ich bei Vorstellungsgesprächen dabei bin, frage ich die Bewerber manchmal, was sie zuletzt im Theater gesehen haben, welches Buch sie lesen oder ob sie sich sozial engagieren. Oft lautet die Antwort: Keine Zeit. Ästhetische Anreize erhöhen aber die Kreativität, diese Selbstregulierungsfähigkeit schwindet bei vielen. Die Leute müssen einfach wieder lernen, dass ihr Zugang zur Welt nicht allein das Internet ist, sondern die Summe ihrer fünf Sinne: sehen, hören, riechen, schmecken, tasten. Wir

---

[193] DIW Deutsches Institut für Wirtschaftsforschung, 2010.
[194] Elger, C.: NeuroLeadership, Haufe Verlag, 2010.

erleben eine Entsinnlichung und müssen zurück zur Achtsamkeit. Das fördert psychische Gesundheit" so Engholm weiter in dem bereits zitierten Interview.

Chronischer Stress, Burn-out oder Arbeitslosigkeit erzeugen also gleichermaßen Stress und betreffen weite Teile der arbeitenden Bevölkerung in ganz unterschiedlichen Situationen – und sie sind äußerst wirksame Sinnvernichter. Warum aber treffen wir doch immer wieder auf Menschen, die in scheinbar ähnlichen Situationen ihre Arbeits- und Lebensbedingungen ganz anders wahrnehmen und ausgestalten?

1.3 Faktoren, die Sinn und Engagement begründen

Sie kennen inzwischen die „wirkungsvollsten" Vernichter von Engagement und Sinn. Im Zentrum dieses Abschnitts stehen nun die Faktoren, die Sinn und damit Engagement steigern.

Wer sich über einen längeren Zeitraum in verschiedenen Unternehmen bewegt und mit den unterschiedlichsten Führungskräften, Mitarbeitern oder Experten des mittleren und oberen Managements zusammenarbeitet, dem wird der folgende Eindruck bekannt vorkommen: In jeder Gruppe von Menschen gibt es eine kleine Anzahl von Leuten, die – anders als die Mehrheit – Veränderungen nicht als Einschränkung empfinden, obwohl für alle sehr ähnlichen Rahmenbedingungen herrschen. Sie fokussieren sich stattdessen auf die vorhandenen bzw. neu entstehenden Möglichkeiten und entwickeln neue Wege – fast immer mit Erfolg.

Diese Menschen fühlen sich in den teils sehr schnellen Unternehmensumgebungen in der Regel auch weniger gestresst und ausgeliefert. Bei massiven Einschnitten ins Budget, bei Restriktionen innerhalb einer Restrukturierung oder bei eingeschränkten Möglichkeiten, die Unternehmensstrategie zu beeinflussen, reagieren Menschen mit sehr unterschiedlichem Frustrationslevel. Selbstverständlich bewegen wir uns hier in komplexen Zusammenhängen und es gibt vielfältige individuelle Randbedingungen. Dennoch zieht sich dieses Bild durch die Coaching- und Beratungspraxis der Executive Consultants (Personen, die auf höchster Führungsebene beratend tätig sind). Und internationale Analysen bestätigen diesen vielleicht subjektiv anmutenden Eindruck:[195] In Deutschland haben beispielsweise nur 13 % aller Arbeitnehmer eine hohe emotionale Bindung zu ihrem Beruf und engagieren sich stark mit einem Gefühl von Selbstbestimmung. Sind das glückliche Einzelfälle und eine optimale psychische Disposition? Sicher nicht, aber welche Einflussfaktoren führen zu der oben beschriebenen positiven Wahrnehmung und dem Gefühl von Gestaltungsfähigkeit in der Arbeitswelt?

Will man mit hoch motivierten und engagierten Mitarbeitern zusammenarbeiten, so kommt man nicht umhin, sich mit den wesentlichen Faktoren, die Engagement, Energie und Bindung erzeugen, tief gehender zu befassen.

---

[195] Gallup GmbH Studie: „Engagement Index Deutschland 2010". Repräsentative Studie für die Arbeitnehmerschaft in Deutschland ab 18 Jahre, 2011.

Es gibt verschiedenen Kategorien von Sinn und Engagement erzeugenden Faktoren, die miteinander in Wechselwirkung stehen:

- Faktoren der inneren Disposition
- Äußere beeinflussbare Faktoren
- Äußere nicht beeinflussbare Faktoren

Um uns der Frage nach der Entstehung von echtem inneren Engagement, von Mitarbeiterbindung und -zufriedenheit substanziell zu nähern, kombinieren wir im folgenden zwei anerkannte Rahmenmodelle zu einem neuen Gesamtbild.

Das erste Modell fasst die notwendigen inneren und persönlichen Rahmenbedingungen, die Engagement fördern, zusammen. Selbstverständlich werden diese inneren Faktoren aber bis zu einem bestimmten Grad von den äußeren Rahmenbedingungen, die das Unternehmen und die Führungskraft setzen, beeinflusst. Das zweite Modell fasst, basierend auf Forschungen des global agierenden Unternehmens Aon Hewitt, die äußeren Faktoren, die Engagement fördern, zusammen. Wir haben im Rahmen unserer praktischen Arbeit diese beiden Modelle miteinander kombiniert und was sich in unserer jahrelangen Praxis bewährt hat, bestätigt inzwischen auch die Forschung: die Wirksamkeit dieser Kombination beider Modelle.

Die folgende Grafik veranschaulicht, welche Faktoren der inneren Disposition Engagement begründen:

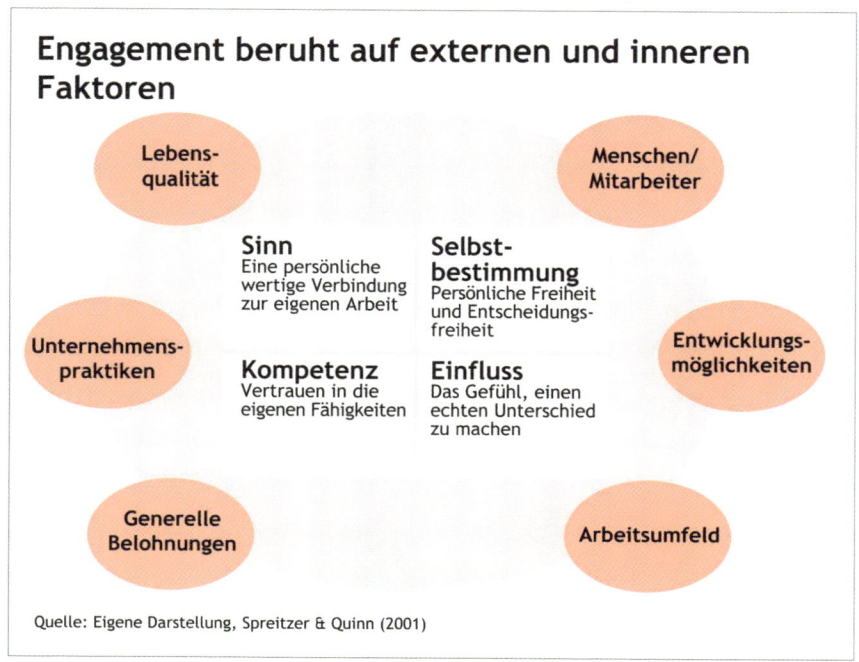

Abb. 16: Diese Faktoren begründen Engagement

In der Fachwelt spricht man im Zusammenhang mit den Faktoren der inneren Disposition von vier Dimensionen,[196] die zu echtem Engagement führen. Sie müssen als Ausgangsbedingung vorhanden sein, wenn Menschen in der Arbeitswelt echtes inneres Engagement für etwas entwickeln sollen. Erwiesenermaßen erhöhen sich der persönliche Einsatz, der freiwillige Energieaufwand und die Bindung von Menschen für bzw. an ein Anliegen, ein Projekt, ein Unternehmen, wenn folgende Faktoren gegeben sind:

- Kompetenz beschreibt das Vertrauen in und den Glauben an die eigenen Fähigkeiten, das Wissen, dass man eine Aufgabe gut und mit eigenen Mitteln erfolgreich erledigen kann, ohne davon überfordert zu sein.
- Selbstbestimmung beschreibt hier das individuelle Gefühl eine (Aus-)Wahl zu haben: die Wahl, wann und in welcher Form man seine Aktivitäten anstößt, was genau man veranlasst bzw. durchführt und wie man diese steuert. Selbstbestimmung bedeutet also, die Möglichkeit zu haben, Entscheidungen über Methode, Gangart, Kapazität und Aufwand hinsichtlich seiner Arbeit zu treffen.
- Einfluss bezieht sich auf das individuell gefühlte Ausmaß der Möglichkeiten zur echten Einflussnahme, also auf den Grad, zu dem man seine strategischen, operativen oder administrativen Ergebnisse wirklich beeinflussen kann. Einfluss ist hier nicht als hierarchische Kontrollmöglichkeit gemeint, sondern bezieht sich auf die Möglichkeiten, im eigenen Arbeitskontext gestalten zu können.
- Sinn meint hier den Wert eines Zieles, einer Zweckbestimmung oder der Inhalte einer Arbeit oder Aktivität, bewertet nach den individuellen Idealen und Standards eines Menschen. Im Arbeitskontext bezieht sich Sinn auch darauf, inwieweit die Erfordernisse einer bestimmten Rolle mit den eigenen Werten und Glaubenssätzen zusammenpassen.

Fehlt eine dieser vier innerlich wahrgenommenen Möglichkeiten, senkt sich der Grad des Engagements.[197]

Menschen, die selbstbestimmt arbeiten können, nutzen ihre Möglichkeiten und solche, die dies mit einem hohen eigenen Kompetenzniveau verbinden können, bewegen sich sicher in vielen Unternehmen in den High-Performer-Kreisen. Jene, die dabei auch noch ein größeres Ziel vor Augen haben, das für sie Sinn macht, erreichen mit Leichtigkeit ein noch höheres Niveau.

Wenn wir etwas wirklich aus einer inneren Verpflichtung heraus tun und nicht aus bloßem Pflichtgefühl, entsteht Engagement. Dies führt automatisch zu Bindung

---

[196] Bspw.: Spreitzer, G.: Psychological Empowerment in the Workplace: Dimensions, Measurement And Validaton, University of Southern California, Academy of Management Journal, Vol. 38, No. 5., 1995.
[197] Quinn, R., Spreitzer, G., und Brown, M.: Changing others through changing ourselves: The transformation of human systems. Journal of Management Inquiry, 9(2), 2000. Macey, W., Schneider, B.: The Meaning of Employee Engagement, Industrial and Organizational Psychology, 1, 2008, 3–30.

und die Sache wird zu unserer eigenen. Wie werden von Bedürfnissen geleitet, die mit höheren Motiven verknüpft sind als lediglich mit persönlichen Beweggründen. Diese inneren sehr bindungsstarken Faktoren stehen in Wechselwirkung mit einer Reihe von äußeren Faktoren. Die folgende Abbildung zeigt diese extrinsischen Treiber von Engagement und Motivation:

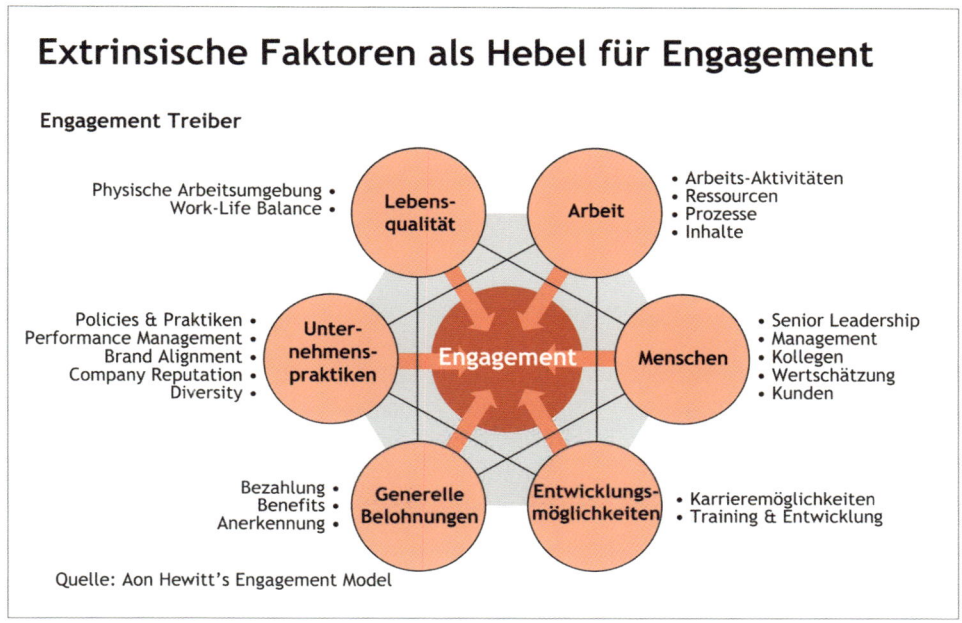

Abb. 17: Extrinsische Faktoren, die Engagement begründen

Zu den vom Mitarbeiter beeinflussbaren in der Grafik abgebildeten Dimensionen gehören Teile der Bereiche Arbeit, Teile des Bereichs Entwicklungsmöglichkeiten und ihre Beziehungen zu Kollegen und Kunden (Menschen). Der persönliche Einfluss variiert stark je nach Persönlichkeit, Unternehmenskultur und ist zu einem hohen Grad von der Führungskraft abhängig. Persönliche Qualitäten, wie z. B. Selbstvertrauen oder Hartnäckigkeit, können durchaus dazu führen, dass Einzelne einige Teile ihrer Arbeit (z. B. Abläufe, Inhalte) oder ihres Umfeldes (z. B. Kollegen-, Kundenbeziehungen) stärker beeinflussen können als andere und sich dadurch subjektiv zufriedener fühlen.

Unabhängig von Einzelstärken hängt die Zufriedenheit der Mitarbeiter, der Grad ihres proaktiven Engagements und ihr unternehmerisches Handeln aber generell stark davon ab, wie groß die Möglichkeit zur Einflussnahme und zum selbstbestimmten Handeln ist – und dies kann das Unternehmen, das Personalmanagement und vor allem die Führung nachhaltig durch entsprechende Strukturen und Kultur beeinflussen.

Führungskräfte können für ihre Mitarbeiter und Teams das Arbeitsumfeld (Lebensqualität, Entwicklungsmöglichkeiten), die Arbeitsinhalte und -prozesse (Arbeit) und bis zu einem gewissen Grad die generellen Be- und Entlohnungen sowie die Unternehmenskultur und den Umgang miteinander am Arbeitsplatz (Menschen) sehr entscheidend gestalten. Hier kann man mit kleinen Interventionen sehr viel bewirken und die Zufriedenheit und Mitarbeiterbindung deutlich erhöhen.

Für Führungskräfte und Personaler, die an Engagement, Entrepreneurship und Mitarbeiterbindung arbeiten oder dies zumindest planen, ist es wichtig, die beiden Grafiken 16 und 17 aus zwei Perspektiven zu lesen: zum einen aus der persönlichen Perspektive und zum anderen aus der Perspektive der Mitarbeiter.
Evaluieren Sie im ersten Schritt für sich persönlich zuerst die inneren Faktoren und dann die externen Faktoren. Inwieweit treffen diese für Ihren persönlichen Einflussbereich zu? Inwieweit haben Sie das Gefühl, dass diese für Sie – zu einem genügenden Grad – erfüllt sind?
Im zweiten Schritt überlegen Sie, zu welchem Grad diese Faktoren für Ihre Mitarbeiter erfüllt sind und was Sie aktiv tun können, um ggf. den Erfüllungsgrad zu erhöhen. Bedenken Sie dabei, dass Ihre Mitarbeiter unterschiedliche Werte und Vorlieben haben und dass „genügend" für jeden Mitarbeiter etwas anderes bedeutet. Ein hohes Maß an Gestaltungsfreiheit ist beispielsweise für den einen unabdingbar, während es für den anderen ein negativer Stressfaktor ist.[198]

Was bereits in der Einleitung dieses Buchs beschrieben wurde, haben internationale Analysen und vielfache Evaluationen bestätigt: Die breite Masse der Arbeitnehmer ist mittelmäßig bis gar nicht engagiert. So entsteht in den Unternehmen täglich ein beträchtlicher betriebswirtschaftlicher Schaden durch ungenutztes Potenzial. Diese Seite des Themas Engagement wird seit Jahren erforscht und die Ergebnisse sprechen für sich. Status quo in deutschen Büros und Fabrikhallen ist beispielsweise, dass von 100 Beschäftigten in einem durchschnittlichen Unternehmen:[199]

* 13 Personen eine hohe emotionale Bindung zum Arbeitsplatz haben,
* 66 Personen eine mittlere emotionale Bindung zum Arbeitsplatz haben,
* 21 Personen eine geringe emotionale Bindung zum Arbeitsplatz haben.

Dies bedeutet hochgerechnet auf die gesamte deutsche erwerbstätige Bevölkerung im Jahr 2010:

* 4,374 Millionen Personen mit hoher emotionaler Bindung,
* 22,204 Millionen Personen mit mittlerer emotionaler Bindung,
* 7,065 Millionen Personen mit geringer emotionaler Bindung.

---

[198] Eine genauere Anleitung zur Evaluation der Engagement Faktoren findet sich im Schlussteil des Buches.
[199] Gallup GmbH Studie: „Engagement Index Deutschland 2010". Repräsentative Studie für die Arbeitnehmerschaft in Deutschland ab 18 Jahre, 2011.

Die volkswirtschaftlichen Kosten von innerer Kündigung belaufen sich auf eine Summe zwischen 121,8 und 125,7 Milliarden Euro jährlich.[200] Zum Vergleich: Dies entspricht 19 Mal dem Etat für „Familie" oder 11 Mal dem Etat für „Bildung und Forschung" im Bundeshaushalt 2011.

Der entstehende Schaden ist beträchtlich und zeigt sich auf vielfältige Weise:

- Es gibt einen höheren Grad an Fehlzeiten,
- es werden kaum eigene Ideen eingebracht bzw. implementiert,
- Aufgaben außer der Reihe werden nicht übernommen,
- es fehlt an zusätzlichem Einsatz beim Erledigen eigener Aufgaben.

Die Sinnvernichter sind viel beschrieben. Ganz oben auf der Skala stehen

- chronischer Stress,
- ein Nichtbeachten der Mitarbeiter,
- Mitarbeiter gehen in der Masse unter,
- das eigene Streben wird als vergeblich wahrgenommen und
- ein übertriebenes Maß an extrinsischer Motivation.

Sinn ist ein „added value" der besonderen Art. Im Zentrum stehen hier die Fragen nach dem Mehrwert und dem Zweck des unternehmerischen Handelns – auf individueller Ebene ebenso wie auf der Ebene der Organisation.

Jeder Einzelne ist für sich selbst verantwortlich. Zugleich sind aber insbesondere die Personalverantwortlichen und Führungskräfte in der Pflicht, den Boden zu bereiten, auf dem sich Mitarbeitende und Teams entwickeln können. Dazu gehören eben neben der Vergütung vor allem die Sinn und Engagement stiftenden Faktoren, die das Arbeiten produktiver machen und die vor allem dazu führen, dass die Mitarbeiter ihre Aufgaben mit mehr Energie erfüllen. Managementguru Benjamin Zander rät diesbezüglich: „Eine Führungskraft könnte die Mitarbeiter fragen, was könnte die Dinge hier bedeutsamer für Dich machen? Wirklich einfach, denk mal darüber nach, wie oft so etwas gefragt wird?"[201] und er zielt hiermit ins Herz des Engagements, in das persönliche Streben nach Sinnmaximierung, das alle Menschen antreibt.

Sich mit dem Thema Engagement im Unternehmenskontext zu befassen ist also sinnvoll – für das Individuum, für die Führung und vor allem für die Human-Resources-Abteilungen und ihre Konzepte zum Personalmanagement.

Wer Engagement fordert, muss auch etwas geben, damit Bindungskräfte auf psychologischer Basis entstehen können. Engagement entsteht durch Sinnmaximierung für den Einzelnen im Gesamtkontext.

---

[200] Gallup GmbH Studie: „Engagement Index Deutschland 2010", 2011.
[201] Drent, F., Volton, V. und Rabbetts, J.: Motivation and employee engagement in the 21ts century, in: global focus 04 v. Februar 2010, S. 32.

2 Sinn, Motivation, Emotion – die Erfolgsklaviatur des Personalmanagements

Es war Nobelpreisträger Rudolf Eucken, der schon 1908 den „Sinn" des Handlungsziels zum Qualitätsmerkmal von Geschichte, Leben und Welt erhob.[202] Nicht mehr das Handlungsziel selbst, sondern der allen Zielen übergeordnete Sinn trat bei Eucken mit ganz neuem Schwergewicht auf. Der ganze Widerspruch seiner zeitgenössischen Fachkollegen (allen voran Siegmund Freud) blieb erfolglos. Die Zustimmung zu seinem Werk war so enorm, dass es in alle großen Weltsprachen übersetzt wurde. Für sein Buch „Sinn und Wert des Lebens" bekam er 1908 den Nobelpreis für Literatur.

Der Welterfolg seines Buchs spiegelte die gesellschaftliche Stimmung der frühen 1900er Jahre wider. Starre, bisher wie Tatsachen betrachtete soziale bzw. gesellschaftliche „Gerüste" brachen langsam auf, z. B. im Bereich Gesundheit, Bildung oder soziale Stellung. Die bei den Menschen entstehende Gewissheit, unverwechselbar zu sein und mehr Verfügungsmacht über das eigene Leben zu haben, erzeugte für einige Zeit eine Aufbruchstimmung, in der das Verlangen nach Sinn ein großes Thema war. Die geschichtlichen Ereignisse im 20. Jahrhundert machten den Glauben an einen übergeordneten Lebenssinn mit zwei Weltkriegen schnell wieder zunichte. So verlagerte sich das Sinnverlangen in überschaubare Systeme wie Familie, Freundeskreis, Freizeit, Beruf.

Sinn scheint ein „added value" der besonderen Art zu sein. Im Zentrum der Sinnhaftigkeit stehen die Fragen nach dem Mehrwert der Existenz. Sinn ist Qualitätsmerkmal des und Bindungsglied zum eigenen Handeln in den unterschiedlichen Lebensbereichen. Sinn gibt dem eigenen Tun eine Bedeutung und ist das Gegenmittel zur oft gefühlten Vergeblichkeit und zur Bedeutungslosigkeit des eigenen Handelns im komplexen Unternehmens- und im Lebenskontext.

So zielt der Hebel „Sinnmaximierung" also auf die breite Masse der mittel bis wenig engagiert arbeitenden Bevölkerung. „Erfolgreiche Unternehmen und erfolgreiche Menschen zeigen uns (...): Wer mehr erreicht als andere, hat ein entschiedeneres Sinnbewusstsein. Schon die höhere Leistung wäre nicht möglich, ohne die Gewissheit, dass dabei Sinn freigesetzt wird (...). Wer den Sinnhunger der Menschen stillen kann, erhält als Gegengabe überdurchschnittliche Leistungen"[203]

Pioniere dieses unternehmerischen Prinzips finden sich durchaus: „Unser Unternehmen folgt der Maxime, Sinnvolles für Mensch und Erde zu leisten. Wir wollen unseren Mitarbeitern möglichst viel Raum für Eigeninitiative geben. Jeder soll sich in der Arbeitsgemeinschaft entwickeln können und eine Arbeit tun, die für ihn Sinn

---

[202] Rudolf Eucken erhielt 1908 den Nobelpreis für Literatur „auf Grund des ernsten Suchens nach Wahrheit, der durchdringenden Gedankenkraft und des Weitblicks, der Wärme und Kraft der Darstellung, womit er in zahlreichen Arbeiten eine ideale Weltanschauung vertreten und entwickelt hat". www.nobelprize.org

[203] Höhler, G.: Die Sinn-Macher, Ullstein, Berlin 2006.

macht" sagte Götz Rehn, Gründer und Geschäftsführer der Handelskette Alnatura, kürzlich auf die Frage, nach welchen Prinzipien er sein Unternehmen führt.[204]

Beleuchtet man die Bedeutung des Wortes „Sinn", stößt man auf verschiedene Bedeutungsebenen. Etwas macht Sinn, es bringt also etwas, führt zu einem Ziel, eine Investition ist sinnvoll, so wie eine Sicherheitsmaßnahme oder eine Strategie, soweit zumindest die Theorie. Spätestens dann, wenn man mit Menschen über die tiefere Bedeutung von „Sinn" spricht, kommen jedoch viele weitere Ebenen dazu, die nicht so leicht zu fassen und zu beschreiben sind. Danach „sucht der Mensch nach Sinn", fragt nach dem „Sinn des Lebens" und nennt als Dinge, die Sinn machen, Themen wie „Glück", „gut und gesund leben", „Familie gründen" oder „etwas Gutes für die Gesellschaft tun".

Plötzlich ist aus dem Acker, in dem die Saat aufgehen soll, ein immenses Areal geworden – und eines ist offensichtlich: Die Suche nach Sinn scheint ein Grundbedürfnis des Menschen zu sein und hat etwas mit Wohlbefinden zu tun.

Die eigene Biografie des Menschen ist Dreh- und Angelpunkt dieser Sinnsuche, seine persönlichen Motive sind der Motor. Im folgenden Abschnitt erfahren Sie, wie Sinn und Motivation zusammenhängen.

2.1 Was Sinn mit Motivation zu tun hat

Ist die Anweisung meines Chefs sinnvoll? Wie viele Male am Tag bleibt diese Frage unbeantwortet[205]! Die Frage nach dem Sinn begleitet – wenn auch oft unbewusst – den Arbeitsalltag. Die Führungskraft selbst, so wird zumindest vermutet, kennt den Sinn der Aufgabe wahrscheinlich. Gerade in Großkonzernen oder in großen mittelständischen Betrieben, wo dezentrale Strukturen herrschen und vieles „ferngesteuert" beim Einzelnen ankommt, ist die Antwort auf diese Frage nach dem Sinn einer Aufgabe oft ein Schulterzucken: Irgendwo wird schon jemand sitzen, der den Sinn der Anweisung kennt.

Die Einflussfaktoren auf das Engagement und die weltweiten Zahlen zum Grad des Engagements am Arbeitsplatz sprechen eine klare Sprache: Sinn ist der eigentliche added value im Führungsprozess, er verbindet Teams, Abteilungen, Unternehmen in der Gewissheit, dass sie für höhere Ziele als lediglich für den Profit arbeiten. Wer also mehr will als Arbeitskräfte und Prozesse zu managen, der sollte das Sperrgebiet dieses added value betreten – denn Sinnhaftigkeit im eigenen Handeln zu sehen, ist der stärkste Motivator des Einzelnen für mehr Energieeinsatz und eine freiwillige proaktive Leistung.

---

[204] Frankfurter Allgemeine Zeitung, 22.06.2011. Alnatura wächst seit Gründung 1984 jährlich und auch im derzeit stagnierenden Markt erzielte die Biomarke 2010 eine Umsatzsteigerung.

[205] Die Begriffe „Unsinn, Blödsinn, Schwachsinn ..." sind häufig spontane Reaktionen. Sie sind somit erste Indikatoren von kommunikativen Unklarheiten über den wirklichen Sinn z. B. einer Anweisung oder sie sind gar eine inhaltliche Aussage zum tatsächlichen Sinngehalt.

Der Begriff Motivation hat im psychologischen Sinne eine andere Bedeutung als in der Umgangssprache. Während die meisten Menschen Motivation mit der Bereitschaft zur Leistungserbringung verknüpfen, also positiv belegen, ist der Begriff für die Psychologie zunächst einmal neutral: Der psychologische Motivationsbegriff steht für einen Drang zu Aktivität, ob sie nun nützlich ist oder nicht. Hohe Motivation ist daher weder gut noch schlecht und enthält im fachlichen Sprachgebrauch keine Bewertung.

Gemäß der Psychologie sind Motive angeborene psychophysische Dispositionen, die ihren Besitzer befähigen, bestimmte Dinge wahrzunehmen und durch diese Wahrnehmung eine emotionale Erregung zu erleben, daraufhin in bestimmter Weise zu handeln oder wenigstens den Impuls zur Handlung zu verspüren. Motivation nennt man dabei den Zustand des Motiviertseins. Motive sind der richtunggebende, leitende, antreibende seelische Hinter- und Bestimmungsgrund menschlichen Handelns, sodass Motivationsvariablen neben den Bedingungen, die dazu führen, dass Menschen reagieren, die wichtigsten Verhaltensdeterminanten sind.

Emotionen spielen bei Motiven eine wichtige Rolle, denn Lebewesen wiederholen Handlungen, bei denen sie Lust empfunden haben, und vermeiden solche, bei denen Unlust auftritt. Auch Kognitionen spielen insofern eine Rolle, als sie über wahrgenommene Realisierungschancen des angestrebten Ziels ebenfalls das Verhalten beeinflussen. Menschen lassen sich also nicht ausschließlich von Motiven leiten, sondern „rechnen" fördernde und hemmende Umstände mit ein. Die Intensität eines Motivs in einem konkreten Einzelfall setzt sich also über eine Grundmotivation hinaus aus zwei weiteren Faktoren zusammen: Den Erfolgsaussichten, das angestrebte Ziel zu erreichen, und dem subjektiven Wert eines Ziels. Vier Merkmale kennzeichnen daher das Phänomen Motivation:

1. Die Aktivierung: Motivation ist immer ein Prozess, bei dem Bewegung entsteht.
2. Die Richtung: Die Aktivität wird stets auf ein bestimmtes Ziel hin gesteuert und bleibt in der Regel so lange bestehen, bis dieses Ziel erreicht ist oder bis ein anderes Motiv vorrangig ist.
3. Die Intensität: Je nach Persönlichkeit oder Ausgangslage wird die Aktivität mehr oder weniger stark, kräftig oder gründlich ausgeführt.
4. Die Ausdauer: Zielstrebiges Verhalten kann mehr oder weniger Beständigkeit aufweisen. Im Idealfall wird die Aktivität auch dann aufrechterhalten, wenn sich Schwierigkeiten ergeben.

Ein einfaches Beispiel verdeutlicht dieses System: Ein Leser einer populärwissenschaftlichen Fachzeitschrift erfährt über eine Anzeige in dem Magazin, dass er, wenn er drei neue Abonnenten findet, eine sonst im Handel nicht erhältliche Uhr einer Sonderedition geschenkt bekommt, die er schon immer haben wollte. Er ist sofort aktiviert und beginnt zielgerichtet damit, seinen Freundes- und Bekanntenkreis anzusprechen. Die Intensität seiner Überzeugungsarbeit ist hoch, da er das Ziel unbedingt erreichen möchte. Allerdings ist das Thema der Fachzeitschrift nur schwer zu vermitteln, sodass er eine ausgeprägte Ausdauer benötigt, um sein Ziel zu erreichen. Stimmen jedoch alle Parameter, wird er es schaffen.

Es gibt unterschiedlichste Arten von Motiven. Dazu ein paar Beispiele:

- Ehrgeiz: Er kann als die menschliche Neigung definiert werden, Hindernisse zu überwinden, und zwar so schnell und so gut wie möglich.
- Machtstreben: Jeder Mensch hat grundsätzlich den Wunsch, Kontrolle über seine Umgebung auszuüben, einschließlich des Verhaltens seiner Mitmenschen. Das Gegenteil dazu ist in der Regel die Hilflosigkeit, die man angesichts nicht beeinflussbarer Umstände erlebt.
- Soziale Bedürfnisse: Menschen haben grundsätzlich ein Bedürfnis nach sozialen Beziehungen zu anderen Menschen.
- Neugier: Menschen neigen dazu, ihre Umgebung zu erforschen und Unbekanntes in Erfahrung zu bringen – sie sind neugierig.

Alle Motive sind grundsätzlich in jedem Menschen vorhanden, ihre Ausprägung ist aber von Person zu Person verschieden und zählt zu den Persönlichkeitsmerkmalen. Insofern ist diese für jeden Menschen typische individuelle Ausprägung der unterschiedlichen Motive weitgehend dauerhaft und stabil.

Der amerikanische Verhaltensforscher Steven Reiss[206] definierte, basierend auf breiten interkulturellen empirischen Erhebungen, sechzehn Lebensmotive. Diese Lebensmotive bestimmen das menschliche Verhalten und werden um ihrer selbst willen ausgeführt. Jeder Mensch entwickelt in der Kindheit nach Reiss ein individuelles „Motivationsprofil", durch das er sich von anderen unterscheidet.[207] Die von Reiss herausgearbeiteten „Lebensmotive" sind hier vor allem im Hinblick auf die Frage nach Sinn und Zufriedenheit interessant:

Macht: Streben nach Erfolg, Leistung, Führung und Einfluss

Unabhängigkeit: Streben nach Freiheit, Selbstgenügsamkeit und Autarkie

Neugier: Streben nach Wissen und Wahrheit

Anerkennung: Streben nach sozialer Akzeptanz, Zugehörigkeit und positivem Selbstwert

Ordnung: Streben nach Stabilität, Klarheit und guter Organisation

Sparen: Streben nach der Anhäufung von materiellen Gütern und Eigentum

Ehre: Streben nach Loyalität und moralischer, charakterlicher Integrität

Idealismus: Streben nach sozialer Gerechtigkeit und Fairness

---

[206] Reiss, S.: Who am I? The 16 Basic Desires That Motivate our Actions and Define our Personalities, New York, 2000.

[207] Reiss, S.: Multifaceted Nature of Intrinsic Motivation: The Theory of the 16 Basic Desires, in: Review of General Psychology, Vol 8, No.3, 2004.

Beziehungen: Streben nach Freundschaft, Freude und Humor

Familie: Streben nach einem Familienleben und besonders danach, eigene Kinder zu erziehen

Status: Streben nach „social standing", nach Vermögen, Position, Titeln und öffentlicher Aufmerksamkeit

Rache: Streben nach Konkurrenz, Kampf, Aggressivität und Vergeltung

Romantik: Streben nach einem erotischen Leben, Sexualität und Schönheit

Ernährung: Streben nach Essen und Nahrung

Körperliche Aktivität: Streben nach Fitness und Bewegung

Ruhe: Streben nach Entspannung und emotionaler Sicherheit

Ein anderes bekanntes Rahmenkonzept beschreibt 21 Charaktermerkmale, „Signature Strengths", die Einfluss auf die individuellen Motive und Motivatoren eines Menschen nehmen: Der amerikanische Psychologe Martin Seligman[208] und sein Team fragten sich Ende der Neunzigerjahre des vorigen Jahrhunderts in Zusammenarbeit mit Mihály Csíkszentmihályi[209], ob es grundlegende Charaktereigenschaften gäbe, die unabhängig vom kulturellen Hintergrund beim Menschen zu finden seien.

Die Wissenschaftler entdeckten, dass in jeder Gesellschaft, ob bei den Eingeborenen in Papua-Neuguinea oder den Bürgern von New York City, sechs stark ethisch geprägte Grundtugenden hoch geschätzt werden: Weisheit, Mut, Menschlichkeit, Gerechtigkeit, Mäßigung, Transzendenz. Sie sind so grundlegend für die menschliche Natur wie der aufrechte Gang, sagen die Psychologen.

Seligman und seine Kollegen konnten im Zuge ihrer Forschungen auch drei Schlüsselkriterien benennen, von denen menschliches Glück abhängt: Engagement, Lebenssinn und Hedonismus, also das lustvolle Erleben. Am glücklichsten sind demnach jene Menschen, die ihr Leben aktiv gestalten, die Lebensfreude kultivieren und einen höheren Sinn in ihrem Dasein finden.[210] Und wieder zeigt sich, welch zentrale Bedeutung es hat, einen höheren Sinn in dem, was man tut, zu entdecken.

---

[208] Seligman, M.: Learned Optimism, New York 1990 und 1998; Martin Seligman ist Psychologieprofessor an der University of Pennsylvania und war lange Zeit Präsident der American Psychological Association. Er ist ein Pionier auf dem Feld der positiven Psychologie und Autor des Buchs „Der Glücks-Faktor: Warum Optimisten länger leben".

[209] Mihály Csíkszentmihályi ist Psychologe und ehemaliger Professor an der University of Chicago. Er hat sich in den Siebzigerjahren des vorherigen Jahrhunderts v. a. einen Namen mit seinen Forschungsergebnissen rund um das „Flow-Erleben" gemacht.

[210] Seligman, M.: Der Glücksfaktor: Warum Optimisten länger leben, Ehrenwirth, Bergisch Gladbach, 2003.

Die Ansätze von Reiss und Seligman liegen sehr nahe beieinander und unterscheiden sich nur marginal. Im Kontext dieses Buches ist es wichtig, zu sehen, wie vielfältig die unterschiedlichen Motivatoren einzelner Mitarbeiter sind und dass sie sich sehr individuell zusammensetzen. Führungskräfte und Personalmanager sind in Zukunft noch mehr als bisher gefordert, den einzelnen Mitarbeiter und dessen Motivatoren zu verstehen.

Nicht alle erwähnten Motive lassen sich direkt auf das Berufsleben transferieren – im Gegenteil, einige scheinen damit sogar im Widerspruch zu stehen – doch es gibt eine Reihe von Motiven, die für das Arbeitsleben eine Rolle spielen: Allen voran steht das Leistungsmotiv, das die Hoffnung auf Erfolg und gleichzeitig die Furcht vor Misserfolg in sich trägt. Das Anschlussmotiv betrifft die soziale Integration in eine Gruppe und die Angst vor Zurückweisung, während es beim Machtmotiv um den Wunsch nach Kontrolle beziehungsweise die Furcht vor Kontrollverlust geht. „Weichere Motive" finden gleichermaßen ihren Ausdruck in der Arbeitswelt: Der Wunsch danach, ein inneres Gleichgewicht aufrechtzuerhalten, das Bedürfnis nach Sicherheit und Vertrautheit, eine Art Familiarität, Neugier und Abwechslung sowie die Möglichkeit zur Selbstverwirklichung.

Die verschiedenen Motive, das zeigt die Erfahrung aus der Praxis, lassen sich letztendlich zu einigen wenigen Motivationstypen verdichten, die Menschen und ihr Verhalten in ihrem Arbeitsumfeld gut beschreiben:

1. Man spricht von **Leistungsmotivation**, wenn die Motivation auf das Erreichen selbst gesetzter Ziele ausgerichtet ist. Motivationstypen, bei denen das Leistungsmotiv im Vordergrund steht, erreichen Zufriedenheit, indem sie aus eigenen Kräften und mit eigenen Mitteln Einfluss auf Ergebnisse nehmen und diese dann sehen. Durch eine interessante herausfordernde Gestaltung der Arbeitsaufgabe kann die Motivation gesteigert werden, während man mit materiellen Anreizen hier weniger Leistungssteigerung erreicht. Diese Menschen sind aufgaben- und ergebnisorientiert.

2. Das **Kompetenzmotiv** äußert sich im Wunsch nach beruflicher Entfaltung, der Möglichkeit zu Kreativität und Eigeninitiative. Routinemäßige, sich wiederholende und stark eingeschränkte Tätigkeiten wirken sich negativ auf die Motivation einer kompetenzmotivierten Person aus. Motiviert fühlt sie sich, wenn durch hohe Gestaltungsfreiheit und Selbstbestimmung ihre Kompetenz bestätigt wird.

3. Das **Geselligkeitsmotiv** bezeichnet das Bedürfnis einer Person nach sozialem Anschluss und Zugehörigkeit. Menschen mit diesem Motiv sind oft hervorragende Teamplayer. Eine gute Atmosphäre und Gemeinsamkeit sind ihnen wichtiger, als persönlich im Vordergrund zu stehen.

4. Wenn Geld zum bedeutendsten Arbeitsmotiv wird, so spricht man vom **Geldmotiv**. Geld kann materielle Bedürfnisse befriedigen, repräsentiert aber vor allem oft auch emotionale Werte, wenn es als Maßstab zur Beurteilung und zum

Wert der eigenen Leistung, des Status oder gar der eigenen Person herangezogen wird.

5. Vom **Sicherheitsmotiv** spricht man, wenn dem Handeln das Bedürfnis nach Schutz vor Gefahren oder Hindernissen zugrunde liegt. Das können echte Gefahren sein oder vermeintliche Stolpersteine, die wir aufgrund von Annahmen sehen, unabhängig davon, ob diesen eine reale oder eine selbst kreierte Basis zugrunde liegt. Man unterscheidet zwischen bewussten und unbewussten Sicherheitsmotiven. Bei real lebensbedrohlichen Situationen schaltet das Stammhirn automatisch und für uns nicht steuerbar in den Flucht- oder Kampfmodus, einen menschlichen Urinstinkt. In der psychologischen Fachterminologie bezeichnet man dieses Phänomen als bewusstes Sicherheitsmotiv. Das unbewusste Sicherheitsmotiv bezeichnet eine Eigendynamik dieses Urinstinkts, der auch bei nicht lebensbedrohlichen Situationen mit etwas verminderter Kraft anspringt und die Entscheidungen eines Menschen beeinflusst. Menschen mit hohem Sicherheitsmotiv stehen Veränderungen oft mit wenig Flexibilität gegenüber. Sie vertrauen stark auf das Erhalten und Bewahren von Bekanntem.

6. Das **Status**- oder **Prestigemotiv** bezeichnet das Streben, sich von anderen Personen zu unterscheiden. Man versucht, die Erwartungen des sozialen Umfeldes, der Gesellschaft oder des Unternehmens zu erfüllen oder noch zu überbieten. Schafft man es, diese Erwartungen zu erfüllen, bringt es Ansehen, Anerkennung und Ruhm.

7. Für Menschen, die vom **Inspirationsmotiv** angetrieben werden, spielen ethische Aspekte und hohe Standards eine wichtige Rolle. Sie involvieren sich vor allem in Aufgaben, die für ihre Abteilung (bspw. Innovationsführerschaft, Reputation), ihre Organisation, ihre Kunden (Service-Exzellenz, branchenübergreifende Allianzen) oder für die Gesellschaft einen höheren Wert mit beinhalten. Die Chance, wichtige Dinge wirklich gut zu machen, Aufgaben mit einem höheren Standard als der reinen Effizienz zu verbinden, zu tun, was „richtig" ist, motiviert diese Menschen stark.

Sie kennen nun wichtige Rahmenbedingungen. Wie bauen diese aber aufeinander auf, welche Wechselwirkungen entfalten sich und was bedeutet dies im Zusammenhang mit Führung bzw. im Rahmen des Konzepts „Mitarbeiter im Mittelpunkt"?

„Organisations do not motivate people – it's people in organisations that motivate people."[211]

---

[211] Drent, F., Volton, V. und Rabbetts, J.: Motivation and employee engagement in the 21ts century, in: global focus 04 v. Februar 2010, S. 30 ff.

Zur Erinnerung: Zunächst müssen die auf Seite 136 beschriebenen „vier Dimensionen"[212] als Ausgangsbedingung vorhanden sein, damit Menschen in der Arbeitswelt echtes inneres Engagement für eine Sache entwickeln. Diese Faktoren der inneren Disposition waren

- Einfluss,
- Selbstbestimmung,
- Kompetenz,
- Sinn.

Diese vier Dimensionen bilden gewissermaßen den Rahmen, innerhalb dessen die individuellen Motivatoren, also die jeweiligen Motivationstypen wirken und dann ein individuelles, persönliches Bild der Mitarbeiter ergeben.
So kann beispielsweise der Rahmenfaktor Selbstbestimmung – also die persönliche Entscheidungsfreiheit darüber, wie ein Ziel erreicht wird – sowohl innerhalb des Motivs Prestigegewinn als auch durch den Beweis von Kompetenz oder durch die erfolgreiche Erledigung einer Aufgabe positiv erlebt werden. Wichtig ist jeweils, dass für den Mitarbeiter subjektiv genug Entscheidungsfreiheit vorhanden ist, wie er sein Ziel erreicht und wie er dabei motiviert bleibt.
Alle Motivationstypen brauchen also den Rahmen, den die vier Dimensionen zur Begründung von Engagement geben.
Anders verhält es sich hingegen mit dem Faktor Sinn, der auf zweidimensionale Weise entstehen kann: Sinnhaftigkeit erschafft sich einerseits auch auf einer sehr individuellen Ebene und kann durch verschiedene Motive katalysiert werden. Sinnhaftigkeit ist andererseits in der Regel aber auch dadurch gekennzeichnet, dass ein Streben über die eigenen egoistischen Motive hinausgeht und für ein größeres Ziel steht.
Wenn Personalmanagement und Führung in Anbetracht der gravierenden Veränderungen von Gesellschaft und Arbeitsumfeld zukünftig Sinn machen und Engagement erzeugen sollen, dann sind im Arbeitsmarkt der Zukunft ein paar Leitlinien unbedingt zu beachten. Die Arbeit aller Führungskräfte und des Human Resources Management muss sich zukünftig viel stärker am individuellen und gesellschaftlich-strategischen Kontext orientieren.

Auf der personalstrategischen Seite heißt dies:
- den für die jeweilige Mitarbeitergeneration typischen Attributen und Herausforderungen Rechnung zu tragen,
- den Generationenmix in Teams und Abteilungen bewusst zu managen,

---

[212] Spreitzer, G.: Psychological Empowerment in the Workplace: Dimensions, Measurement and Validaton, University of Southern California, Academy of Management Journal, Vol. 38, No. 5., 1995.

- für ein modulares Anreiz- und Motivationssystem zu sorgen,
- individuell und unternehmensstrategisch relevante Personalentwicklungsmaßnahmen anzubieten.

Bezogen auf den einzelnen Mitarbeiter müssen folgende Aspekte berücksichtigt werden:
- die aktuelle Lebensphase des Mitarbeiters,
- die individuellen Lernstile der Mitarbeiter,
- die Motivationstypen der Einzelnen,
- die jeweiligen Stärken der Mitarbeiter und deren daraus folgende optimale Positionierung im Unternehmen.

Wer hier den Anschluss verpasst, wird betriebswirtschaftliche Folgen spüren. Doch was bedeutet das konkret für die Führung von Unternehmen? „Der Fisch stinkt vom Kopf her", heißt es im Volksmund – und der Wahrheitsgehalt darin dürfte unbestritten sein. Folglich müssen Unternehmen „von oben" her anfangen, das Selbstverständnis der Führung und das Personalmanagement zu verändern, um zeitgemäß agieren zu können.
Denn reine Vergütung im herkömmlichen Sinne hat „als mitarbeiterbindendes Instrument"[213] genauso ausgedient wie als Mittel, um Engagement zu fördern. Gewinner ist der, der das Prinzip hinter der Bindung erkennt: „Bindung herstellen heißt Beziehung herstellen".[214]

2.2 Die Rolle der Emotionen

Eine wichtige Funktion bei der Entstehung von Bindung und Motivation haben die Emotionen, denn sie sind es, die Menschen letztlich dazu bringen, sich auf Ziele hin zu bewegen. Die durch emotionale Situationen hervorgerufene physiologische Erregung kann erforderlich sein, um Menschen zur optimalen Leistung zu bringen. Emotion und Motivation sind also eng miteinander verbundene, psychische Prozesse.

Ein häufig verwendetes Modell für unsere Basisemotionen hat Plutchik[215] entwickelt:

---

[213] Pesch, A.: Unternehmenserfolg durch Mitarbeiterbindung, in: www/personalmanagement.bdu.de/
[214] Ebenda
[215] Plutchik, R.: The emotions: Facts, theories, and a new model. New York Random House, 1962.

Die Emotionen

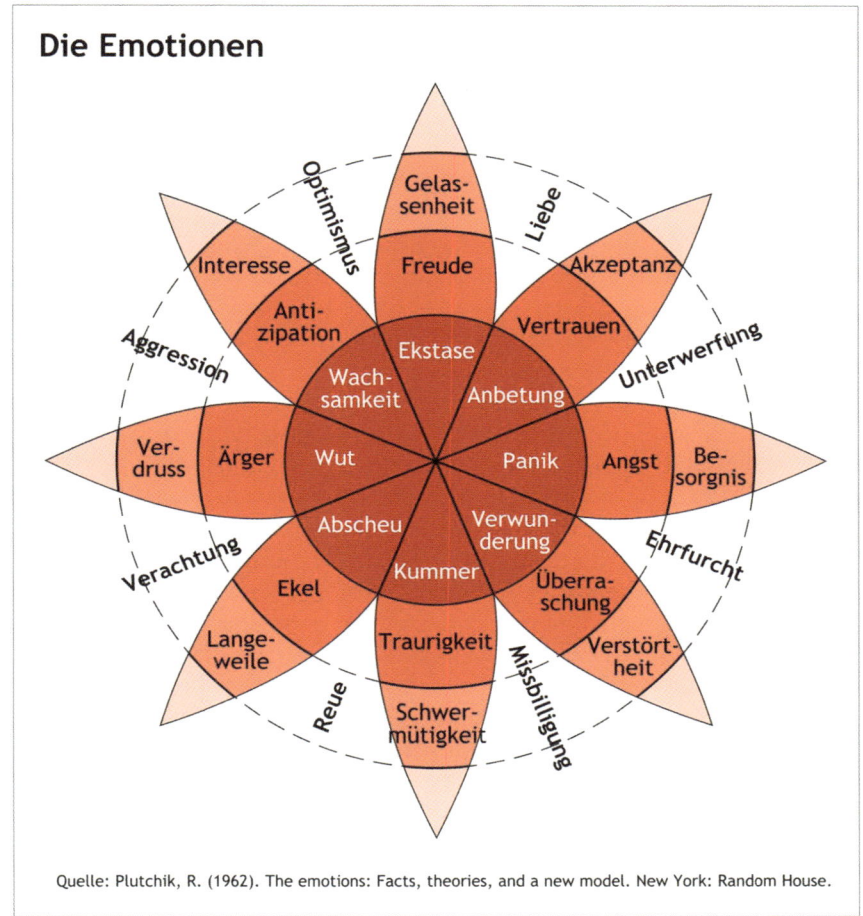

Quelle: Plutchik, R. (1962). The emotions: Facts, theories, and a new model. New York: Random House.

Abb. 18: Basismodell Emotionen

Emotionen spielen für die Selbstwahrnehmung, die Wahrnehmung durch andere und das Regulieren von Beziehungen zwischen Menschen eine große Rolle. Paradoxerweise fehlt in den meisten Gesellschaften eine Kultur des differenzierten Umgangs mit Emotionen. Große Teile der emotionalen Bandbreite werden in den unterschiedlichen Kulturen häufig, wenn nicht gar verpönt, so doch zumindest mit einem gewissen Argwohn betrachtet und oft als peinlich eingestuft. Jede Kultur hat ihre „Schattenemotionen". Das sind Emotionen, die nicht gern öffentlich ausgedrückt werden. In Deutschland ist dies beispielsweise der Komplex um die Emotion Trauer, in asiatischen Kulturen eher der Komplex um Ärger.
Gleichzeitig besteht ein ausgeprägtes Interesse an Emotionen, ihrem Ausdruck und der Teilnahme an den Emotionen anderer Personen. Dies zeigt sich etwa in der

„exhibitionistischen" Zurschaustellung von Emotionen im Rahmen von eigens für diesen affektiven Austausch entworfenen Talkshows. Durch sie wird das voyeuristische Interesse der Zuschauer befriedigt, indem diese am Schicksal von Menschen Anteil nehmen können, zu denen keine unmittelbare, sondern nur eine medial vermittelte Beziehung besteht.

Der amerikanischen Hirnforscher Antonio Damasio[216] beschrieb Emotionen als komplizierte Kombinationen von chemischen und neuralen Reaktionen des Gehirns, die eine regulatorische Rolle spielen – mit dem ursprünglichen biologischen Zweck, günstige Umstände für das Überleben des Organismus zu schaffen. Emotionen benutzen den Körper (Eingeweide, Muskel-Skelett-System) als ihr „Theater" und nehmen Einfluss auf diverse Gehirnfunktionen. Obwohl Emotionen auf angeborenen Gehirnfunktionen beruhen, die einer langen evolutionären Entwicklung entstammen, können jedoch aufgrund individueller Lernprozesse und kultureller Einflüsse unterschiedlichste Emotionen durch ein und denselben Auslöser veranlasst werden und sich zudem ganz verschieden ausdrücken.[217]

Vor etwa 50 Jahren entdeckte man bei Experimenten mit Ratten[218] zufällig, dass diese von der elektrischen Stimulation eines bestimmten Gehirnareals gar nicht genug bekommen konnten. Die Ratten durften in den Experimenten diesen elektrischen Reiz durch Drücken eines Hebels selbst auslösen und betätigten in der Folge den Hebel immer häufiger. Manche Tiere vergaßen dabei sogar zu essen und zu trinken und starben – offensichtlich süchtig danach, durch das Hebeldrücken belohnt zu werden.

Aus diesen Erkenntnissen leitete sich die Fachrichtung der Neurobiologie des Glücks ab, die in den ersten Jahren des neuen Jahrtausends große Fortschritte in der Forschung gemacht hat. Das Glücksempfinden ist vermutlich nur ein Nebenprodukt des menschlichen Lernvermögens und ist auch nicht auf „Dauerbetrieb" angelegt, denn Gewöhnung sorgt schon bald dafür, dass man sich nicht allzu lange glücklich fühlt oder, wie ein Süchtiger, die Dosis erhöhen muss.

Und dennoch: Menschen, die sich als überwiegend glücklich bezeichnen, produzieren unter Stress relativ kleine Mengen des Hormons Cortisol, das unter anderem Diabetes, Bluthochdruck, Gefäßkrankheiten und Depressionen begünstigt. Glückszustände sind daher für ein langes Leben ebenso bedeutsam wie eine gesunde Lebensweise. Doch nicht nur für ein langes Leben sind Glücksgefühle wichtig: Glückliche Menschen sind erfolgreicher beim Lernen und bei ihrer Arbeit, oft auch kreativer, beliebter, geselliger, geistig gesünder, weniger egoistisch und weniger

---

[216] Damasio, A.: Ich fühle, also bin ich. Die Entschlüsselung des Bewusstseins. List, München, 2000.

[217] Pohl, R.: Cognitive Illusions: A Handbook on Fallacies and Biases in Thinking, Judgement and Memory, in: Psychology Press, Hove (UK), 2004.

[218] Das Experiment („positive Verstärkung") geht auf die Verhaltensbiologen und Psychologen James Olds und Peter Milner zurück. Olds, J. und Milner, P.: Positive Reinforcement of rat brain, in: American Journal of Physiology 1954, 199: S. 965-963.

aggressiv.[219] Entsprechend arbeiten Menschen, die bei ihrer Tätigkeit Glücksgefühle entwickeln, deutlich motivierter und innerlich zufriedener an dieser Sache.

3 Engagement kommt von innen

Interessant ist der Zusammenhang von Emotionen und individueller Motivation. So hat nach Nolting & Paulus[220] derselbe psychische Vorgang immer sowohl eine Befindlichkeitsseite (Emotion) als auch eine Antriebsseite (Ziel). Betont man die augenblickliche Erlebnislage, spricht man von Emotion, betont man hingegen die Ziellage, zu der die vorhandene Kraft drängt, spricht man von Motivation. Bedürfnisse verursachen Gefühle, die ihrerseits motivierend wirken und Handlungen in Gang setzen. Warum wir tun, was wir tun, hat also mit unserer Gefühlslage zu tun, und weitaus weniger mit dem Verstand.

In unserem Wirtschaftssystem wurde Motivation bislang als Aspekt gesehen, den vor allem Führungskräfte in die Teams und Unternehmen zu tragen hatten. Mit dem gesellschaftlichen Wandel und dem Zuwachs von Vertretern der jüngeren Generation in den Unternehmen wird die Dimension der intrinsischen Motivation, also des inneren Antriebs aus individuellen Motiven heraus, im Unternehmensalltag bedeutsamer.

Gleichzeitig spielen Führungskräfte selbstverständlich eine exponierte Rolle, wenn es darum geht, einer Gruppe von Menschen eine Richtung zu geben. Warum misslingt gute Führung im Bereich Motivation und Engagement also so häufig trotz der Erkenntnisse der Wissenschaft?

Eine Herausforderung liegt sicher in der Kluft zwischen den Motiven, die – in vielen Fällen – einen Menschen dazu bewegen, Führungskraft zu werden, nennen wir sie die Alphaverhaltensweisen, und den für eine gute Führung wichtigen und geforderten Verhaltens- und Handlungsweisen, den Omegakompetenzen.[221] „Topmanager führen nicht, sie entscheiden, sie kennen kein Führungsdilemma, sie managen." So beschreibt es auch die viel gefragte Topmanagementberaterin Gertrud Höhler. Die Forschungsergebnisse zeigen übereinstimmend und kulturunabhängig, dass Leistungswille und Ehrgeiz, Selbstbehauptung sowie Weiterentwicklung die stärksten Motive von Führungskräften sind – und dies sind nun einmal Motive, die ausschließlich selbstbezogen sind.

Erst an vierter Stelle kommt der Wunsch, mit anderen etwas zu bewegen. Direkt darauf folgen wiederum Ego-Motive wie Einfluss, Macht, Ansehen, Status und materielle sowie geldwerte Vorteile. „Es kann also nicht wundern, dass so viele Mitarbeiter ihre Chefs sehen, wie diese sich selbst: Die Befriedigung der eigenen

---

[219] Seligman, M.: Learned Optimism, Knopf, New York 1990 und 1998.

[220] Nolting, H.-P. und Paulus, P.: Pädagogische Psychologie, Stuttgart, Kohlhammer, 1992.

[221] Elger, C. E.: NeuroLeadership, Haufe, München, 2009.

Bedürfnisse und das Erringen eigener Vorteile überwiegen gegenüber Zielen, die nur gemeinschaftlich zu erreichen sind."[222]

Menschen haben unterschiedliche Motive und natürlich lassen sich nicht alle Führungskräfte über einen Kamm scheren. Der Organisationsalltag und die überdurchschnittliche Anzahl von Herausforderungen, zu deren Lösung Berater beauftragt werden, zeigen jedoch, dass die Diskrepanz zwischen motivierender Führung und den persönlichen Motiven vieler traditioneller Führungskräfte ein echtes Dilemma ist. Vor allem, wenn man im Rahmen von Beschäftigungsfähigkeit und lebensphasenorientiertem Personalmanagement über eine motivierende Unternehmenskultur und die Erzeugung von Engagement nachdenkt.

Im Spannungsfeld von gesellschaftlichem Wertewandel, Umbrüchen in der Arbeitswelt und einem Generationenmix, zu dessen Management die Erfahrungswerte noch fehlen, sind Führungskräfte natürlich nicht die einzigen Schlüsselfaktoren im Streben nach Engagement und Sinnmaximierung.

Von ausschlaggebender Wichtigkeit ist auch die Einbeziehung der vier Dimensionen (vgl. Seite 136),[223] die echtes inneres Engagement, Bindung und Energie deutlich erhöhen: Kompetenz, Selbstbestimmung, Einfluss und Sinn. Und dies ist ein Feld, in dem Personalmanager, jeder Einzelne, die Führung und die unternehmerischen Rahmenbedingungen in einer gemeinsamen Wechselwirkung stehen.

3.1 Das neurologische Belohnungssystem

Ein entscheidender Aspekt im Bereich „Engagement und Sinn" ist das sogenannte neurologische „Belohnungssystem" des Gehirns. Das Belohnungssystem ist das zentrale System, das aktiviert sein muss, damit wir motiviert sind und uns wohlfühlen.[224] Das Belohnungssystem bzw. Belohnungszentrum ist ein Bereich im Gehirn, der erst in den 1960er-Jahren durch die Entwicklung von bildgebenden Verfahren lokalisiert werden konnte: der Nucleus accumbens. Er ist Teil des limbischen Systems, der schon im Mutterleib und den ersten Lebensjahren prägend ist. Dieser Bereich erzeugt situativ großes Wohlbefinden, das sich aber stark von der Stimulation oder Befriedigung anderer Elementarbedürfnisse wie z. B. sexueller Erregung oder Hunger unterscheidet und deutlich intensiver und nachhaltiger ist.

Das interessante Detail: Im Unterschied zu allen anderen Hirnregionen entsteht im Belohnungssystem des Gehirns keine sogenannte Habituation, d. h., es wird bei kontinuierlicher Stimulation keine Gewöhnung erzeugt.[225]

---

[222] Elger, C. E.: NeuroLeadership, Haufe, München, 2009.

[223] Spreitzer, G.: Psychological Empowerment in the Workplace: Dimensions, Measurement And Validaton, University of Southern California, Academy of Management Journal, Vol. 38, No. 5., 1995.

[224] Ebenda

[225] Elger, C. E.: NeuroLeadership, Haufe, München, 2009.

Damit das Belohnungssystem im Gehirn aktiviert wird, müssen zwei Voraussetzungen erfüllt sein:

- eine positive Erwartung und
- das Eintreten unerwarteter überraschender Ereignisse.[226]

Und genau diese Voraussetzungen unterscheiden das neurologische Belohnungssystem so signifikant vom geschäftsüblichen Belohnungs- oder Incentivemodell. Denn Incentives sind in aller Regel an das Erreichen bekannter, vereinbarter Ziele gekoppelt, wie beispielsweise eine Anzahl von Vertragsabschlüssen, das Erreichen von Geschäftszahlen, Budgets – und zwar in einen bestimmten Zeitraum. Wenn jedoch Leistung als Gegenleistung erbracht wird, weil bekannte Incentives ausgelobt sind, dann entsteht eine Spirale, in der es um „mehr von derselben Belohnung" geht. Anstrengungen, deren Ergebnisse oder Effekte voraussagbar oder bekannt sind, aktivieren nicht das Belohnungszentrum, sondern anderer Areale im Gehirn. Folglich aktivieren Incentives, Vergünstigungen oder Geschenke das Belohnungssystem nur dann, wenn sie nicht erwartet werden. Im anderen Fall sind sie sogar kontraproduktiv, wenn es um die Erhöhung von Engagement und Motivation geht.

Obwohl die Neurowissenschaften eine mittlerweile viel beachtete Wissenschaft ist, besteht auch hier die Diskrepanz zwischen dem, was die Wissenschaft weiß, und dem, was die Wirtschaft tut.
Die neurowissenschaftlichen und sozialpsychologischen Erkenntnisse darüber, was Menschen nachhaltig motiviert und was Engagement erzeugt, haben sich bislang kaum in der Organisationsentwicklung und im Personalmanagement verankern können. Nach wie vor kommen die hundert Jahre alten tayloristischen Praktiken des Zuckerbrot-und-Peitsche-Systems zur Anwendung. Zur Erinnerung: In den frühen Jahrzehnten des vergangenen Jahrhunderts setzten sich Motivationstechniken durch, die darauf basierten, gute Leistung und gewünschtes Verhalten erwartungsgemäß zu belohnen und nicht ausreichende Leistung zu bestrafen oder zu sanktionieren.

Der Exkurs in die Welt der Motivation zeigt, dass unserem Verhalten ein komplexes System aus Antrieben und Befindlichkeiten zugrunde liegt, die selbstverständlich nicht nur für unser Arbeitsleben, sondern auch für das Privatleben Gültigkeit besitzen. Der stärkste Treiber für Motivation und inneres Engagement ist, einen höheren Sinn in seiner Arbeit zu sehen und einen Bezug dazu zu haben, den man persönlich als wertvoll empfindet.
Sinn wird nur durch Handlungen generiert, zu denen der Einzelne intrinsisch, also aus eigenem Antrieb heraus motiviert ist. Motivation ist eine natürliche Regung. Intrinsisch motivierte Verhaltensweisen gelten als Prototyp selbstbestimmten Verhaltens. Das Handeln stimmt dabei mit der eigenen Auffassung überein. Man ist

---

[226] Elger, C. E.: NeuroLeadership, Haufe, München, 2009, 124 ff.

bestrebt, eine Sache voll und ganz zu beherrschen und mit guter Qualität durchzuführen.

Intrinsische Motivation beinhaltet folglich Neugier, Spontanität, Exploration und Interesse an den unmittelbaren Gegebenheiten der Umwelt. Die Handlungen, die aus einer intrinsischen Motivation hervorgehen, sind daher interessenbestimmt. Sie benötigen zu ihrer Aufrechterhaltung keine externen Anstöße wie Versprechungen oder Drohungen. Im Gegenteil, die intrinsische Motivation nimmt sogar ab, wenn man extrinsische Belohnungen wie zum Beispiel Geld oder Auszeichnungen für eine ursprünglich intrinsische Aktivität ins Spiel bringt.[227]

Aus der Perspektive des Unternehmens kann also kein Interesse daran bestehen, durch extrinsische Motivatoren (wie Incentives, Boni etc.), die in den Handlungsablauf einer eigentlich intrinsisch motivierten Tätigkeit eingeführt werden, das Gefühl der Selbstbestimmung herabzusetzen und im Zweifel sogar zu demotivieren. Natürlich freuen sich viele Menschen über einen (unerwarteten) Bonus oder über monatlich etwas mehr Geld auf dem Konto. Die Freude darüber hält allerdings internationalen Studien zufolge maximal sechs bis acht Wochen an, dann kehrt der Mensch zurück in seinen alten Modus der Zufriedenheit. Von nachhaltiger Motivation kann man hier nicht sprechen. Hier kommt der Vorteil einer mitarbeiterorientierten Personalpolitik ins Spiel, die am einzelnen Mitarbeiter orientierte Motivationskonzepte für größere Teile der Mitarbeiterschaft entwickelt (Lebensphasenorientierung, Lernstile, Entwicklungstypen etc.).

Es ist bekannt, dass bei ca. 90 % aller Menschen, deren Grundbedürfnisse nach Maslow abgedeckt sind, Geld oder andere materielle Anreize mittelfristig nicht dazu führen, dass sie sich engagieren. Nur ca. 10 % aller arbeitenden Menschen sind primär dem Geldmotivtyp zuzuordnen.

3.2 Kann Motivation von außen etwas erreichen?

Nach den Ausführungen des letzten Abschnitts ist es folgerichtig, sich die Frage zu stellen, ob Motivation von außen überhaupt zielführend sein kann. Ein Motivationssystem, das weitgehend auf Incentives und Belohnungen von außen baut, wird mittel- und langfristig kein proaktives Engagement und keine nachhaltige Bindung von Mitarbeitern erzeugen. Ein solches System generiert für sie mittelfristig schlicht keinen Sinn. Erstmals konnte Deci diesen Effekt, den sogenannten Korrumpierungseffekt, wissenschaftlich und repräsentativ belegen: „Der Korrumpierungseffekt beschreibt, dass Belohnung intrinsische Motivation beeinträchtigt oder gar völlig zum Verschwinden bringt."

---

[227] Ryan, R. M., & Deci, E. L.: Self-determination theory and the facilitation of intrinsic motivation, social development, and well-being. American Psychologist, 55, 68-78, 2000.

Die Ursache dieses Effektes ist aus der Sicht der kognitiven Evaluationstheorie darin zu sehen, dass die Autonomie eingeschränkt und die externe Verhaltenskontrolle erhöht wird.[228] Die hier angesprochenen unabdingbaren Bedingungen für Engagement und Bindung – Selbstbestimmung und die Möglichkeit der Einflussnahme – haben wir am Anfang dieses Kapitels bereits beschrieben.

Der negative Effekt von Belohnung sollte aber nicht auftreten, wenn die Belohnung unabhängig von einer spezifischen Leistung gegeben wird, die Belohnung unerwartet kommt oder das soziale Umfeld weiterhin aktiv Autonomie und Kompetenz unterstützt.

Ein weiterer Paradigmenwechsel: Lange orientierten sich Unternehmen am tayloristischen Prinzip der Belohnung. Sie belohnten ihre Angestellten, wenn sie mit ihnen zufrieden waren, und bestraften sie, wenn sie Fehler machten oder ihre Ziele nicht erreichten. So wollten sie die Produktivität steigern. Bis heute argumentieren Wissenschaftler, Vorgesetzte müssten nur ausreichend hohe Anreize setzen, um Mitarbeiter anzuspornen. Doch seit den 1970er-Jahren verweisen Verhaltensökonomen und Psychologen wie Mark Lepper, Edward Deci, Daniel Kahneman und Sam Glucksberg auf die negativen Folgen solcher Belohnungen.

Zuckerbrot und Peitsche funktionieren für die allermeisten Arbeitsverhältnisse unserer Zeit nicht mehr. Motivierte Angestellte müssen selbstbestimmt arbeiten dürfen und das Gefühl haben, zu einem höheren Ziel beizutragen. Sie sind zu Sinnmaximierern geworden, und Arbeitsumgebungen mit der Möglichkeit zur Selbstbestimmung und Einflußnahme spornen sie an.[229]

Eine Bewegung, die Decis Erkenntnisse von 1971 in unserem technologischen Wissenszeitalter illustriert und weiter belegt, ist die Open-Source-Kultur der digitalen Welt, bei der es sich um ein Wirtschaftsmodell des 21. Jahrhunderts handelt, das auf rein intrisischer Motivation beruht. Open-Source-Projekte hängen offensichtlich zum gleichen Grad von intrinsischer Motivation ab wie die älteren Wirtschaftsmodelle von der extrinsischen Motivation. Neben einer Reihe von Beweggründen entdeckten Ryan und Deci, „dass die auf Freude basierende intrinsische Motivation, das heißt, wie kreativ sich ein Mensch fühlt, wenn er an dem Projekt arbeitet, der stärkste und tief greifendste Antrieb ist."[230]

Dieses Phänomen ist auch als Flow bekannt und bedeutet ein völliges Aufgehen in einer Tätigkeit. Die bei ihrem Erstellen empfundene Freude ist sicher ein Grund für die vielen Open-Source-Softwareprojekte in aller Welt und erklärt zudem, warum es für sehr viele andere Lebensbereiche heute eine Open-Source-Variante gibt: Open-Source-Lehrbücher, Open-Source-Autodesign, Open-Source-Rechtshilfe,

---

[228] Deci, E. L.: Effects of externally mediated rewards on intrinsic motivation. Journal of Personality and Social Psychology, 18, 105-115, 1971.

[229] Pink, Daniel: Drive, ecowin, Berlin 2011.

[230] Lakhani, K und Wolf R.: „Why Hackers Do What They Do – Understanding Motivation and Effort in Free/Open Source Projects". Cambridge Mass.: MIT Press 2005, 3.12.

Open-Source-Medizinforschung, Open-Source-Kochbücher oder Open-Source-Kleinkindberatung.

Dieser neue Weg, unser Handeln zu organisieren, bedeutet natürlich nicht den Verzicht auf jegliche materielle Belohnung bzw. extrinsische Motivation. Vielen bringt die Teilnahme an solchen Projekten eine klar sichtbare Weiterentwicklung ihrer Talente und Kompetenzen und einen glänzenden Ruf, was wiederum ihren Marktwert erhöht.

3.3 Der Sinn klassischer Incentives

Das Personalmanagement vieler Unternehmen winkt dennoch mit Prämienschecks, spendiert Incentivereisen, ernennt „Mitarbeiter des Jahres" und lässt für Verbesserungsvorschläge Bares springen. Doch geht diese Rechnung wirklich auf? Lässt sich mangelnde Arbeitslust durch solche Kunstgriffe in Motivation verwandeln?

Wenn Motivation eine natürliche Regung ist, intrinsisch motivierte Menschen ausdauernder bei einer Sache bleiben und Belohnungssysteme von außen erwiesenermaßen sogar kontraproduktiv sind, stellt sich grundsätzlich auch die Frage nach dem Sinn von nicht-monetären Incentives. Einige Aspekte sprechen auf den ersten Blick dafür: Sie besitzen häufig eine sportliche bzw. wettbewerbsorientierte Komponente. Entsprechend vehement werden sie in Vertriebsumfeldern eingesetzt. Als Motivation für sehr wettbewerbsorientierte Menschen (Motivator Wettbewerb, Ehrgeiz) funktionieren Incentives kurzfristig. Weil sie über Boni und andere variable Vergütungselemente hinausgehen, schaffen sie unter den „Besten" ein Zugehörigkeitsgefühl und stärken das jeweilige Ego – doch der Haken am System liegt auf der Hand: Es sind nämlich typbedingt immer dieselben Mitarbeiter, die in den Genuss von wirklich interessanten Incentives kommen, etwa nur die ersten 15 bis 20 Prozent, die darauf hinfiebern – für den Rest (und das ist die Mehrheit!) wirkt das Belohnungssystem eher demotivierend, da es als uninteressant wahrgenommen wird oder unerreichbar bleibt.

Wie beschrieben senden die meisten Motivierungsmanöver zumindest mittelfristig eine zwiespältige Botschaft aus. Den Mitarbeitern wird unterstellt, sie enthielten dem Unternehmen Leistung vor. Anstatt mit der maximalen Leistung zu arbeiten, würden sie nur halbe Kraft fahren – bis die Prämie oder das Lob sie antreiben. Dieser Verdacht jedoch demotiviert die Mitarbeiter bis zu dem Punkt, an dem viele ihre Leistung tatsächlich zurückfahren. Das belegen eindeutig die Forschungen der letzten dreißig Jahre. Es handelt sich demnach um einen weiteren Bereich, in dem die Diskrepanz zwischen dem, was die Wissenschaft (und der gesunde Menschenverstand) weiß, und dem, was die Wirtschaft tut, groß ist.

4 Sinnmaximierung in der Arbeitswelt – der Königsweg

Dass Motivation zur Arbeit deutlich weniger als allgemein angenommen eine Frage des Geldes ist, wurde bereits erläutert. Einen interessanten Aspekt dazu zeigt die Studie des dänischen Psychologen Jesper Isaksen.[231] Er hat eine Interviewstudie mit Angestellten eines Cateringbetriebes durchgeführt, deren Arbeit Fließbandcharakter hat. „Die Studie konnte die Annahme nicht bestätigen, dass für diese Personen vor allem materielle Anreize im Vordergrund stehen", fasst Tatjana Hoffmann von der Universität Innsbruck[232] die Ergebnisse Isaksens zusammen. „Die eigentlich Sinn stiftenden Kategorien, die besonders oft genannt wurden, sind ein Zugehörigkeitsgefühl zur Firma und die sozialen Beziehungen am Arbeitsplatz. (...) Die Ergebnisse zeigen, dass es sehr wohl möglich ist, auch Fließbandarbeit als etwas Sinnvolles zu erleben. 75 % der Studienteilnehmer gaben an, ihre Arbeit als bedeutungsvoll zu erleben. 82 % würden sogar lieber weiterarbeiten, auch wenn sie das gleiche Geld fürs „zu Hause bleiben" bekommen würden."[233]

Wie intrinsische Motivation durch ein Gefühl der Sinnhaftigkeit entstehen kann, zeigt uns auch die Entwicklung der Onlineenzyklopädie Wikipedia. Durch die Koppelung der Motivationsfaktoren Selbstbestimmung, Kompetenz und der direkten Möglichkeit zur Einflussnahme entstand eine neue Welt. Hätten Ökonomen vor 15 Jahren das Lexikon der Zukunft voraussagen sollen, auf welches Modell hätten sie gewettet? Auf das Projekt eines großen Softwarekonzerns, der Manager und Autoren beschäftigte und eine digitale Enzyklopädie verkaufen wollte? Oder auf das Heer zehntausender Freiwilliger, die in ihrer Freizeit Artikel schreiben, überarbeiten und kostenlos veröffentlichen würden? Wohl niemand hätte Wikipedia zugetraut, sich zum größten Onlinelexikon zu entwickeln.

Viele unterschätzten, dass sich Menschen für eine Sache engagieren, die ihnen sinnvoll erscheint – auch ohne dafür bezahlt zu werden. Microsoft dagegen gab vor rund eineinhalb Jahren auf und nahm sein Lexikon Encarta vom Markt. Der amerikanische Wissenschaftsjournalist Daniel Pink[234] nennt den intrinsischen Impuls, der die Wikipedianer antreibt, „Motivation 3.0". In dem Buch „Drive" schreibt er, dass die Aussicht auf einen Bonus Menschen nicht unbedingt zu besseren Leistungen motiviere. Für Unternehmen heißt das: Mitarbeiter müssen zwar das Gefühl haben, angemessen bezahlt zu werden. Darüber hinaus sind aber innere An-

---

[231] Isaksen, J.: Constructing meaning despite the drudgery of repetitive work, in: Journal of Humanistic Psychology No. 40, 2000, S. 84-107.
[232] Ebenda
[233] Ebenda
[234] Pink, Daniel: Drive: Was Sie wirklich motiviert, Ecowin-Verlag 2010.

reize wichtiger, die in der Tätigkeit selbst liegen, wie Kreativität und Eigeninitiative."[235]

Damit bestärkt Pink die heute gängige Meinung der Neuropsychologie, nämlich, dass für Menschen nur Sinn macht, was sie intrinsisch, also aus eigenem Antrieb heraus motiviert. Das wiederum sollte Konsequenzen für die Arbeitsplatzgestaltung haben, fordert Pink: „Motivierte Angestellte müssen selbstbestimmt arbeiten dürfen und das Gefühl haben, zu einem höheren Ziel beizutragen (...). Sie sind zu Sinnmaximierern geworden und Freiheit spornt sie an: So bietet Google seinen Entwicklern weltweit an, 20 Prozent ihrer Arbeitszeit auf eigene Projekte zu verwenden. Auf diese Weise entstanden etwa die Ideen zu den populären Diensten Google Mail und Google News."[236]

„Eine Rendite namens Sinn" nennt Bernd Kundrun seine Idee, die als Non-Profit-Unternehmen „Betterplace" interessanterweise Menschen aller Gesellschaftsschichten zu Engagement bewegt[237]. „Der eine gibt Kompetenz, der andere Geld, der dritte Verbindungen. So versuchen wir ein Netzwerk zu schaffen für das Gute. (...) Die Aktionäre erhalten nur eine einzige Rendite, diese ist allerdings hoch, und die heißt – Sinn."[238]

Zur Erinnerung:

- Patch-Projecting oder Projektwirtschaft als Arbeitsmodell der Zukunft,
- in dem Flexibilität zum Standard wird,
- ebenso wie das Einsetzen von Right Potentials anstelle von High Potentials,

waren als Grundvoraussetzungen für Unternehmen von morgen bereits in den ersten beiden Teilen dieses Buches gefordert worden.

Flexibilität ist naturgemäß gekoppelt an einen hohen Grad an Selbstbestimmung und die Möglichkeit, Einfluss auf das Gesamtergebnis zu nehmen. Und beides erzeugt das Gefühl, etwas *sinn-volles* zu tun – der stärkste Treiber für Mitarbeiterbindung und Engagement.

Im Mittelpunkt steht dabei der Mitarbeiter, der dann für den Kunden und für die Gesellschaft wirkt. Genau jene Parameter kamen bei den hier genannten Beispielen zum Einsatz.

---

[235] Crocoll, S.: Maximierer des Sinns – Wer selbstbestimmt arbeiten darf und Spaß an seinen Aufgaben hat, leistet auch mehr, in: Die ZEIT Nr. 11 v. 10.03.2011, S. 35.

[236] Ebenda

[237] Rotary-Magazin Nr. 3/2010, S. 44. Dr. Bernd Kundrun war bis Ende 2008 Vorstandsvorsitzender des Verlags Gruner + Jahr und ist Mitaktionär von Betterplace.

[238] Ebenda

4.1 Mitarbeiterorientierung in der Personalentwicklung – realistisch machbar?

Es scheint auf den ersten Blick teuer zu sein, sich im Rahmen der Personalpolitik an Lebensphasen, Lernstilen und Motivationstypen mit maßgeschneiderten Entwicklungsmaßnahmen zu orientieren. Entsprechend schwierig wird es innerhalb der derzeit vorherrschenden Strukturen und Prozesse für die Human-Resources-Manager sein, eine solche „Philosophie" zu initialisieren und zu implementieren – zumal angesichts der zyklisch wiederkehrenden Finanz- und Währungskrisen.

Die gute Nachricht ist, dass viele der wirkungsvollsten Instrumente und Methoden der Personalentwicklung im zukünftigen Arbeitsmarkt tatsächlich sehr wenig kostenintensiv sind.

Dreh- und Angelpunkt bei dem überwiegenden Teil aller Ansatzpunkte ist die Interaktion zwischen Mitarbeitenden, Führungskräften und Unternehmen sowie die Bereitschaft, Arbeitsumgebungen und Bedingungen zu schaffen, die zur Zeitqualität passen.

Der Nutzen einer solchen Ausrichtung ist um so viel höher als der Profit, der durch Fortbildungen von der Stange entsteht, dass die Rechnung in jedem Fall aufgeht. Der langjährige Media Saturn Vorstand Udo Creusen fasst das Konzept der am Mitarbeiter orientierten Personalentwicklung so zusammen: „Das ganze unnütze Lernen, das in Wahrheit teuer ist, fällt aus!"

Die meisten Beratungsunternehmen bieten immer noch pauschalisierte Leadership-Development-Programme an und mindestens ebenso viele Unternehmen wollen genau das – aus Unwissen über deren Ineffektivität oder weil sie (fälschlicherweise) meinen, Geld sparen zu können. Doch das Gießkannenprinzip ist alles andere als ein Erfolgsmodell, es ist langfristig teuer und ineffizient für den Mitarbeiter sowie für das Unternehmen. Ausnahmen mögen die Regel bestätigen und Einzelne profitieren manchmal. Aber mehr als maximal 5-10 Prozent der Teilnehmer dürften es nicht sein.

Bei genauer Betrachtung liegt dies auf der Hand: In zwei- bis fünftägigen – sehr kostenintensiven – Programmen werden in der Regel 20-40 Teilnehmer, angehende oder etablierte Führungskräfte, mit für alle gleichen Inhalten und Übungen konfrontiert – in der Hoffnung, dass sie ein gemeinsames Führungsprofil entwickeln. Aber wie soll das gehen, wenn doch alle Teilnehmer unterschiedliche Voraussetzungen mitbringen – angefangen bei der Verortung und Geschichte im Unternehmen, über voneinander abweichende Fachqualifikationen, Stärken, Entwicklungspotenziale, Erfahrungshintergründe, kulturelle Hintergründe oder Interessen bis hin zu divergierenden Standpunkten.

Manchmal versuchen die Personalmanager hier wenigstens die gleichen Hierarchie- oder Vergütungslevel oder sogenannte Peergroups zusammenzubringen, aber selbst hier zeigt die breite Erfahrung, dass diese Programme wenig effektiv sind und am Ziel – nämlich wichtige Mitarbeiter auf der persönlichen Ebene für das Unternehmen weiterzuentwickeln – vorbeigehen.

Die individuellen Persönlichkeiten und Entwicklungspunkte der Mitarbeiter werden einfach nicht (genug) berücksichtigt und die Programme sind nicht ausreichend in den realen Unternehmensalltag integriert, sondern schweben abgekoppelt im Raum. Auf konkrete, für den Teilnehmer und das Unternehmen relevante Projekte und strategische Herausforderungen sind diese Trainings oder Programme nicht zugeschnitten – ganz zu schweigen davon, dem „Königsweg" zu dienen: der Sinnmaximierung

4.2 Reflexion als Führungsprinzip zur Sinnmaximierung

Der britische Nobelpreisträger für Literatur T. S. Elliott hat bereits in den späten Fünfzigerjahren gesehen: „Some people have the experience but miss the meaning".[239]

Über viele Jahre hinweg wurde in den Business Schools und in der Managerausbildung mit einem Modell für Führungsprinzipien gearbeitet, das die Führungsinstrumente

* Herausforderung,
* Unterstützung und
* Bewertung

in den Mittelpunkt stellte.

Ein Punkt, der die persönliche Entwicklung, das Erkennen seiner Eigenheiten und die Sinnfrage ins Zentrum der Führungsprinzipien rückt, fehlte bislang völlig: Das Führungsprinzip Reflexion, das maßgeblich dabei hilft, für sich persönlich den „Faktor" Sinn zu definieren.

---

[239] T.S. Elliott war ein englischer Lyriker, Denker und Kritiker, der im Laufe seines Lebens in verschiedenen Disziplinen Doktortitel verliehen bekam. In seinen späteren Jahren übte er einigen intellektuellen Einfluss auf die Philosophie und den Existenzialismus aus.

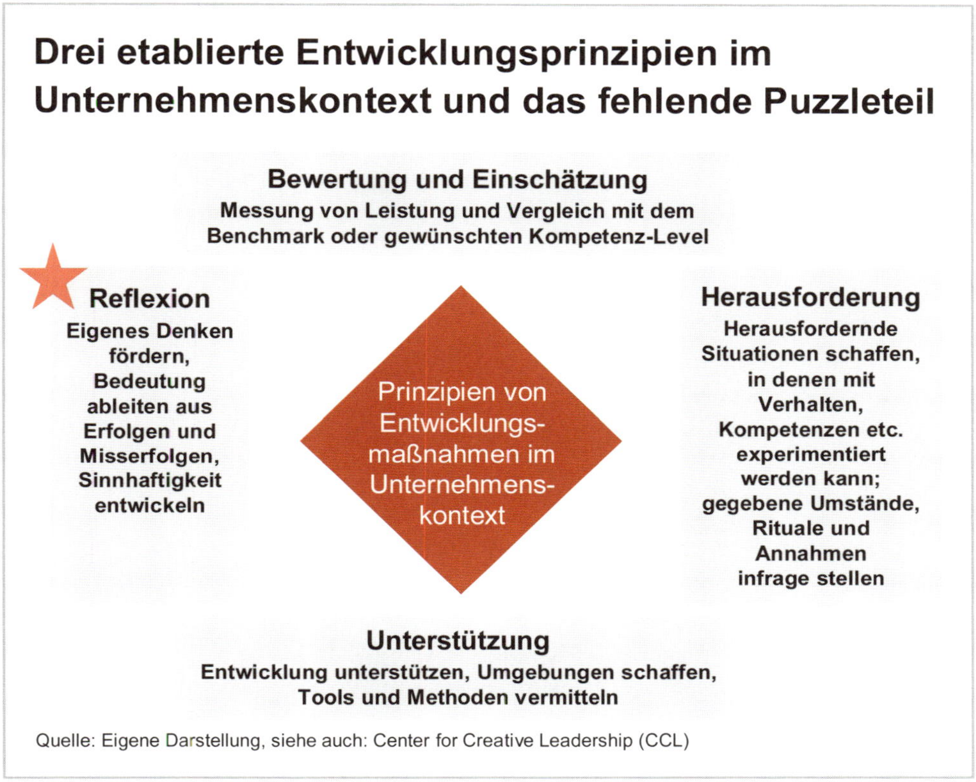

Drei etablierte Entwicklungsprinzipien im Unternehmenskontext und das fehlende Puzzleteil

Bewertung und Einschätzung
Messung von Leistung und Vergleich mit dem
Benchmark oder gewünschten Kompetenz-Level

Reflexion
Eigenes Denken
fördern,
Bedeutung
ableiten aus
Erfolgen und
Misserfolgen,
Sinnhaftigkeit
entwickeln

Prinzipien von
Entwicklungs-
maßnahmen im
Unternehmens-
kontext

Herausforderung
Herausfordernde
Situationen schaffen,
in denen mit
Verhalten,
Kompetenzen etc.
experimentiert
werden kann;
gegebene Umstände,
Rituale und
Annahmen
infrage stellen

Unterstützung
Entwicklung unterstützen, Umgebungen schaffen,
Tools und Methoden vermitteln

Quelle: Eigene Darstellung, siehe auch: Center for Creative Leadership (CCL)

Abb. 19: Die vier Führungsprinzipien

Nach und nach wird die Dimension der Reflexion als wichtiges Führungsprinzip erkannt, was sich vor allem in den Curricula der großen Business Schools und Managementschmieden spiegelt. Hierbei hat der Einzug der jüngeren Generationen mit ihrem Fokus auf kollektive Intelligenz, viel Austausch und Feedback sicher geholfen.

Die Beratungspraxis hat vielfach gezeigt, dass dieses Führungsinstrument nicht nur hoch transformierend für den Einzelnen (Chef und Mitarbeiter) sein kann, es verbessert auch die Team- und Unternehmenskultur und setzt in der Regel innovationsfördernde Prozesse in Gang. Zudem wird zum Reflektieren kein materielles Budget benötigt, man benötigt nur gemeinsame Zeit und den Willen, sich für einen definierten Moment innerlich aus dem Arbeitsalltag zu verabschieden und auf der Metaebene, d. h. auf der Ebene eines übergeordneten Gesamtbildes, nachzudenken.

Obwohl, wie oben erwähnt, nach und nach die Bedeutung der Reflexion erkannt wird, scheint sie im Unternehmensalltag aber immer noch ein Luxus zu sein. Wurde im vorherigen Abschnitt über die Kostenintensität von Mitarbeiterorientierung nachgedacht, so wäre die Reflexion, als feste Größe im hektischen Unternehmensalltag, eine sehr kostengünstige und erfahrungsgemäß durchschlagend erfolgreiche Variante der Führung und Mitarbeiterentwicklung. Die Übung des gemeinsamen (Nach-)Denkens und der Reflexion kann im Team, mit einem Mentor oder zwischen Chef und Mitarbeiter stattfinden.

Die Reflexion orientiert sich natürlich an arbeitsrelevanten Themen, wie z. B. den anstehenden Inhalten und Aufgaben sowie

- deren Einbindung in bzw. deren Bedeutung und Nutzen für den größeren Unternehmenskontext,
- deren Einbindung und Relevanz für die Abteilungs- oder Unternehmensstrategie,
- deren Bedeutung im Markt und Wettbewerb.

Die Reflexion erstreckt sich zudem auf

- die Stärken und Schwächen von Einzelnen und deren optimale Einbindung in die Team- oder Projektstruktur,
- auf den Unterschied zwischen Management und Führung und darauf, wann welche Qualität adäquat zur Anwendung kommen sollte und
- auf all jene Themen, die aktuell im Unternehmens- oder Abteilungskontext anstehen.

Bei der Reflexion ist es wichtig, auf der Metaebene zu bleiben und nicht in Details und ein Mikromanagement abzuleiten. Im Unterschied zu den normalen Jour fixes gibt es in dieser „Denkzeit" keine Agenda und Outputorientierung, sondern es geht

- um das Erkennen von relevanten größeren Zusammenhängen, die die Bedeutung und Sinnhaftigkeit des Tuns erhöhen,
- um das Erkennen eigener Stärken, Handlungsmuster und Fallen sowie die Weiterentwicklung der eigenen Persönlichkeit und schließlich
- um das kontinuierliche oder zumindest gelegentliche Überprüfen des eigenen Weges und der eigenen Zufriedenheit.

5 Sinnvoll in die Zukunft – so funktioniert es in der Praxis

Wie man die Ansatzpunkte der vorherigen Kapitel in die Praxis umsetzen kann, zeigt das folgende Kapitel.

5.1 Das interne Potenzial aktivieren

Im Kampf um das beste Personal sollten Unternehmen ihren Fokus zukünftig viel stärker nach innen richten. Das größte Potenzial eines Unternehmens sind schon heute diejenigen Mitarbeiter, die ihre Engagementoptionen noch nicht oder nicht mehr voll einbringen, die – aus welchen Gründen auch immer – nur mit „halber Kraft" arbeiten. Vor allem für Unternehmen, die kaum Alternativen über den Arbeitsmarkt gewinnen können, gilt es, dieses enorme schlummernde Potenzial schnellstmöglich zu erwecken.

Dazu müssen aber die persönlichen Stärken und Potenziale des Mitarbeiters richtig erkannt und individuell gefördert werden. Die ganze Bandbreite möglicher Ansatzpunkte und das breite Spektrum möglicher Maßnahmen müssen in Betracht gezogen werden. Am Ende führen dann die richtige – unternehmensspezifische – Mischung und manchmal eben auch der Mut und die Bereitschaft, einen völlig neuen Weg einzuschlagen, zum Erfolg.

Was kann man konkret tun? Zunächst wird man sich mit dem Thema auf der Topführungsebene auseinandersetzen: Stimmen alle dem Vorhaben zu, die Förderung interner Potenziale zu einem strategischen, also in den Unternehmensalltag integrierten Thema zu machen?

Falls ja, ist ein erster Arbeitsschritt die Analyse der tatsächlichen Unternehmenssituation. Wie würde sich die Mitarbeiterstruktur bei „normaler" Fluktuation entwickeln? Sind die Schlüsselspieler definiert und identifiziert? Gibt es ausreichend Kandidaten mit entsprechender Qualifikation bzw. in welchem Zeitraum wären diese auf das notwendige Niveau zu bringen? All diese selbstverständlichen Fragen sollten im Rahmen einer strategischen Personalplanung gestellt und auch beantwortet werden.

Die Boston Consulting Group hat in ihrer Studie „Creating People Advantage 2010" hingegen ermittelt, dass lediglich 9 % aller Unternehmen eine vorrangig quantitative Personalplanung vornehmen. Gegenstand einer solchen Planung ist, abzubilden, wie sich die Mitarbeiterstruktur entwickeln wird. Die dabei berücksichtigten Parameter betreffen neben Alterung, erwarteter Fluktuation und dem Bedarf an Neueinstellungen auch die Fähigkeiten bzw. das bestehende Leistungsprofil (Capability) der Mitarbeiter.[240] Es mag überraschen, wie selten solche sogenannten harten, belastbaren Daten über die Schlüsselressource Mitarbeiter gemessen werden.

---

[240] Boston Consulting Group Inc. and World Federation of People Management Associations: „Creating People Advantage 2010 – How Companies Can Adapt Their HR Practices of Volatile Times", September 2010.

Wie es aber um den qualitativen Zustand eines Unternehmens bestellt ist, also um die weichen Faktoren wie Engagement, Loyalität oder Integrität, bleibt vielfach vollkommen im Unklaren. Gerade aber diese weichen Faktoren sind doch die Ursache für die oben beschriebenen quantitativen Aspekte, die letztlich nur Symptome sind.

Die Bedeutung dieser Ursachen wird in der Studie „Engagement Trends" des CLC (Corporate Leadership Councils) offenkundig. So sind über 20 % alle Mitarbeiter in gehobenen Funktionen „highly disengaged", die Quote derer, die sich mit Wechselabsichten beschäftigen, liegt bei weit über 70 % – Tendenz steigend.[241] Das Engagement der Mitarbeiter zu steigern, ist auch gemäß dieser Studie der Schlüssel für den zukünftigen Erfolg eines Unternehmen. Erhöht sich das Engagement, steigern sich die Performance und auch die Bindung der Mitarbeiter ans Unternehmen. Voraussetzung für den Erfolg aller geplanten Maßnahmen ist, Klarheit über den tatsächlichen Status quo zu haben.

Es ist in mehrfacher Hinsicht essenziell, den Fokus darauf zu richten, das interne Potenzial zu aktivieren. Zum einen geht es um die Möglichkeit des Replacements von Schlüsselspielern. Darüber hinaus schwingt in der Thematik aber eine weitere, tief greifende Frage mit: Wieso wird das Mitarbeiterpotenzial nicht bereits in vollem Umfang entfaltet?

Diese kritische Frage müsste sich eigentlich das Topmanagement gefallen lassen – was ein Dilemma nach sich ziehen könnte: Die eigene Leistung stünde zur Debatte. Es gibt aber einen eleganten Weg, das angesprochene Dilemma zu umgehen. Man könnte die nicht beeinflussbaren Rahmenbedingungen der demografischen Entwicklung gewissermaßen als „Feigenblatt" nutzen und somit ohne Gesichtsverlust die unvermeidbaren Veränderungen von „langjährig Bewährtem" analysieren und anstoßen.

Damit die zu wählenden Maßnahmen wirksam sind, muss der Status quo richtig eingeschätzt werden. In welcher Verfassung befindet sich das Unternehmen? Eine mögliche Herangehensweise besteht darin, die sogenannte „Organisationale Energie" zu ermitteln. Was sich dahinter verbirgt, sehen Sie im folgenden Abschnitt. Sinnvoll hinterfragt werden sollte im nächsten Schritt die bestehende Führungskultur bzw. Führungsqualität.

Anschließend – aber nicht nachrangig – wird das Setting, in dem sich der Mitarbeiter bewegt, analysiert. Ist er in der richtigen Funktion und wenn ja, ist er mit den notwendigen Qualifikationen „ausgestattet", um seinen Aufgaben erfolgreich nachzukommen?

Aber wird das beschriebene Setting auch von den richtigen Rahmenbedingungen flankiert? Dazu gehören Arbeits- und Lebensbalancen ebenso wie ein Sabbatical

---

[241] Corporate Leadership Council, CLC Human Resources: „Engagement Trends – Discretionary Effort, Intent to Stay, Engagement Levels", October 2010.

oder Vertrauen und Freiräume, die sowohl den Gestaltungsrahmen als auch zeitliche Auszeiten betreffen.

Kultur und Werte beginnen und enden nicht an den Unternehmensgrenzen. Corporate Engagement mit mittlerweile vielfältigen Ausprägungen, vor allem aber mit Chancen für die persönliche Entwicklung des Mitarbeiters, von der letztlich auch das Unternehmen profitiert, ist mehr als nur noch „nice to have". Wenn das Unternehmen in guter Verfassung ist, vieles bietet, kurzum, wenn es attraktiv ist, soll es auch die Öffentlichkeit wissen – zumindest die relevanten Zielgruppen auf Kunden- und Mitabeiterebene. Das Unternehmen ins rechte Licht zu rücken, ist dann die Aufgabe des Employer Branding.

Mit den soeben genannten Aspekten, die bereits jeder für sich – und umso mehr alle gemeinsam – dazu beitragen, das in den Unternehmen „schlummernde" Mitarbeiterpotenzial in vollem Umfang auszuschöpfen, werden sich die folgenden Kapitel eingehend befassen.

5.2 Die Energie in Unternehmen messen und aufbauen

Wie in allen Organismen, herrscht auch in Unternehmen ein bestimmtes Energielevel. Der bestehende energetische Zustand ist aber nicht unveränderbar. Will man das Energieniveau des Unternehmens positiv beeinflussen, muss zunächst der Status quo ermittelt werden, erst dann kann man zielführende Maßnahmen entwickeln. Um aber eine korrekte Bestandsaufnahme machen zu können, bedarf es der geeigneten Messmethode. Eine sehr umfassende, tief greifende Analysemethode ist das Messen der organisationalen Energie.

Die Organisationale Energie messen

Zu den derzeit führenden Wissenschaftlern auf dem Gebiet „Organisationale Energie" gehört die St. Galler Professorin Heike Bruch.[242] „Organisationale Energie" nennt Bruch das Konstrukt, das sich mit den Folgen von Be- und Entschleunigung für Unternehmen beschäftigt. Organisationale Energie ist die Kraft, mit der Unternehmen arbeiten und zielgerichtet Dinge bewegen. Die Stärke der Organisationalen Energie zeigt an, in welchem Ausmaß Unternehmen ihr Potenzial zum Verfolgen zentraler Ziele aktiviert haben.[243] Mangelt es einem Unternehmen an dieser Energie, erkennt man das meist an einer allgemeinen Trägheit, einer Veränderungsmüdigkeit, einem allgemein herrschenden Zynismus, einer Art Organisationalem Burnout und vor allem auch an einer Wachstums- und Innovationsschwäche.

---

[242] Bruch, H. und Vogel, B.: Organisationale Energie: Wie Sie das Potenzial Ihres Unternehmen ausschöpfen, 2. Auflage, Gabler Verlag, Wiesbaden 2009.
[243] Ebenda

Schuld daran ist meist die sogenannte „Beschleunigungsfalle": Denn soziale Systeme können nicht einfach beliebig viele Veränderungen anstoßen, die sich dann fast immer überlagern. Irgendwann wird es den Teams zu viel und die Mitarbeiter resignieren, die Energie kippt, immer mehr Mitarbeiter steigen nach und nach aus und gehen in die innere Immigration, absolvieren möglicherweise noch Dienst nach Vorschrift oder verlassen gar das Unternehmen. Dabei ließen sich die Konsequenzen der Beschleunigungsfalle leicht verhindern: Führungskräfte müssten für ihre Mannschaft (und für sich selbst!) lediglich regelmäßig Erholungsphasen einbauen, in denen sich Veränderungen setzen können.

Grundsätzlich kann sich produktive Energie dann am besten entfalten, wenn eine angenehme Grundenergie (gute, werthaltige, vertrauensvolle Unternehmenskultur) herrscht. Die Gefahr von Selbstgefälligkeit und Trägheit besteht zwar immer, doch gleichzeitig können Impulse eine enorme positive Energien freisetzen, wenn die Basis stimmt.

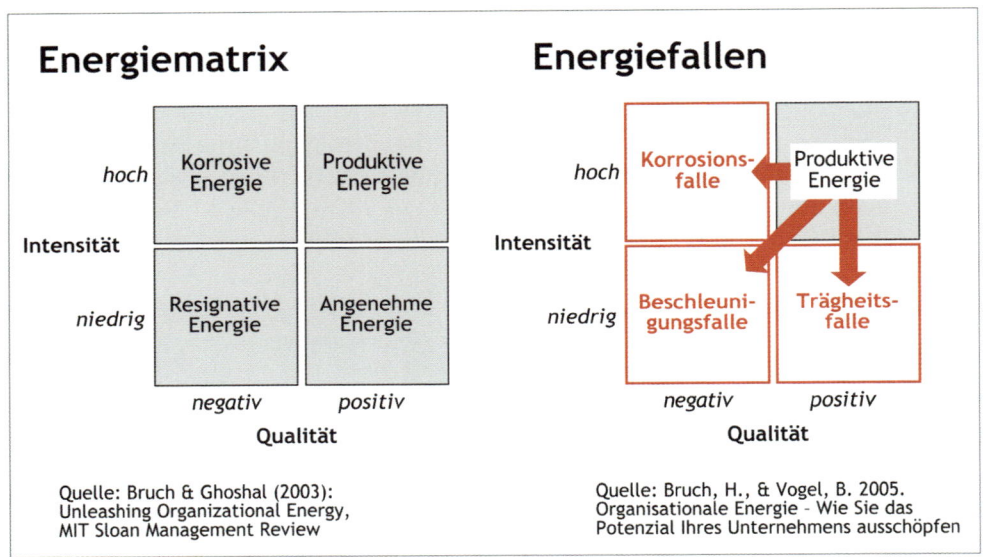

Abb. 20: Organisationale Energie: Energiematrix und Energiefallen

Eine besonders problematische Folge der Beschleunigungsfalle ist das Entstehen von „korrosiver Energie", die im Gegensatz zur passiven Apathie und Resignation aktiv wirkt und eigene destruktive Energien freisetzt, die gegen das System bzw. die anvisierte Zielrichtung laufen. Sie ist nicht nur subversiv und offensiv, sondern auch kontraproduktiv und vor allem ansteckend! Selbstverständlich sind im Alltag alle Energien in unterschiedlichen Ausprägungen vorhanden und agieren nahezu unabhängig voneinander; ideal sind eine hohe produktive und angenehme Energie, um Innovation und Wachstum zu erzielen. Doch in den meisten Unternehmen stellt sich die Situation folgendermaßen dar: Es gibt eine Menge resignativer oder korrosiver Energie, wodurch häufig enorme Engagementreserven gebunden werden oder gar verkümmern!

Ein paar Zahlen verdeutlichen die enormen Potenzialreserven[244]: Tatsächlich befindet sich derzeit etwa jedes zweite Unternehmen in der Beschleunigungsfalle. 35 Prozent von ihnen betreiben dauerhaft Aktivitäten, für die nicht ausreichend Unternehmensressourcen vorhanden sind, und setzen ihre Mitarbeiter damit einer stetigen Überbelastung aus. Ebenfalls 35 Prozent besitzen keinen klaren Fokus, was zu Mehrfachbelastungen führt. Etwa 30 Prozent arbeiten sogar dauerhaft an der Kapazitätsgrenze – von Regenerierungsmöglichkeiten keine Spur. Und dies sind nur einige Indikatoren für die zugeschnappte Beschleunigungsfalle! Die messbaren Folgen sind praktisch überall gleich: Die Kündigungsabsichten bei den Mitarbeitern steigen im Durchschnitt um 200 Prozent, der Aggressionspegel und die korrosive Energie jeweils um 100 Prozent. Die emotionale Erschöpfung der Mitarbeiter wächst immerhin um 70 Prozent, während 50 Prozent mehr Mitarbeiter in Resignation verfallen.

Energie aufbauen

Die Energiezustände sind natürlich nicht statisch, sie sind veränderbar.[245] So kann Energie mobilisiert werden, indem

1. Bedrohungen aufgezeigt werden, wenn im Zustand der angenehmen Trägheit nur noch eingeschränktes Interesse für Neues gegeben ist,
2. Zukunftschancen ergriffen werden, wenn im Zustand der resignativen Energie durch Sinn stiftende Maßnahmen Zukunftsbilder erzeugt werden, für die es sich wieder lohnt, sich zu engagieren,
3. Unsicherheit abgebaut und vermieden wird, indem im Zustand der korrosiven Energie die notwendigen Veränderungen immer wieder kommuniziert, gemeinsam hinterfragt und konstruktiv aufgegriffen werden, um Angst und Unsicherheit zu reduzieren,
4. hohes Engagement erhalten und gefördert wird, um im Zustand der produktiven Energie die erfolgreiche Entwicklung nachhaltig voranzutreiben.

Das Topmanagement trägt hier zweifelsohne die größte Verantwortung. Den größten Hebel in der Hand hat jedoch das Middlemanagement, werden doch weit mehr als 80 %, zum Teil über 90 % der Mitarbeiter durch Angehörige dieser Ebene geführt. Das Middlemanagement richtig mitzunehmen, also einzubinden und zu

---

[244] Bruch, H. und Vogel, B.: Organisationale Energie: Wie Sie das Potenzial Ihres Unternehmen ausschöpfen, 2. Auflage, Gabler Verlag, Wiesbaden 2009.
[245] Ebenda

aktivieren, ist der Schlüssel zum Erfolg, vorausgesetzt, es ist hierzu entsprechend qualifiziert.

5.3 Führung – mit neuen Ansätzen am Puls der Zeit

In diesem Kapitel geht es nicht darum, alles Bisherige in vielerlei Hinsicht Bewährte und Erfolgreiche im Führungskontext infrage zu stellen. Thema ist vielmehr, inwieweit unter den sich verändernden (gesellschaftlichen) Rahmenbedingungen auch in Führung und Management eine Weiterentwicklung stattfinden muss, teilweise sogar radikal und grundsätzlich.

Das Gebot der Stunde lautet: mitarbeiterorientierte Unternehmens- und Personalpolitik, wobei hier wirtschaftliche Ziele und Mitarbeiterorientierung gleichermaßen im Blickpunkt stehen. Beide Aspekte bedingen sich gegenseitig und ergänzen sich. Diese Verbundenheit muss sich auch in der Führung widerspiegeln, d. h. Führungskräfte sollten zwar einerseits durchaus leistungsorientiert agieren, andererseits jedoch auch für die Themen, die den Mitarbeiter betreffen, sensibilisiert sein. Zu diesen Themen gehören unterschiedliche Lebensphasen ebenso wie der Generationenmix oder flexible Arbeitsumfelder und die damit einhergehenden Zusammenhänge.

Führungskräfte befinden sich bei der Gestaltung der neuen Arbeitswelt in einer besonderen Position. Zum einen besteht ihre Aufgabe darin, sich aktiv einzubringen, der Mitarbeiterorientierung Leben einzuhauchen und den Mitarbeitern ein lebensphasengerechtes Arbeiten zu ermöglichen. Zum anderen profitieren sie natürlich auch selbst von dieser Ausrichtung.

Angesichts der veränderten gesellschaftlichen Rahmenbedingungen, die den Arbeitsmarkt in Zukunft prägen werden, ergeben sich folgende neue Ansätze hinsichtlich der Führung:

* Verteilte Führung (Distributed Leadership)
* Führen und Folgen
* Führung als Praxis
* Integration neuer Steuerungsfaktoren (Lebensphasenorientierung, generationengerechte Umfelder etc.)

Verteilte Führung

Über viele Dekaden hinweg wurden Leadership und Führung verknüpft mit der Assoziation des glorreichen Hero-CEO, des einen charismatischen Unternehmensführers, der für Erfolg und Misserfolg eines Unternehmens gleichermaßen die Verantwortung trug. Dieses Konzept hat sich in jüngster Zeit deutlich verändert. In der Praxis sehen wir gerade in gesunden Unternehmen immer wieder, dass Führung als einvernehmliche Interaktion zwischen Personen gelebt wird und darauf abzielt, die Intelligenz der Gruppe maximal zu nutzen. Dabei ändert sich, welche Person gerade ein Thema anführt und welche Personen situativ folgen. Dies ist kontextabhängig und orientiert sich an den jeweiligen Kompetenzen und am Energielevel der Beteiligten.[246]

„Leadership moves away from a „command and control" model to a more „cultivate and coordinate" model"[247], stellt auch Peter Senge, einer der führenden Organisationsberater, fest.

Selbstverständlich gibt es in Unternehmen normalerweise eine formale Führungskraft oder einen Leiter, auch von strategischen Querschnittsprojekten. Wenn dieser klug ist, fühlt er sich jedoch nicht dazu berufen, alle Entscheidungen an sich zu binden und so zum „Bottleneck" zu werden, er nutzt vielmehr die Intelligenz und Dynamik der jeweiligen Projektgruppe.[248]

Dieser scheinbare Widerspruch von Differenzierung und Integration hat sich zu einer Quelle neu entstehender Rollenverknüpfungen entwickelt: Waren Rollen und Funktionen (und damit verbundene Verantwortlichkeiten) in Organisationen lange Zeit sehr klar definiert, so verschwimmen diese in den letzten Jahren immer mehr.[249] Wissensarbeiter besitzen häufig Kompetenzen und Expertisen, die ihre Chefs nicht haben, ihr Verständnis für verschiedene Geschäftsaspekte geht nicht selten über das ihrer Chefs hinaus. „Wir sind deshalb so erfolgreich, da bei uns die Mitarbeiter und Führungskräfte ... oft viel mehr von der Materie verstehen, als ich es als Chef leisten kann", bestätigt auch Volker Kronseder, Vorstandsvorsitzender der weltweit operierenden KRONES AG diese Entwicklung. „Die Kunst liegt also darin, die ‚passende' Führungskraft an die ‚richtige' Stelle zu setzen – und dazu muss man immer häufiger klassisches Hierarchiedenken verlassen."[250]

Hier treffen wir wieder auf die Notwendigkeit, im alltäglichen operativen Geschäft nach dem „Right Potential" zu suchen. Beide Konzepte – Right Potential und die verteilte Führung – sind eng verbunden, denn Letztere funktioniert nur, wenn alle Beteiligten ihre Stärken und Schwächen kennen, sich optimal einbringen und auch zurücktreten können. Anders als beim Delegieren, der bewährten Top-down kaskadierenden Managementmethode, fühlen sich bei verteilter Führung alle Beteiligten zuständig und verantwortlich für gute Ideen, Konzepte und die Zielerreichung.

---

[246] Ab einem gewissen Managementlevel (bei größeren Unternehmen und Mittelständlern in der Regel ab dem Vice President Niveau) funktioniert Führung in den seltensten Fällen Top-down. Man arbeitet im operativen Alltag mit Kollegen aus anderen Abteilungen oder formal höher eingruppierten Kollegen an strategischen Themen und Projekten und muss diese für inspirierende Strategien, neue Vorgehensweisen und Ideen begeistern.

[247] Senge, P.: MIT Sloan, Leadership Center, Massachusetts, 2006.

[248] Gögdün, B.: Post-heroic Leadership, Arbeitspapier, European School for Management and Technology (ESMT), Berlin 2009.

[249] Ebenda

[250] Volker Kronseder auf Nachfrage im persönlichen Gespräch im Anschluss an die Publikation des Geschäftsberichtes 2010. Dazu auch Gögdün, B.: Post-heroic Leadership, ESMT 2009.

Dazu kooperieren die Experten und Manager je nach Kompetenz und Situation und es entsteht eine Atmosphäre, in der alle ihren Beitrag leisten können.

Mit verteilter Führung ist aber keine totale Demokratie oder bremsende Konsenskultur gemeint. Wo sich Führung im Prozess entfaltet, ist nicht jeder automatisch ein Entscheider – ein weitverbreitetes Missverständnis. Aber jeder ist ein Experte, dessen Wissen zum Entscheidungsprozess beiträgt, jeder hat in adäquaten Situationen auch einmal den Hut auf und bringt ein Thema durch seine spezielle Kompetenz vorwärts.

Nach unserer Erfahrung, die wir in der Beratung von Unternehmen insbesondere hinsichtlich der Entwicklungsprogramme für jüngere Führungskräfte, Talente und Führungsanwärter gemacht haben, funktioniert diese Art der Führung hervorragend und setzt eine immense positive Energie frei. Den Einzelnen zu stärken, hat zudem eine auffallend positive Auswirkung auf alle Beteiligten, und zwar unvergleichbar positiver als ein Wettbewerb zwischen Einheiten und Fraktionen.

In der Praxis der Führungsberatung lässt sich verlässlich beobachten, dass dann, wenn Führung als eine spezielle Art der Kooperation gelebt wird, fast immer alle Teammitglieder am gleichen Ziel arbeiten und dabei auf sehr unterschiedliche Art und Weise ihren individuellen Beitrag leisten – oft mit überraschend starken Inputs. Wir können immer wieder beobachten, dass sich unter Peergroups das Führen und Folgen fast natürlich als fließender Prozess einstellt, der schnell zu erstaunlich hochwertigen Ergebnissen führt und die verschiedensten Mitarbeiter dazu motiviert, sich situativ führend einzubringen. Distributed Leadership berechtigt und befähigt folglich jeden, seinen Job effizient, bedeutungsvoll und effektiv zu machen, weil der eigene Beitrag passgenau eingebracht werden kann.

Wie unterstützt man als Unternehmer oder Personalmanager diese Führungsform also?

* Ermutigen Sie die Führungskräfte dazu, ihren Mitarbeitern Freiräume zu gewähren und zu beobachten, wer freiwillig welche Rollen übernimmt.
* Führen Sie den Führungskräften vor Augen, dass Freiräume nicht mit einer verringerten Leistungsorientierung einhergehen, sondern vielmehr zur Entfaltung von Potenzialen und zur Zufriedenheit beitragen.
* Verdeutlichen Sie, dass ein „Loslassen" von Kontrolle hin zu Vertrauen erforderlich ist und coachen Sie Ihre Führungskräfte und Leitungsteams auf dem Weg zu mehr Flexibilität im Führungsprozess.
* Machen Sie leistungsorientiertes Führen, das weniger auf das „Wann" und „Wo" der Arbeitserledigung als vielmehr auf das Ergebnis abzielt, zum Thema in Führungskräfteseminaren. So bildet sich eine Bewusstseinsbasis für die vielen Varianten, durch die gute Ergebnisse erzielt werden können, und rigide Führungsprozesse schmelzen ab.
* Halten Sie Führungskräfte dazu an, Mitarbeiterinnen und Mitarbeiter bei entsprechender Eignung in einen anderen Arbeitsbereich wechseln zu lassen, in

dem sie ihr Potenzial besser einbringen und Verantwortung übernehmen können und wollen. Dies fördert parallel auch die Employability von Mitarbeitern.

- Und als Führungskraft gilt es, die Kompetenzen und Fähigkeiten seiner Mitarbeiter immer besser kennenzulernen.

Um die Entwicklung von Einzelnen und deren Kompetenzen stärker für das Gesamtziel nutzen zu können, muss für eine flexiblere Dynamik von Führen und Folgen Raum geschaffen werden. Der Ansatz „Führen und Folgen" steht in engem Zusammenhang mit dem eben erörterten Thema „Verteilte Führung", allerdings ist hier der Fokus weniger auf den Führenden gerichtet als auf denjenigen, der einem Führenden folgt.

Führen und Folgen

Neben den bereits beschriebenen Entwicklungen ruft eine weitere Bewegung geradezu nach einem neuen Ansatz von Führung: Die Dezentralisierung von Organisationen hat zu weitverzweigten Aktivitäts- und Entscheidungsbefugnissen geführt. Diese sind jeweils Leuten zugeteilt, die in hierarchisch niedrigeren Ebenen verantwortlich das Geschäft mitbestimmen. Daraus entsteht eines der drängendsten Themen, mit dem Führungscoaches und -berater heute konfrontiert sind: Es ist der Bedarf an mehr unternehmerischer Initiative, Innovationsfreude und Kreativität (z. B. „Corporate Entrepreneurship"). Ein Mehr dieser Aspekte bringt im Idealfall proaktives Handeln und Engagement der Mitarbeiter in die Unternehmen.

Innovation und unternehmerische Initiative sind fast immer ein kollektiver Prozess, in dem die kreativen Talente einer vielfältigen Gruppe genutzt werden. Es bedarf eines Verständnisses von Leadership als „kollektive Begabung" einer Gruppe von Mitarbeitern, die an einem Thema arbeiten, um einen solchen Prozess ins Rollen zu bringen.[251] Wenn wir also in Zukunft über Führung sprechen, ist es sinnvoll, den inneren Fokus zu verschieben: von „auf eine Person zentriert" hin zu einem lebendigen Prozess, den derjenige gerade anführt, der entsprechende Expertise, Kompetenzen und Stärken hat oder einfach die größte Inspiration und Energie für das jeweilige Thema.

Die erfolgreiche Kooperation zwischen „Leader" und „Follower" ist ganz entscheidend, um ein Umdenken in der Führungsspitze und ein entsprechendes Handeln bis hinunter zur Basis zu erreichen. Dies ist ein Grund mehr, sich diese Beziehung einmal genauer anzuschauen.

In den vergangenen Dekaden wurde in der internationalen Fach- und Managementliteratur überwiegend über Führung und Führungsverhalten geschrieben und gesprochen. Erst seit wenigen Jahren wendet sich die Aufmerksamkeit auch jener Gruppe zu, ohne die es keine Führungskräfte gäbe und Führungsverhalten irrele-

---

[251] Hill, L. A.: Where Will We Find Tomorrow's Leaders? Harvard Business Review, January 2008.

vant wäre: den Followers – oder zu Deutsch denjenigen, die sich entscheiden, einer Idee oder einer Person zu folgen.

Egal, ob ein Unternehmen eine innovative Produktlinie entwickeln, veränderte Führungskompetenzen durchsetzen möchte oder einfach ein bereichsübergreifendes Projekt starten will: Veränderung fängt beim Einzelnen an und wer etwas verändern will, braucht oft Mut – den Mut, mit seiner Idee zunächst allein zu stehen oder auch, den Mut, einen Misserfolg zu riskieren.

Der erste Follower hat folglich eine bedeutende Rolle: Er zeigt jedem öffentlich, dass eine Idee Anhänger hat und möglicherweise relevant sein könnte. Genau genommen ist die Rolle des ersten Follower eine unterschätzte Form der Führung. Der erste Follower macht aus einem Einzelkämpfer einen Anführer und aus einer Idee ein relevantes Projekt mit Chancen. Je mehr Anhänger eine Idee findet, desto geringer ist das gefühlte Risiko des Einzelnen. Wenn Kollegen zunächst zögerten zu unterstützen, so gibt es in dieser Phase des Prozesses Bewegung. Das Ganze funktioniert jedoch nur, wenn der Leader seine ersten Anhänger als gleichwertig pflegt – klassische, hierarchische „Führung" wäre hier fehl am Platz und kontraproduktiv.

Führung als Praxis

Eine sehr kurze und gleichzeitig sehr unterschätzte, aber einflussreiche Wahrheit über Führung ist die Folgende: Führung kann man als permanenten Übungsprozess verstehen. Führung ist kein feststehender Zustand, sondern eine Aktivität, die in der Gegenwart stattfindet. Im Kontext mit anderen Spielern und veränderten Randbedingungen entwickelt sie sich stetig weiter.

Das erscheint sehr trivial – aber nur in der Theorie. Jeder, der schon einmal einen Neujahrsvorsatz hatte, weiß, wie schwierig es ist, sich alter Gewohnheiten zu entledigen und Neues in seinen Alltag einzubauen. „Die Schwierigkeit ist nicht, neue Ideen zu finden, sondern den alten zu entkommen", dozierte bereits der berühmte Nationalökonom John Maynard Keynes vor Jahrzehnten.

Genau diese Erfahrung haben wir in Verbindung mit dem Thema Führung in unserer Beratungspraxis gemacht. Eine große Anzahl von Führungskräften weiß durchaus, auf welche Verhaltens- und Meta-Kompetenz-Felder sie sich fokussieren wollen, und sie sind auch motiviert, dies zu tun. Im alltäglichen operativen Geschäft überdauern gute Vorsätze, die z. B. im Rahmen von Führungsworkshops entstanden sind, aber oft kaum eine Woche. Jede Neueinstellung des Gehirns braucht Zeit – genauer gesagt mindestens eine kontinuierliche tägliche Übungsphase von drei Wochen. Deshalb hat sich die folgende Methode für viele Manager als zielführend herausgestellt:

- Überlegen Sie sich eine oder zwei (bis maximal drei) kleinere Vorhaben, die Sie im Bereich Ihrer täglichen Führungspraxis üben oder vervollständigen möchten.
- Machen Sie diese Vorhaben für 30 Tage zu Ihrer täglichen Praxis und führen Sie in dieser Zeit Buch über Ihre Gedanken, Herausforderungen und Ideen.

- Fangen Sie klein an und steigern Sie ggf. den Grad der Herausforderung nach ersten Erfolgen.

Lebensphasenorientierung als zukunftsfähiger Steuerungsfaktor

Angesichts der vielfältigen gesellschaftlichen Veränderungen und deren Auswirkungen auf das Arbeitsleben wird die neue Generation der Führungskräfte nicht nur dafür verantwortlich sein, dass sich Mitarbeiter in einem Unternehmen und in den vorhandenen Strukturen optimal entwickeln und damit ein positiver Wirtschaftsfaktor für den Betrieb sind. Sie müssen auch die Lebensphasen des Einzelnen im Blick haben und daraus die entsprechenden Belange und Notwendigkeiten für die Arbeit ableiten.

Um Mitarbeiter langfristig zu binden, muss sich die Führung nach dem Prinzip der Ganzheitlichkeit ausrichten. Durch die Linse der Lebensphasenorientierung betrachtet bedeutet dies, dass alle personalstrategisch relevanten Bereiche und Handlungsfelder berücksichtigt werden müssen. Dazu gehört auch, die Aufgaben und die Rahmenbedingungen des Arbeitsumfeldes an die jeweilige Lebensphase des Mitarbeiters anzupassen:

- Ermutigen Sie die Führungskräfte dazu, im gemeinsamen Gespräch mit ihren Mitarbeiterinnen und Mitarbeitern die unterschiedlichen Belange der verschiedenen Altersgruppen zu thematisieren und eine allgemeine Transparenz über die verschiedenen Werte und Verhaltenskonsequenzen der Generationen zu schaffen.

- Verdeutlichen Sie, dass eine differenzierte Herangehensweise an das Thema Weiterbildung nicht der Motivation entspringt, ein Ungleichgewicht herzustellen. Wird beispielsweise einem älteren Mitarbeiter eine zusätzliche oder kostspieligere Weiterbildungsmaßnahme als einem anderen Kollegen bewilligt, geht es vielmehr um einen lebensphasenorientierten Umgang mit jedem Einzelnen, was letztlich zu einer höheren Motivation und Leistungsfähigkeit des gesamten Führungsbereichs beiträgt.

- Überprüfen Sie die Unternehmenspolitik dahin gehend, wie hoch die Arbeitslast in Ihrem Unternehmen ist, und überlegen Sie, was Sie in Ihrem Bereich ggf. verändern können. Halten Sie Führungskräfte verstärkt dazu an, Sonderaufgaben möglichst nicht an Mitarbeiter zu vergeben, die zum gleichen Zeitpunkt privat unter starker Belastung stehen.

- Betreiben Sie Aufklärung: Verdeutlichen Sie den Führungskräften, dass die Überlastung eines Mitarbeiters nicht selten zur Kündigung führt, und zwar zur inneren Kündigung oder auch zum Verlassen des Unternehmens. In jedem Fall sollten der daraus entstehende betriebswirtschaftliche Schaden und die Konsequenzen für das Engagement der Mitarbeiter klar kommuniziert werden.

- Thematisieren Sie offen das Spannungsfeld, dass einerseits Mitarbeiter mit Bedürfnissen und Wünschen an sie herantreten, sie jedoch andererseits bestimmte Vorgaben und Ziele erreichen müssen. Suchen Sie gemeinsam nach Lösungen bzw. machen Sie Ihren Standpunkt ehrlich transparent.
- Etablieren Sie Lebensphasenorientierung als Teil der Zielvereinbarung für Führungskräfte.

Als Fazit lässt sich sagen, dass fast keine Instrumente und Methoden des zukunftsfähigen Personalmanagements im Bereich Führung kostenintensiv sind. Die empfohlenen Instrumente zielen in erster Linie auf Klarheit der Standpunkte, Transparenz in der Kommunikation und darauf ab, wie sich Führungskräfte und Unternehmer in ihrer Rolle als „Modell" für die Mitarbeiter verhalten sollten.

5.4 „Zeitwerte" Rahmenbedingungen und individuelle Gestaltungsräume

Wie lassen sich die Rahmenbedingungen so gestalten, dass der Mitarbeiter seine Aufgaben hoch motiviert und engagiert erfüllt? Eine entscheidende Rolle hierfür spielt das Element Zeit. Zeit erhält einen eigenständigen Wert, den „zeitwerte" Rahmenbedingungen berücksichtigen.

Freiräume und Vertrauen

Bei der Itemis AG[252] wird die Idee „Freiräume und Vertrauen" z. B. so gelebt: Die Mitarbeiter arbeiten nach dem Modell 4 + 1. Von einhundert Prozent Vertragsbestandteil bringen sie 80 Prozent der Arbeitszeit für ihre vereinbarte Tätigkeit auf, während sie die verbleibenden 20 Prozent nach ihren eigenen Vorstellungen und Ideen einsetzen. „Unser Arbeitszeitmodell 4 + 1 gibt unseren Mitarbeitern einen Freiraum von einem Tag pro Woche zur Gestaltung der persönlichen Weiterentwicklung. Was genau unter Weiterentwicklung zu verstehen ist, haben wir nicht exakt definiert."[253]
Die Mitarbeiter können während dieser „eigenen" Zeiten (im Unternehmenskontext „Slots" genannt) selbst entscheiden, wie sie sich sinnvoll (und im Sinne des Unternehmens) weiterentwickeln oder qualifizieren. Die Personalabteilung hat, wenn überhaupt, nur ein Vetorecht. „Die Spannweite von Weiterbildungsaktivitäten ist sehr groß und beschränkt sich keineswegs nur auf unsere Kernkompetenz, die Softwareentwicklung. Sicherlich werden hier die meisten Weiterbildungsaktivitäten organisiert und durchgeführt, doch auch die Teilnahme an Projekten ge-

---

[252] Die Itemis AG ist ein Beratungsunternehmen für Modellbasierte Softwareentwicklung, Mobile Solutions etc. mit Sitz in Lünen.
[253] www.itemis.de

meinnütziger Organisationen zählen wir dazu. An erster Stelle zu nennen sind unsere Open-Source-Projekte und die sogenannten Study-Groups, in denen neue Technologien ausprobiert und auf ihre Praxistauglichkeit hin getestet werden."[254]

Das Modell gilt für alle im Unternehmen Beschäftigten, ist vertraglich festgeschrieben und regelt auch die Kostenfrage: (Weiterbildungs-)Kosten werden weitgehend von Itemis übernommen. Die Personalabteilung kümmert sich um Synergie- und Koordinationsfaktoren, wenn sich beispielsweise mehrere Mitarbeiter für das gleiche Thema interessieren. Die Opportunitätskosten fallen in diesem Modell sehr gering aus, da die Mitarbeiterauslastung im Beratergeschäft in der Regel nur bei ca. 80 bis 85 Prozent liegt.

Besonders interessant aus Sicht des Unternehmens ist die mit dem 4 + 1-Modell verbundene Kostenersparnis. Sie ergibt sich aus fehlender Kontrolle, nicht erforderlicher Regelungen, von vorneherein unterbundenem Misstrauen, einer sehr geringen Fluktuation, der guten Bewerbersituation – gerade auch bei jüngeren Fachkräften gilt Itemis als attraktiver Arbeitgeber – und zu guter Letzt aus hoch motivierten Mitarbeitern, die sich selbst und eigeninitiativ auf den jeweils neuesten Technologiestand bringen. Dazu erhalten sie die notwendige technologische Infrastruktur, haben keine festen Arbeitszeitregeln, sondern können sich in dem guten Gefühl von „Vertrauensarbeitszeit" frei entfalten.

Die Rechnung geht auf: Die Itemis AG verzeichnet seit Jahren Gewinnsteigerungen – einmal abgesehen davon, dass sich das Unternehmen auf dem Arbeitsmarkt so stark und attraktiv positioniert hat, dass hier kein Bewerbermangel herrscht.

Ähnliche „time-outs", wie sie im internen Microsoft-Jargon genannt werden, bietet Bill Gates einem Großteil seiner Führungskräfte: Nachdem er selbst pro Jahr eine Woche Auszeit ohne Erreichbarkeit genießt und erkannt hat, wie gut es ist, einmal losgelöst vom Alltag über grundsätzliche Dinge nachzudenken, schickt er nun Jahr für Jahr seine besten Köpfe in nur kleinen Gruppen miteinander auf eine einwöchige Hüttentour.

Auch die Hilti Deutschland GmbH setzt mittlerweile mit seiner „Pit-Stop-Kultur" auf diese Art von Entschleunigung des Arbeitsalltages, indem sich jedes Team jährlich drei Tage Auszeit nimmt, um sich mit Grundsatzfragen zu beschäftigen: Läuft alles intern rund? Beschäftigt man sich mit den richtigen Themen? Wo brennt es unter Umständen? Dieser „Pit-Stop" kann übrigens auch außer der Reihe eingelegt werden, wenn ein Team das Gefühl hat, die Auszeit dringend zu brauchen oder ein Thema unbedingt bearbeiten zu wollen.

Und nicht nur das: Für die Mitarbeiter von Hilti gibt es darüber hinaus auch eine „Stop-Doing-Kultur", also bei Bedarf ein aktives und würdevolles Beerdigen von Themen und Projekten, die keinen Sinn (mehr) machen. Entscheidend ist dabei die Transparenz, aus der für alle klar hervorgeht, dass die Mitwirkenden ihre Arbeit den-

---

[254] www.itemis.de

noch gut gemacht haben – nur das Projekt eben nicht mehr passt, zu wenig Ressourcen vorhanden sind oder andere Gründe für den „Stopp" sprechen. So vermeidet das Unternehmen Demotivation und Frustration bei den betroffenen Teams.

Einen anderen Weg, um Slots für die Mitarbeiter zu ermöglichen, geht der große Versicherungskonzern AMB Generali Holding. Das Unternehmen bietet seinen Angestellten rund 150 Hospitantenplätze pro Jahr, die den glücklichen Gewinnern (die Plätze werden verlost) für ein bis fünf Tage die Gelegenheit geben, „über den Tellerrand" zu schauen und bei anderen Unternehmenseinheiten innerhalb der Holding hineinzuschnuppern. Das Programm erfreut sich hoher Resonanz und Akzeptanz[255] – auch hier greift das Prinzip „Entschleunigung".

Wie schafft man Vertrauen und Freiräume?
1. Das Gewähren von Freiräumen ist bereits ein Ausdruck von Vertrauen.
2. An den Mitarbeiter wird (Eigen-)Verantwortung übertragen.
3. Der Mitarbeiter wird bei der Wahl und Umsetzung der richtigen Maßnahme unterstützt.
4. Man stellt proaktiv sicher, dass der Mitarbeiter „Reload-Phasen" erhält.
5. Es gibt ein regelmäßiges Arbeits- und Erfolgsfeedback.

Balancen

Sie ist in aller Munde und gehört seit einigen Jahren zum festen Bestandteil der meisten Unternehmensleitlinien: Die sogenannte „Work-Life-Balance", die für Mitarbeiter eine Garantie für ein zufriedenes Leben im Privaten und am Arbeitsplatz sein soll. In einer Studie der Schweizer prognos AG wurden unter anderem die Vorteile der Work-Life-Balance für die Unternehmen, die möglichen Maßnahmen und Best-Practice-Beispiele sowie Modellrechnungen zusammengestellt.[256] Darin wird Work-Life-Balance folgendermaßen beschrieben: „Work-Life-Balance bedeutet eine neue, intelligente Verzahnung von Arbeits- und Privatleben vor dem Hintergrund einer veränderten und sich dynamisch verändernden Arbeits- und Lebenswelt. Betriebliche Work-Life-Balance-Maßnahmen zielen darauf ab, erfolgreiche Berufsbiografien unter Rücksichtnahme auf private, soziale, kulturelle und gesundheitliche Erfordernisse zu ermöglichen. Ein ganz zentraler Aspekt in dieser grundsätzlichen Perspektive ist die Balance von Familie und Beruf. Integrierte Work-Life-Balance-Konzepte beinhalten bedarfsspezifisch ausgestaltete Arbeitszeitmodelle, eine angepasste Arbeitsorganisation, Modelle zur Flexibilisierung des Arbeitsortes wie Telearbeit, Führungsrichtlinien sowie weitere unterstützende und

---

[255] Zeckra, C.: Gesundes Unternehmen (Vortrag), anlässlich des Selbst-GmbH-Netzwerktreffens in Köln am 27.05.2011.

[256] Prognos Studie: Work Life Balance – Motor für wirtschaftliches Wachstum und gesellschaftliche Stabilität. Analyse der volkswirtschaftlichen Effekte – Zusammenfassung der Ergebnisse.im Auftrag des BMFSFJ, Berlin 2005.

gesundheitspräventive Leistungen für die Beschäftigten. Work-Life-Balance ist in erster Linie als ein Wirtschaftsthema zu verstehen. Die dreifache Win-Situation (…) resultiert aus Vorteilen für die Unternehmen, für die einzelnen Beschäftigten sowie einem gesamtgesellschaftlichen und volkswirtschaftlichen Nutzen (…)«[257]

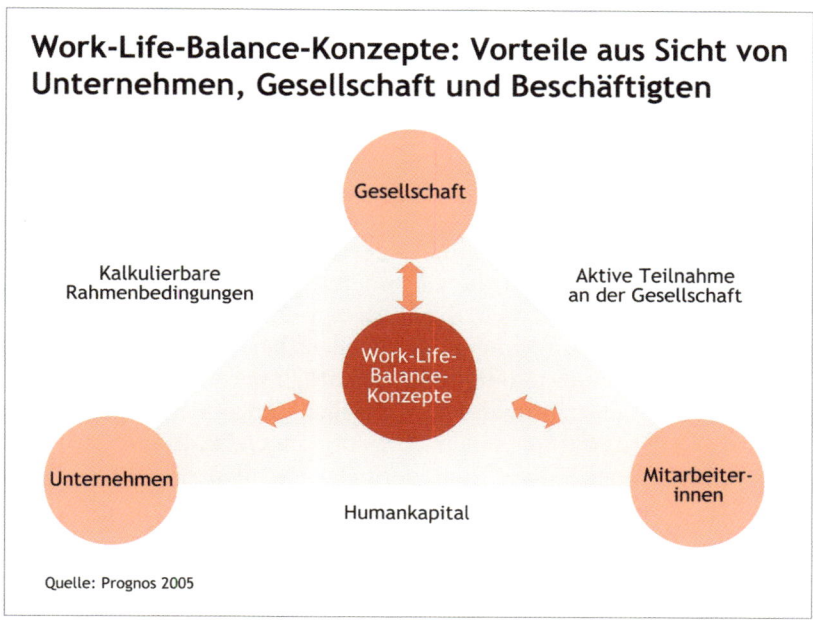

Abb. 21: Work-Life-Balance-Konzepte: Vorteile aus Sicht von Unternehmen, Gesellschaft und Beschäftigten

Als Gründe dafür, warum Unternehmen das Thema Work-Life-Balance in ihre Strategie integrieren, nennt die Studie drei Kernthemen.

Durch Work-Life-Balance:
1. steigert sich die Produktivität der Beschäftigten, da so die Arbeitsmotivation steigt, während Fehlzeiten und Fluktuation deutlich sinken,
2. erhöht sich die Unternehmensrendite, da die Identifikation der Mitarbeiter mit dem Unternehmen sehr stark ist, was nachhaltig zur Fachkräftebindung führt und durch das positive Image die Personalgewinnung erheblich erleichtert und
3. es verbessert sich das Unternehmensimage in der breiten Öffentlichkeit.

Wie Work-Life-Balance konkret aussehen kann, zeigen Beispiele, deren Aktivitäten sich im Wesentlichen auf drei instrumentelle Bereiche konzentrieren:

---

[257] Prognos Studie: Work Life Balance, S. 4.

- auf „Maßnahmen zur intelligenten Verteilung der Arbeitszeit im Lebensverlauf und zu einer ergebnisorientierten Leistungserbringung",
- auf „Maßnahmen zur Flexibilisierung von Zeit und Ort der Leistungserbringung" und
- auf „Maßnahmen, die auf Mitarbeiterbindung durch individuelle Laufbahnplanung, Förderung der Qualifikation und eine umfassende Sicherung der Beschäftigungsfähigkeit bei sich wandelnden Tätigkeitsanforderungen zielen."[258]

Als Best-Practice-Beispiele[259] werden vor allem Global Player genannt, was auf den ersten Blick den Verdacht nahelegen könnte, derartige Maßnahmen sind nur in Konzernen oder dem obersten Mittelstand möglich: So sichert beispielsweise die Bertelsmann AG betriebliche Gesundheitsmaßnahmen über einen zentralen Steuerkreis, um „das Gesundheitsverhalten der Mitarbeiterinnen und Mitarbeiter nachhaltig positiv zu beeinflussen", während die Commerzbank AG eine flexible Kinderbetreuung bietet, falls Kinderhort oder Kindergarten einmal geschlossen sind. Dieser kostenfreie Service für Eltern rechnete sich übrigens bereits nach kurzer Zeit, da die betreuungsbedingten Ausfallzeiten der Eltern deutlich zurückgingen.

Die Daimler Chrysler AG bietet individuelle Teilarbeitszeitmodelle, um Beruf, Familie und Weiterqualifizierung unter einen Hut zu bringen, und die Voith AG hat das Projekt „WiederEinstieg" ins Leben gerufen – „zur Erleichterung der Wiedereingliederung in den Beruf nach der Elternzeit".

Alle genannten Unternehmen gaben an, dass sich die Maßnahmen in jedem Fall gelohnt haben, absolute Zahlen fehlen allerdings in der Studie. Die Vielseitigkeit der möglichen Maßnahmen zeigt jedoch, dass „die Instrumente der Work-Life-Balance-Konzepte (...) potenziell allen Unternehmen offenstehen" und „von kleinen und mittelständischen Unternehmen ebenso genutzt werden" können wie von Großunternehmen Arbeitgebern der öffentlichen Hand. Die Managemententscheidung, „Work-Life-Balance als eine Maxime der betrieblichen Personalpolitik anzuerkennen und gleichrangig mit anderen Investitionen der Unternehmen in die Human Resources zu betrachten, ist nicht an spezifische Voraussetzungen gebunden. Zentral ist die Erkenntnis, dass Arbeitgeber- und Arbeitnehmerseite gemeinsam profitieren (...)".[260]

Erfolgreich sind die Lösungen dann, wenn sie generisch entwickelt werden. Die Individualität des Einzelnen mit seinen persönlichen Wünschen und Bedürfnissen einer Work-Life-Balance muss mit den spezifischen Rahmenbedingungen in Einklang gebracht werden.

---

[258] Prognos Studie: Work Life Balance, S. 6.
[259] Alle genannten Beispiele und Zitate ebenda S. 20 ff.
[260] Ebenda S. 10.

Um auch die bekannte zweite Seite einer Medaille zu beleuchten, lesen Sie nachfolgend eine Reihe von Aussagen, die sich zum Teil recht forsch nicht nur mit dem Wohl, sondern vor allem mit dem Wehe, zumindest aber mit den Grenzen der „bekannten" Work-Life-Balance auseinandersetzen.

So macht beispielsweise Stefan Bergheim[261] in seinen Denkanstößen zu Recht darauf aufmerksam, dass eine zukunftsfähige soziale Marktwirtschaft eine Antwort darauf finden muss, „welche Rolle der Familie als Sinngeber in Zukunft zukommen soll."[262] Denn an „ihr richten sich die Strukturen auf dem Arbeitsmarkt (‚Normalarbeitsverhältnis' für Männer), im Steuerrecht (Ehegattensplitting), im Bildungssystem (Halbtagsschule), in den Sozialversicherungssystemen und die Orientierung für jeden Einzelnen (Familie ist wichtigster Lebensbereich) aus (...). Gleichzeitig wird die klassische Familie immer seltener. Gründe hierfür sind die Individualisierung und Ausdifferenzierung der Lebensentwürfe, niedrige Geburtenraten und hohe Scheidungszahlen. Dieses Auseinanderfallen von Anspruch und Wirklichkeit (...)"[263] zeigt doch ganz deutlich, wo strukturelle neue Aufgaben warten, die mit dem herkömmlichen Verständnis von Work-Life-Balance nur unbefriedigend gelöst werden können. Die Prioritäten und Notwendigkeiten verschieben sich.

Eine weitere, recht provokante These formuliert der Gegenwartsphilosoph Ber Pesendorfer[264] in Zusammenhang mit dem Thema Work-Life-Balance. Er setzt voraus, dass Arbeit unser Leben strukturiert, Ziele setzt, unsere Zeit einteilt, uns selbst einteilt, unsere Triebe auf „ein sozial akzeptables Maß" herunterzähmt, fest gekettet an die Selbstverständlichkeit der Überlebensziele, die sich noch für jede Nachkriegszeit und Periode des Wiederaufbaus bewährt hatten.

Aber dieser Satz Ziele ist verbraucht, die kriegsmäßige Notbewältigung nicht mehr einzig legitimes Paradigma des Arbeitssinns. (...) Für andere Ziele lässt uns die Arbeitswelt jedoch kaum Zeit, und wenn, lehnen wir ihre Verkürzung freiwillig ab, weil wir nicht wissen, was wir mit der Zeit tun sollen. Eine Ehe gut zu führen, politisch engagiert zu handeln, Kinder liebevoll und klug aufzuziehen, ist allemal schwerer als noch einen Markt zu erobern für ein Produkt, das eigentlich keiner wirklich bräuchte (...). Die daraus abgeleitete These lautet: Weite Gebiete unserer Bedürfnisse sind heillos überbewirtschaftet, andere heillos unterbewirtschaftet. Aber es ist wie im individuellen Leben: Man zieht meist die Wiederholung eines bekannten Unglücks dem Risiko eines unbekannten Glücks vor."[265]

---

[261] Bergheim, S.: 10 Denkanstöße aus dem Projekt „Zukunftsmodell soziale Marktwirtschaft", Bertelsmann Stiftung, Policy Brief 2011/03.

[262] Ebenda S. 10.

[263] Ebenda

[264] Pesendorfer, B.: Zum Begriff der Arbeit, in: Ergänzungen – Ergebnisse der wissenschaftlichen Tagung anlässlich der Einweihung der Hochschule St. Gallen am 8.6.1989. Hrsg. von. Haller, M., Bern 1990, S. 315-326.

[265] Ebenda

In diesen Aussagen kommt zum Vorschein, was viele Politiker, Führungskräfte, Unternehmer, aber auch Arbeitnehmer und hier insbesondere Frauen anmerken: Leben und Arbeit haben sich verändert. Prioritäten haben sich verschoben und verschieben sich immer noch, es ist ein ständiges Wechseln und Verändern in Lebenszyklen – je nachdem, welcher Bereich gerade „dran" ist. Das kann Familienplanung sein, aber auch ein wichtiger Karriereschritt, Weiterbildung, eine Auszeit oder ein Neuanfang.

Aus all diesen Kritikpunkten ergibt sich, dass das Modell Work-Life-Balance sinnvollerweise durch das Modell „Life-Cycle-Balance" weiterentwickelt, wenn nicht gar abgelöst werden wird. Wir alle leben in Zyklen, die nicht klar voneinander zu trennen sind und weit mehr beinhalten als Arbeit und Privatleben. Was aber bedeutet das konkret für die Unternehmen? Was müssen sie verändern, um auf diese Bewegung angemessen zu reagieren?

Es gibt keine allgemeingültige Work-Life- bzw. Life-Cycle-Balance, sie ist immer individuell. Die folgenden Fragen können dabei helfen, eine solche Balance aufzubauen, sofern sie von jedem Mitarbeiter selbstkritisch beantwortet werden:[266]

1. Stellen Sie sich selbst klare Fragen!

Es ist wichtig, seine wirklichen Probleme und Herausforderungen zu erkennen. Was ist zu vermeiden, um in der Familie nicht die rote Karte gezeigt zu bekommen? Im Berufsalltag werden in der Regel Konflikte vermieden, es herrscht hierarchisches Duckmäusertum. Im Privaten geht es sehr viel persönlicher zu, Themen werden häufig schonungslos angesprochen.

2. Halten Sie die Abgrenzung von Privat- und Berufsleben aufrecht!

Handys, Blackberrys etc. bleiben zu Hause ausgeschaltet, erst recht im Urlaub. Nutzen Sie die Zeit, die Sie benötigen, um vom Arbeitsplatz nach Hause zu kommen, auch zum mentalen „Herunterfahren". Der Abstand von der Arbeit sollte psychisch wie physisch eingenommen werden.

3. Behalten Sie Ihr Schema bei!

Bestimmte Routinen machen es leichter, ab- und umzuschalten. Gerade dann, wenn ein gewisser Stress – egal ob beruflich oder privat – aus dem jeweils anderen Bereich herausgehalten werden soll.

---

[266] Shay, S.: Five Sensible Tips for Achieving Work-Life Balance, Self-discipline is the key to getting your job done while enriching your life. May 30, 2007,
http://www.cio.com/article/114051/Five_Sensible_Tips_for_Achieving_Work_Life_Balance

4. Delegieren Sie!

Gerade im Beruf sollte die Expertise und Unterstützung der Arbeitskollegen genutzt (nicht ausgenutzt!) werden. Führungskräfte können auf diese Weise auch persönliche Wertschätzung zum Ausdruck bringen, vorausgesetzt, dass die gestellte Aufgabe den Mitarbeiter weder über- noch unterfordert.

5. Setzen Sie ein Beispiel!

Unterstreichen Sie Ihre Worte mit Taten, nur so werden Sie glaubwürdig. So kann aus dem Verständnis für eine besondere Situation, in der sich ein Mitarbeiter befindet, authentisches Handeln werden, wenn dieser Mitarbeiter z. B. gezielt nach Hause „geschickt wird", weil er dort offensichtlich dringend gebraucht wird. Seine Arbeit kann auch einmal einen halben Tag lang liegen bleiben bzw. im Team zwischenzeitlich kollegial aufgeteilt werden.

Ein Best-Practice-Beispiel stellt das Unternehmen Wrigley dar. Wrigley produziert schnelllebige Konsumgüter wie z. B. Kaugummis und liegt abseits der Großstädte London und Bristol im Südwesten Englands. Das Unternehmen ist weltweit tätig und somit rund um die Uhr und an sieben Tagen die Woche an irgendeinem Ort aktiv. Eine Abgrenzung zwischen Arbeits- und Freizeit fällt für bestimmte Funktionen daher schwer. Genau das ist jedoch von Wrigley zur Kernherausforderung geworden: den eigenen Mitarbeiter diesen Raum zu gewährleisten. Erreicht wurde dies durch eine flexible Vertrauensarbeitszeit, sodass sich jeder seine Arbeitszeit so einteilen konnte, wie er es für richtig hielt. Das Ergebnis war nicht nur eine bessere Work-Life-Balance, sondern auch eine Produktivitätssteigerung.[267]
Das Beispiel von Wrigley macht noch eines deutlich: Die Work-Life-Balance gleicht tendenziell die Unwuchten des Tagtäglichen aus. Größeren Raum bei lebensverändernden Einschnitten gibt sie eher nicht. Die Life-Cycle-Balance hingegen benötigt Gestaltungsformen, die ihr erlauben, den Fokus auch einmal auf andere Lebensinhalte zu legen. Dies kann eine familiäre Auszeit ebenso sein wie eine umfangreiche Weiterbildung, die nicht neben den beruflichen Verpflichtungen erfolgen kann.

Sabbaticals

Sabbatical: „Die Mehrheit der deutschen Unternehmer ist davon wenig begeistert,"[268] und dennoch hört man immer wieder von Arbeitnehmern, insbesondere von Führungskräften, die diese lange Abstinenz vom Arbeitsalltag in Anspruch nehmen. Doch was genau ist eigentlich ein Sabbatical, wem bringt es etwas – und wem möglicherweise nur wenig? Der Begriff Sabbatical ist angelehnt an das

---

[267] Swiftwork: Best practice http://www.swiftwork.com/casestud16.asp
[268] Hess, B.: Sabbaticals – Auszeit vom Job, Frankfurter Allgemeine Buch, Frankfurt 2009.

jüdische Wort „sabbat", der als siebter Tag in der Woche ein Ruhetag ist, bzw. an das Sabbatjahr, welches das siebte Jahr beschreibt, in dem der Acker brachliegt, damit der Boden sich erholt. Das Wort Sabbatical soll diese alten und biblischen Bilder in die Arbeitswelt projizieren.

Eine Ruhephase zur Regeneration – eine Traumvorstellung für viele Arbeitnehmer. Und für die meisten bleibt dies auch so, denn allen Medienberichten zum Trotz liegen zwischen Wunsch und Wirklichkeit Welten: „Die Zahl derer, die den Ausstieg tatsächlich wagen, ist verschwindend gering."[269] Das hat viele ganz unterschiedliche Gründe: finanzielle, organisatorische, karrierebezogene, persönliche und arbeitspolitische, um nur die wichtigsten zu nennen. Denn ganz gleich, wie ein Sabbatical geplant ist – ob als bezahlte oder unbezahlte Auszeit vom Job mit einer Dauer von drei bis 12 Monaten – es ist immer mit umfangreichen Vorausplanungen auf beiden Seiten, also aufseiten des Arbeitgebers ebenso wie aufseiten des Arbeitnehmers, verbunden. Und allein das schreckt bereits viele Menschen davor ab.

Dabei ist die Idee an sich sehr gut: Entstanden in den Neunzehnhundertsechziger Jahren im Hochschulumfeld als „Forschungsfreisemester" sollte das Sabbatical vor allem dazu dienen, sich jenseits des Arbeitsalltags in aller Ruhe und ungestört den Forschungen zu widmen – die dann im Anschluss nicht nur dem Forscher selbst, sondern auch seinem Arbeitgeber zugutekamen. Eine Win-win-Situation also, die durchaus Sinn macht und bis heute nicht nur an den Hochschulen praktiziert wird, sondern auch von großen Konzernen wie Siemens, Hewlett Packard, BMW oder Lufthansa und dort zum Angebotsportfolio an Arbeitnehmer gehört.

Fragt man allerdings nach einem Sabbatical, könnte dies als Abschied auf Raten gedeutet werden, wird es einem angeboten, kommt dies einer sanften Kündigung gleich. Dabei ist die Rechtslage seit jeher eindeutig und es gibt gesetzliche Regelungen: Je nach Ansatz und Vertrag ist ein Sabbatical zeitlich limitiert, in der Regel unbezahlt bzw. auch durch Guthaben auf angesparten Zeitwertkonten gedeckt. Die (vertragliche) Rückkehr zum Job ist in jedem Fall gesichert.

Und genau das ist der Haken daran, die garantierte Rückkehr an den alten Arbeitsplatz. Warum sowohl die Unternehmen als auch die Mitarbeiter diesen Haken tatsächlich oft als solchen empfinden, liegt auf der Hand, wenn man sich mit den Motiven für eine Auszeit näher befasst: Ein Sabbatical kommt meist dann ins Gespräch, wenn sich ein Arbeitnehmer inhaltlich oder zeitlich überfordert fühlt, wenn er erste Burn-out-Symptome erkennt, wenn er Zeit für eine grundsätzliche berufliche Umorientierung braucht, sich in einer Umbruchphase befindet (das kann auch privat bedingt sein!), wenn er persönliche Projekte vorantreiben möchte (Hausbau, Weltreise etc.) oder er einfach Schwierigkeiten mit seinem Team am Arbeitsplatz hat.

---

[269] Hess, B.: Sabbaticals – Auszeit vom Job, Frankfurter Allgemeine Buch, Frankfurt 2009.

An sich wäre das ein idealer Zeitpunkt für eine Auszeit, könnte man meinen – nur was passiert in einer solchen Auszeit mit dem Menschen? Viele Unternehmer sehen zu Recht genau hier das Kernproblem: Denn während der Arbeitsplatz für den Auszeitnehmer frei gehalten wird, Kollegen und Teams oft mit Neid und Missgunst reagieren, stellt der Auszeitnehmer häufig losgelöst vom Alltagsstress sein gesamtes bisheriges Leben infrage. Erst in der Auszeit ist der Mensch in der Lage, alte, eingetretene Pfade zu verlassen, die wirklich wichtigen Werte für sich selbst zu erkennen, vielleicht ein neues Lebenskonzept zu entwickeln und Energie zu tanken. Der Prozess ist wichtig und auch Sinn der Sache, das Ergebnis schafft allerdings oft ein größeres Problem für beide Seiten. Es kommt nämlich immer wieder vor, dass sich die aus diesem wichtigen Prozess entstandenen Erkenntnisse nicht mehr mit den Gegebenheiten am Arbeitsplatz in Einklang bringen lassen und Konflikte bei der Rückkehr vorprogrammiert sind. Eine endgültige Trennung steht plötzlich vor der Tür und das Sabbatical war in diesem Fall der Abschied auf Raten.

Dass viele Unternehmen diese Situation scheuen, schlägt sich auch in Zahlen nieder: Derzeit sind es in Deutschland beispielsweise nur drei bis fünf Prozent aller Unternehmen, die ihre innerbetrieblichen Vereinbarungen um das Sabbatical-Angebot erweitert haben[270]. Demgegenüber stehen rund 70 Prozent der Arbeitnehmer, die sich eine Auszeit vorstellen könnten, allerdings nur 7 Prozent, die sich tatsächlich ernsthaft mit dem Thema befassen. Die anderen fürchten sich vor einem schlechten Image, vor Karriereknicks oder atmosphärischen Störungen mit den Kollegen.

Dennoch gibt es Beispiele von Unternehmen, die gute Erfahrungen mit der limitierten Auszeit gemacht haben: Die BMW-Group bietet seit Mitte der Neunzigerjahre unterschiedlich lange Sabbaticals an, die interessanterweise vor allem von Produktionsmitarbeitern genutzt werden. Die lange Erfahrung mit diesem Konzept hat hier natürlich im Laufe der Jahre geholfen, Hemmschwellen abzubauen. Bei der Boston Consulting Group sind durchschnittlich 13 Prozent aller Mitarbeiter in einem Sabbatical, wobei hier der Schwerpunkt auf Weiterbildung liegt. Bei der Henkel AG sieht man durch Sabbaticals vor allem bei Führungskräften Chancen der langfristigen Bindung.[271]

Es stellt sich nun die Frage, warum das Handling von Sabbaticals quer durch die Unternehmenslandschaft so sehr differiert. Die bereits genannten Vorurteile und Ängste sind dabei sicherlich wichtige Faktoren und nur durch gezielte Beratung und Aufklärung, kombiniert mit eigenen Erfahrungen, erhält man einen klaren Blickwinkel, kann daraus seinen eigenen Standpunkt erkennen und die richtigen Schritte ableiten. Selbstverständlich kann eine externe, durchaus sehr persönliche Beratung zielführend sein.

---

[270] Hess, B.: Sabbaticals – Auszeit vom Job, Frankfurter Allgemeine Buch, Frankfurt 2009, S. 59.
[271] Ebenda, S. 149 ff.

Was aber ganz sicher noch viel zu wenig beachtet wurde, ist die Überlegung, was ein Unternehmen tun muss, um von der Auszeit eines Mitarbeiters zu profitieren. Schnell fallen in diesem Zusammenhang Schlagworte wie neue Impulse, frischer Wind und gewonnene Energie, woran ein Unternehmen durch einen Rückkehrer teilhaben kann – aber ist es wirklich sinnvoll, als Arbeitgeber passiv darauf zu warten, dass „etwas passiert"? Wäre es nicht sinnvoller, die Grundideen des Sabbaticals (eine kreative Auszeit welcher Art auch immer) in den Arbeitszyklus des Einzelnen automatisch zu integrieren? So räumt die Boston Consulting Group ihren Partnern und Principals in einem Zeitraum von 5 Jahren eine bis zu 3-monatige Freistellung für beliebige Aktivitäten ein.

Genau an der Schnittstelle zwischen Unternehmen und Arbeitnehmer liegt bei mangelnder Planung, Vorbereitung und Nachbereitung der Auszeit ein großer Schwachpunkt des Konzeptes. Es werden in Zukunft sicherlich die Unternehmen erfolgreicher Mitarbeiter binden, die es schaffen, die Idee einer Auszeit in die Hektik des Alltags zu integrieren.

Was ist zu tun, um das Instrument „Sabbatical" gewinnbringend zu nutzen?

1. Das Sabbatical sollte fest als Standard personalpolitischer Maßnahmen implementiert werden (proaktiv, Akzeptanzerhöhung).

2. Es sollte eine klare Vereinbarung getroffen werden, in welchem zeitlichen Rhythmus und zu welchen Bedingungen das Sabbatical von Mitarbeitern genutzt werden kann.

3. Während des Sabbaticals muss das Aufgabenfeld geregelt sein (temporär, Neuordnung).

4. Die Nach-Sabbatical-Phase muss frühzeitig geregelt sein (Rückkehr, Integration, neue Aufgabe).

Sollte dem Wunsch nach einem Sabbatical allerdings eine Überforderung durch die gestellte Aufgabe oder ein Problem mit dem Arbeitsumfeld zugrunde liegen, so ist anstatt der Auszeit eine berufliche Umorientierung dringend angeraten. Auch hier sollten Arbeitgeber und Arbeitnehmer gemeinsam nach einer Lösung suchen, denn die gestellte Aufgabe und der dafür ausgewählte Mitarbeiter sollten zusammenpassen. Ein Topmitarbeiter an der falschen Stelle eingesetzt, wird garantiert sein Engagement herunterfahren. Und die Kosten können für ein Unternehmen immens sein, wenn in neuralgischen Funktionen vom „falsch eingesetzten" Mitarbeiter die erwartete und notwendige Leistung nicht erbracht werden kann.

5.5 Vom Talent zum Right Potential – Mitarbeiter optimal fördern

Kein Unternehmen kann dauerhaft erfolgreich sein, wenn es nur die sogenannten „High Potentials" ins Rennen schickt. Entscheidend für den Erfolg eines Unternehmens ist vielmehr, am richtigen Platz den richtigen Mitarbeiter einzusetzen –

den „Right Potential". Wie auf hocheffiziente Weise die persönlichen Begabungen der Mitarbeiter gefördert werden können, um sie dann entsprechend ihrer individuellen Stärken am richtigen Platz einzusetzen, beschreibt das folgende Kapitel.

Talente fördern: Job-Sculpting

„Job-Sculpting" heißt, den Mitarbeitern diejenige Aufgabe zuzuweisen, die ihrem inneren Interesse am Beruf entspricht und ihre Talente in einzigartiger Weise fördert. Dazu gehört auch die Möglichkeit, individuelle Karrierewege beschreiten zu können, jenseits der bekannten strukturell festgelegten Pfade. Als Herausforderung gilt Job-Sculpting deshalb, weil es psychologischen Spürsinn erfordert, die tiefer liegenden Interessen der Mitarbeiter herauszufinden, zumal die meisten Menschen um ihre wirklichen Interessen gar nicht wissen.[272] Zudem kostet Job-Sculpting Zeit.

Hintergrund des Job-Sculpting-Konzepts ist die Tatsache, dass der durchgeplante Lebenslauf heutzutage fast nicht mehr realisierbar ist. Die schnelle technologische Entwicklung hat beispielsweise dazu geführt, dass ganze Berufsbilder im Bereich Telekommunikation innerhalb weniger Jahre buchstäblich von der Bildfläche verschwunden sind – und die betroffenen Fachkräfte plötzlich zwangsläufig „Brüche" in ihren Lebensläufen haben. Personalabteilungen, die solche Veränderungen – warum auch immer sie zustande gekommen sein mögen – als negativ bewerten, agieren nicht mehr zeitgemäß.

Berufsbilder und Herausforderungen entwickeln sich mittlerweile genauso schnell wie unsere Gesellschaft, was zu einem neuen Anforderungsprofil für Fachkräfte führt. Das klassische Anforderungsprofil im herkömmlichen Sinne überlebt sich. Einstellungen sollten sich nach dem Potenzial des Bewerbers richten, da die weitere Qualifizierung ohnehin unumgänglich ist. Gute Mitarbeiter machen sich immer bezahlt und offene, aufgeschlossene, engagierte Mitarbeiter gehen und gestalten den Weg entlang der sich ständig verändernden Anforderungen mit – vorausgesetzt, man bietet ihnen hierfür den Raum.

Für ein erfolgreiches Job-Sculpting braucht man eine Führungskraft, die wie ein Trainer den Mitarbeiter genau an der richtigen Stelle im Team einsetzt. Daraus resultiert eine Leistungssteigerung der Mannschaft als Ganzes, die mehr ist als die bloße Summe dessen, was jeder Einzelne leisten kann. Dazu muss die Führungskraft allerdings exakt wissen, was der Einzelne kann – und die Verantwortung dafür, sowohl eine Unter- als auch eine Überforderung des Mitarbeiters zu vermeiden, liegt hier bei der Führungskraft. Nicht umsonst sprechen Butler und Waldroop[273] im Zusammenhang mit „Job-Sculpting" von einer Kunst: „Job sculpting is the art

---

[272] Müller, S.: Die Bedeutung der intrinsischen Arbeitsmotivation für eine erfolgsversprechende Personalhaltung bei High Potentials, (Seminararbeit) Universität Bern 2004, S. 20.

[273] Butler, T. und Waldroop, J.: Job Sculpting: The art of retaining your best people, in: Harvard Business School Working Knowledge (Archiv), 21.12.1999.

of matching people to jobs that allow their deeply embedded life interests to be expressed. It is the art of forging a customized career path in order to increase the chance of retaining talented people."[274]

Doch nicht jede Aufgabe fordert und fördert den einzelnen Mitarbeiter. Unter Umständen kann es die Situation geben, dass der Mitarbeiter temporär nicht richtig eingesetzt wird – nicht immer ist die Betriebswirtschaft ein Wunschkonzert. Und dann? Was ist zu tun, damit der Mitarbeiter nicht in Resignation oder Frustration absinkt?

Auch hier ist ein offener, konstruktiver Dialog mit dem Mitarbeiter der entscheidende Schlüssel:

1. Die Führungskraft sollte dem Mitarbeiter ein regelmäßiges Feedback über seine Stärken und Schwächen geben.
2. Der Mitarbeiter sollte eine offene Kommunikation über die eigenen Wünsche und Vorstellungen pflegen.
3. Es sollte geprüft werden, wie 1. und 2. mit der aktuellen Aufgabe zusammenpassen.
4. Welche Maßnahmen und Qualifizierungen müssen im Hinblick auf die nächsten Schritte erfolgen?
5. In welcher Aufgabe/Funktion wäre der Mitarbeiter idealerweise (im eigenen Unternehmen) tätig?
6. Nach welchem Zeitraum ist die Möglichkeit gegeben, die Idealposition zu übernehmen?

Gute Mitarbeiter mit hohem Potenzial sind immer ihr Geld wert, sie machen sich selbst bezahlt. Voraussetzung ist, dass sie für die angedachte Aufgabe qualifiziert werden. Die Maßnahmen hierzu können sowohl unternehmensintern als auch von externen Bildungsträgern vorgenommen werden. Ein klares Konzept für die weitere Berufsentwicklung und etwas Greifbares, über die reine Absichtserklärung Hinausgehendes, wie eine konkretisierte Weiterbildung, geben dem Mitarbeiter ein gutes Gefühl und steigern sein Commitment dem Arbeitgeber gegenüber.

Quartäre Bildung – lebenslanges Lernen auf höchstem Niveau

Quartäre Bildung geistert seit einigen Jahren als wohlklingender Begriff durch die Medien. „Aufgrund der abnehmenden ‚Halbwertszeit des Wissens' ist quartäre Bildung eine entscheidende Voraussetzung für Fach- und Führungskräfte, um ihr Wissen zu aktualisieren und zu erweitern", heißt es zum Beispiel auf der Website der Bundesvereinigung der Deutschen Arbeitgeberverbände[275], die sich dem Thema

---

[274] Butler, T. und Waldroop, J.: Job Sculpting: The art of retaining your best people.

[275] www.arbeitgeber.de

ausführlich widmet. Doch hinterfragt man den Themenkomplex genauer, stellt man schnell fest, dass in den meisten Unternehmen noch nicht angekommen ist, was quartäre Bildung bedeutet. Quartäre Bildung ist ein Sammelbegriff für lebenslanges Lernen auf höchstem Niveau. Im Unternehmenskontext ist vor allem die stetige Weiterbildung von Fach- und Führungskräften gemeint, durch alle Lebensphasen hindurch, auch in späteren Arbeitsphasen. Der klassische Bildungskanon in unserer Gesellschaft endet in der Regel nach der tertiären Bildungsphase im Arbeitsleben. Die tertiäre Bildung folgt einer abgeschlossenen Sekundarschulausbildung und dient der Vorbereitung auf eine höhere berufliche Aufgabe.

Wir gehen also zur Schule (sekundäre Bildungsphase), zur weiterführenden Schule, machen eine Ausbildung, beginnen ein Studium oder beides parallel (tertiäre Bildungsphase), machen vielleicht noch eine zweite Ausbildung dazu – und dann tauchen wir ein ins Arbeitsleben. In den meisten Fällen endet damit das tatsächliche Bildungsengagement: Wer einen Beruf hat, entwickelt sich zwar entlang eines Karrierepfades, doch Bildung im Sinne von neuen inhaltlichen Herausforderungen, neuen beruflichen Ausrichtungen findet nur unzureichend statt. „Für Unternehmen wird akademische Weiterbildung eine Frage des Überlebens", heißt es beim Stifterverband für die Deutsche Wissenschaft[276], „vor allem in alternden Gesellschaften".

Betrachtet man die Entwicklung des Durchschnittsalters unserer Gesellschaft, so wird offensichtlich, was damit gemeint ist: Liegt es heute bei etwa 45 Jahren, wird es bereits in gut 20 Jahren bei 50 liegen, Tendenz weiter steigend. Es würden also – bliebe man dem klassischen Bildungskanon verhaftet – Fach- und Führungskräfte unsere Unternehmenslandschaft beherrschen, die größtenteils vor 25 Jahren das Thema „Bildung" abgeschlossen haben.

Wir leben aber in einer Wirtschaft in Echtzeit. „Innovationen entstehen aus Ideen und deren Weiterentwicklung in marktfähige Produkte, die Innovationszyklen verkürzen sich dabei rasant", stellt auch Andreas Schlüter, Generalsekretär des Stifterverbandes, in seinem Vorwort zum Bericht „Innovationsfaktor Kooperation" fest.[277] Die Zusammenarbeit zwischen Unternehmen und Hochschulen hat vor diesem Hintergrund eine besondere Bedeutung.

So arbeitet die MAN-Group erfolgreich mit der German Business School WHU und der Said Business School Oxford zusammen, um die Herausforderungen der Zukunft, genauer gesagt „a cultural change that would transform it from a German to a global company"[278] zu meistern. Dabei geht es im Wesentlichen um drei Ziele: MAN wollte den Fokus in Zukunft stärker auf internationale Herausforderungen

---

[276] Diehn, T.: Lernen lebenslang, in: Wirtschaft & Wissenschaft Heft 4/2008 Weiter! Bildung!, S. 15.

[277] Schlüter, Andreas: Vorwort zu „Innovationsfaktor Kooperation", Bericht des Stifterverbandes zur Zusammenarbeit zwischen Unternehmen und Hochschulen, (Hrsg.) Stifterverband für die Deutsche Wissenschaft, Essen 2007.

[278] Global Focus: Engineering the Future, Vol. 04, Special supplement Issue 03 2010, S. 19 ff.

legen, dazu eine notwendige und verständliche Strategie im Unternehmen implementieren und die Führungskräfte mit den erforderlichen interkulturellen Kompetenzen und Soft Skills ausstatten, damit die Veränderungen auch gelebt werden würden. „To achieve these, MAN realized it needed to mobilize a broad range of resources and invited bids from business schools internationally to deliver its General Management Programme.“[279] Die Erfolge zeigten sich bereits nach kurzer Zeit: „The Oxford-WHU programmes have given my managers a wholly different set of perspectives on the globalised world in which MAN operates“, fasst Jörg Schwittalla, Personalchef und Vorstandsmitglied ein Vorzeigebeispiel für gelebte quartäre Bildung zusammen.[280]

Doch nicht nur Führungskräfte profitieren von hochwertigen Kooperationsmodellen. In der Dienstleistungsbranche geht man z. B. davon aus, dass ein Mitarbeiter, der in der Beratung tätig ist, einige Jahre benötigt, bis er sich das nötige Fachwissen und die Soft Skills angeeignet hat, um im Tagesgeschäft volle Leistung zu erbringen.

Die Innovationsgeschwindigkeit im Dienstleistungsbereich für Informationen ist atemberaubend. Man sollte wohl eher von einem Hyperventilieren als ernsthaft noch von Innovationszyklen sprechen, sind diese doch häufig kürzer als ein Jahr. Auch der Kunde selbst entwickelt sich und tritt mit steigendem Alter in neue Lebensphasen mit ganz anderen Wünschen, Plänen und Möglichkeiten ein. Und auch der Mitarbeiter strebt alle fünf bis 10 Jahre nach neuen Herausforderungen und inhaltlichen Veränderungen, um nicht die Motivation zu verlieren. Würde er das Unternehmen verlassen, wäre dies ein immenser finanzieller Verlust, da er die Investition in seine Person durch seine Leistung kaum zurückverdienen konnte.

Doch können Hochschulen, die nicht gerade als ein Synonym für Schnelligkeit und Innovation stehen, für solche Themen überhaupt die richtigen Partner sein? Die Antwort lautet „ja“. Die Zusammenarbeit von Hochschulen und Unternehmen im Rahmen der quartären Bildung rechnet sich – auch jenseits klassischer Forschungs- und Entwicklungsprojekte, in denen Win-win-Situationen noch am offensichtlichsten erscheinen.

Zahlreiche Beispiele verdeutlichen dies: Die Fachhochschule Osnabrück ist beispielsweise mit zahlreichen mittelständischen Elektrotechnikunternehmen der Region vernetzt und in ständigem Austausch. Das Institut für Wirtschaftspolitik der Universität Bayreuth kooperiert mit Unternehmen, Verbänden und Ministerien und die TU Braunschweig hat im Zuge ihrer Technologietransferaktivitäten mit der Mavionics GmbH sogar ein eigenes Unternehmen gegründet, das Mikroflugzeuge und programmierbare Drohnen entwickelt[281]. In Bremen können sich Studenten sogar gleichzeitig zum Piloten ausbilden lassen und dabei Maschinenbau studieren

---

[279] Global Focus: Engineering the Future, Vol. 04, Special supplement Issue 03 2010.

[280] Ebenda

[281] Stifterverband für die Deutsche Wissenschaft (Hrsg.), Innovationsfaktor Kooperation.

– die Zusammenarbeit des Institutes für Luft- und Raumfahrttechnik der Universität mit der Lufthansa macht es möglich. Die Siemens AG arbeitet seit vielen Jahren eng mit der TU München an technischen Innovationen für diverse Industriesektoren und entsendet viele Topmanager aus der Praxis in die Studiensäle. Dort lernen Studierende direkt aus der Praxis und die Manager lernen von den Studierenden etwas über die aktuellen Bewegungen und Entwicklungen.

Grundvoraussetzung für erfolgreiche Kooperationen zwischen (Fach-)Hochschulen und Unternehmen aller Couleur ist: Beide Parteien müssen davon profitieren und sollten ähnliche oder ineinandergreifende Interessen verfolgen. Für Unternehmen könnten dies zum Beispiel Fragestellungen sein, die sich durch die eigene Fachkompetenz allein nicht zufriedenstellend lösen lassen, ein unabhängiger Blick von außen auf bestehende Systeme oder Probleme, fehlende interne Ressourcen, der Wunsch nach ganz neuen Methoden oder Denkansätzen oder die Erkenntnis, dass eine Herausforderung in Kooperation mit einer Hochschule preiswerter oder schneller bewältigt werden könnte als ohne eine solche Kooperation.

Für eine Hochschule wiederum ergeben sich ganz andere Interessenlagen: Sie kann in der Kooperation Drittmittel erlangen, die der Forschung zugutekommen, ist nicht mehr allein auf die oft sehr langsam arbeitende öffentliche Hand bei der Personalzuteilung angewiesen, kann sich über Praktikantenplätze, Diplom- und Doktorarbeiten in der Praxis einen guten Namen machen und dabei gleichzeitig die eigene Forschung und Lehre in der konkreten Anwendung auf den Prüfstand stellen. Die Liste ließe sich selbstverständlich beliebig und fach- und branchenspezifisch aufgefächert fortführen. Die Dimensionen dieser Partnerschaften reichen von Kommunikations- und Organisationsfragen über eine optimierte Ressourcennutzung, eine bessere Positionierung im Wettbewerb bis hin zu monetären Anreizen.

Die angelsächsische Hochschulwelt ist einen großen Schritt weiter als die deutsche. Fast jede Hochschule hat ein lebendiges Alumni-Netzwerk, welches entsprechend professionell gepflegt wird. Hierdurch erschließt sich einerseits ein lukrativer Markt für Weiterbildungselemente und auch das Fundraising durch finanzielle Zuwendungen Ehemaliger wird systematisch gefördert.

Die strikte Trennung der reinen Lehre im humboldtschen Sinne und der Kommerzialisierung eigener Dienstleistungen spaltet die Gemüter in der Hochschulwelt. Nicht zuletzt der Bologna-Prozess legt hier die Finger in die deutschen Hochschulwunden. Dass Hochschulen eigene Wege finden müssen, um langfristig ihre Finanzierungsgrundlagen zu sichern, steht längst nicht mehr zur Debatte. Umso interessanter ist es zu beobachten, wie offensiv und professionell sich die ersten Hochschulen dem Markt zuwenden, dem sie dienen und an dem sie verdienen wollen.

Hochschulen wie die RWTH Aachen, die LMU und TU in München, die Mannheim Business School oder auch kleinere Player wie die Leuphana Universität in Lüneburg oder die ESB in Reutlingen haben ihre besten Professoren und Mitarbeiter für diese Aufgabe gewählt und größtenteils auch gewinnen können. In die gleiche Kerbe schlägt auch die Deutsche Universität für Weiterbildung (DUW), die gemeinschaftlich von der Freien Universität Berlin und der Klett Gruppe getragen wird. Andere Hochschulen hingegen sind weniger wählerisch bei der Auswahl geeigneter Mitarbeiter, wenn es um das Thema „marktwirtschaftliche Öffnung" geht. Es wird nicht lange dauern, bis sich der Anbietermarkt für kommerzialisierte Hochschuldienstleistungen sortiert hat.

Abschließend noch ein Beispiel, in dem die unternehmensinterne und die Hochschulausbildung „gleichberechtigt" Hand in Hand gehen. Der Finanzdienstleister MLP, dessen Beraterschaft vornehmlich aus Akademikern besteht, entwickelte mit der ESB in Reutlingen und der Universität Stuttgart Hohenheim ein Konzept für einen Executive-MBA[282], bei dem die sogenannten Electives (also Wahlfächer) in der hauseigenen MLP Corporate University unter Einbeziehung der unternehmensspezifischen Beratungsapplikationen ausgebildet und angerechnet werden (auf Basis eines entsprechenden von der ESB Reutlingen bzw. der Universität Stuttgart-Hohenheim erstellten Curiculums)[283].

Die sogenannten Core-Courses (die Hauptfächer) wurden darüber hinaus in Kooperation mit der HEC in Paris und der Said-Business-School in Oxford angeboten, um den studierenden Beratern eine weitere Erfahrung über die Grenzen hinaus zu ermöglichen. Die Anrechnung der internen an der MLP Corporate University absolvierten Ausbildung unterstreicht einerseits das hohe Niveau der unternehmensinternen Weiterbildung (nicht nur bei MLP!). Andererseits wird der zeitliche Aufwand für den Mitarbeiter (und damit auch für das Unternehmen) deutlich optimiert, da die interne Weiterbildung für die qualifizierte Beratertätigkeit ohnehin durchgeführt werden muss. Diese quartäre Weiterbildung ist somit maßgeschneidert, weil sie die Hochschul- und Unternehmenswelt voll und gleichwertig miteinander verzahnt.

Eine systematische Kooperation mit einer oder mehreren Hochschulen bringt dem Unternehmen vielerlei Vorteile:

1. Entfaltung und Weiterentwicklung des eigenen Mitarbeiterpotenzials
2. Erweiterung der Perspektiven für den Mitarbeiter (externe Quelle, ohne das Unternehmen zu verlassen)
3. Wahrnehmung des „Unternehmens" Hochschule als Arbeitgeber vonseiten der potenziellen neuen Mitarbeiter (nicht nur vonseiten der Absolventen)
4. Profiliertes Betätigungsfeld (Second Career) für eigene Fachkräfte
5. Know-how-Transfer

---

[282] Der Executive-MBA ist ein Master, der nicht unmittelbar an den Bachelor anschließt, sondern erst nach einer gewissen Zeit der beruflichen Erfahrung entweder berufsbegleitend oder während einer Auszeit erworben wird. Der Consecutive-MBA hingegen schließt sich unmittelbar an den Bachelor an.

[283] MLP Corporate University: Wegweisend für eine erfolgreiche Zukunft, www.mlp-corporateuniversity.de

5.6 Corporate Engagement – tue Gutes ...

... und sprich darüber! Selbstverständlich ist Corporate Engagement nicht so eindimensional, wie es die erweiterte Überschrift zu diesem Abschnitt vermuten lässt – obwohl es sehr wohl einen wirksamen Marketingeffekt haben kann. Welche Arten des Corporate Engagements es gibt und wie diese funktionieren, lesen Sie auf den folgenden Seiten.

Corporate Social Responsibility (CSR) – deutlich mehr als Marketing

Der Begriff findet sich mittlerweile im Geschäftsbericht jedes größeren Unternehmens und gehört zum guten Ton einfach dazu: CSR, also die Corporate Social Responsibility, ist ein Unternehmensthema geworden, wenngleich die Ausprägungen in den Unternehmen unterschiedlicher kaum sein könnten.

Zunächst einmal umschreibt CSR nichts anderes als den freiwilligen Beitrag, den die Wirtschaft oder ein Unternehmen gemeinnützig leistet. Entscheidend ist dabei, dass dieser Beitrag freiwillig geleistet wird und zusätzliche Verantwortung im sozialen, ökologischen oder soziologischen Bereich übernommen wird.

Es werden also soziale oder Umweltbelange in die eigentliche Unternehmenstätigkeit integriert und tragende Wechselbeziehungen zu anderen Interessengruppen, sogenannten „Stakeholdern", werden etabliert. Mehr Arbeit und Engagement für scheinbare Non-Profit-Aktivitäten – und das aus freien Stücken? CSR erhöht die Attraktivität des Unternehmens: Es kann sich als gesellschaftlich engagierter Arbeitgeber präsentieren. Zudem stärkt CSR die regelmäßige Präsenz in den Medien und sorgt bei den eigenen Mitarbeitern für eine größere Bindung, da sie Stolz auf ihr Unternehmen sind und Empathie für das Engagement empfinden. Das Prinzip ist im Übrigen nicht neu: Bereits im Mittelalter traten die großen Kaufmannsfamilien als Stifter und Mäzene auf – man denke allein an die Fuggerei in Augsburg oder das Mäzenatentum der Medici.

Angesprochen auf die Bedeutung von CSR für Unternehmen gibt es heutzutage kaum einen Gesprächspartner, dem dieses Thema nicht wichtig und zeitgemäß erscheint. Dabei geht die Bandbreite dessen, was der jeweilige Gesprächspartner unter CSR versteht, nach wie vor weit auseinander – vor allem dann, wenn konkrete Aktivitäten betrachtet werden. An dieser Stelle soll ausdrücklich keine Wertung über die Qualität und Sinnhaftigkeit einzelner CSR-Aktivitäten erfolgen, sondern deren grundsätzliche Bedeutung nicht zuletzt auch als Instrument einer langfristigen Mitarbeiterbindung dargestellt werden.

Unternehmen sind ein Teil unserer Gesellschaft. So wird auch, unabhängig von der Größe, von ihnen erwartet, zumindest ab und zu öffentlich zu spenden oder einen lokalen Kindergarten, ein Altenheim oder eine vergleichbare Einrichtung zu fördern. Viele verlassen die regionalen Grenzen[284], indem sie Krankenhäuser im Himalaja bauen, Schulen in Indien errichten oder Wasserprojekte in Sahel-Afrika fördern. Corporate Social Responsibility ist ein gesellschaftlicher Trend geworden, der mittlerweile weit über das „Gutmenschentum" hinausgeht. Es sei hier bspw. nochmals die äußerst erfolgreiche Bio-Supermarktkette Alnatura in Erinnerung gerufen, die ihr komplettes Geschäftsmodell auf Grundwerte der sozial-ökonomischen Verantwortung gestellt hat.

Der „Rat für nachhaltige Entwicklung" hat bereits 2006 in Empfehlungen[285] formuliert: „Für die breite Mehrzahl der Unternehmen, die unternehmerische Verantwortung noch nicht strategisch im Management verankert haben, sollte es darum gehen, die positiven Effekte dieses Engagements auf die Wertschöpfung, die Mitarbeiter, den regionalen und sozialen Zusammenhalt besser zu verstehen, um ihn strategisch nutzen zu können."[286] Ganz konkret fordert der Rat sogar einen „Nachhaltigkeitsindex an der Börse", der als Gradmesser für Rating und Ranking hinzugezogen werden sollte. Weiterhin werden Datenbanken zu Best-Practice-Beispielen angestrebt, die stetig weiter ausgebaut werden sollten. (...) Auch der Austausch über mögliche Aktivitäten und innovative Ansätze in internationalen und nationalen CSR-Netzwerken und -Plattformen sollte vertieft werden."

Ein weltweites Netzwerk ist zum Beispiel der Global-Compact, der seinerzeit vom UN-Generalsekretär Kofi Annan ist Leben gerufen wurde. Teilnehmende Unternehmen unterwerfen sich einem 10-Punkte-Kodex, der ethische und ökologische Verhaltensweisen zu den Themen Menschenrechte, Arbeit, Umwelt und Antikorruption einfordert und deren Einhaltung überprüft[287].

Was also ist zu tun im Kontext des Corporate Social Responsibility?
1. Die CSR sollte nachhaltig in grundsätzliche strategische Unternehmensthemen verankert und in der Praxis umgesetzt werden.
2. Die CSR sollte wahrnehmbar und authentisch nach innen und außen kommuniziert werden.

Corporate Social Business (CSB) – ein weiterführender Ansatz

Muhammad Yunus wurde in Bangladesch geboren und für die von ihm aufgebaute Grameen Bank, die Kleinstkredite an die Ärmsten vergibt und so kleine Existenz-

---

[284] Gorlas, M.: Wo kann ich helfen? In: Wirtschaftsblatt 1/10, S. 37, Eine Studie des Wirtschaftsblattes hat sich 2010 bereits damit befasst, wo und wie Unternehmen sich sozial oder ökologisch engagieren. Dabei kam heraus, dass CSR bislang zur Hälfte auf lokaler Ebene stattfindet, 34 Prozent in der Region und nur 16 Prozent überschreiten dabei Landesgrenzen.

[285] Rat für Nachhaltige Entwicklung (Hrsg.): Unternehmerische Verantwortung in einer globalisierten Welt – Ein deutsches Profil der Corporate Social Responsibility, Texte Nr. 17, Berlin September 2006.

[286] Ebenda, S. 11.

[287] www.unglobalcompact.org

gründungen ermöglicht, im Jahr 2006 mit dem Friedensnobelpreis geehrt. Anders als beim CSB kann bei der Gemeinnützigkeit jeder gespendete Dollar oder Euro nur ein einziges Mal für ein Sozialziel ausgeben werden, das Geld wird dem Kreislauf entzogen. Wirtschaften im Sinne des Kapitalismus hingegen ist geprägt von Gewinnstreben. Yunus verbindet in dem von ihm so beschriebenen Corporate Social Business das Streben nach einem Sozialziel unter der Bedingung, dass sich die Geschäftstätigkeit, das Business, selbst trägt und refinanziert

Die Grundzüge der Wirtschaftsordnung „Kapitalismus" hält Yunus übrigens für richtig, jedoch nicht die unbegrenzten Bereicherungsmöglichkeiten des Einzelnen. Seiner Meinung nach haben „Wirtschaftswissenschaftler die gesamte Theorie des Wirtschaftslebens auf der Annahme aufgebaut, dass die Menschen bei ihrer wirtschaftlichen Tätigkeit ausschließlich ihre eigennützigen Interessen verfolgen. Die Theorie folgert daraus, dass das optimale Ergebnis für die Gesellschaft erreicht wird, wenn dem eigennützigen Streben der Individuen keinerlei Beschränkungen auferlegt werden. Diese Sicht auf den Menschen misst anderen Aspekten des Lebens keinerlei Bedeutung zu. Politische, soziale, emotionale, spirituelle, umweltbezogene und alle anderen Gesichtspunkte spielen keine Rolle."[288]

Yunus erkennt an, dass viele unserer Handlungen „durch den Eigennutz und das Streben nach Gewinn erklärbar" sind, erklärt jedoch zurecht, dass „viele andere Taten dagegen (...) sinnlos" wirken, „wenn man sie ausschließlich in diesem Zerrspiegel betrachtet".[289] Folglich werden die Menschen seiner Meinung nach von mehr getrieben, als von bloßer Gewinnmaximierungsabsicht – und auch Yunus kommt auf den Gedanken des „Sinns". Seine Idee des „Social Business" verbindet daher konsequenterweise Gewinnstreben mit der sozialen Natur des Menschen, wobei das Gewinnstreben nicht das unternehmerische Hauptziel ist, also nicht zur Leitlinie wird, sondern lediglich zur notwendigen Nebenbedingung! Ziel ist die Optimierung eines sozialen Anliegens – jedoch unter wirtschaftlichen Aspekten – sodass sich die Investition nach und nach selbst trägt und damit refinanziert. Damit markiert Yunus den Beginn eines neuen Kreislaufes – jedoch so, dass Gewinne immer zur weiteren Optimierung des Sozialzieles reinvestiert werden.

Ein Beispiel zeigt, wie Social Business funktionieren kann: Der Vorstandsvorsitzende des Adidas Konzerns, Herbert Hainer, und Yunus Muhammad diskutierten über ein mögliches Social Business.[290] Ein Business, das sich mit der Schuhversorgung der Ärmsten in Bangladesch befasste. Menschen benötigen dringend Schuhe, um Parasitenerkrankungen (Hakenwurm) an den Füßen zu vermeiden. Die Zielgruppe – gerade im Social Business kann man konsequenterweise von dieser her denken – kann höchstens einen US-Dollar für ein Paar Schuhe ausgeben.

---

[288] Yunus, M.: Social Business – von der Vision zur Tat, Hanser Verlag München 2010, S. 11.
[289] Ebenda
[290] Ebenda

Die Schuhe müssen zudem ein ansprechendes Aussehen haben, da nur aus dem Bewusstsein der Gesundheitsvorsorge heraus kein Schuh gekauft würde. Man stellte ein Team von „acht Managern aus der Kategorie der ‚kommenden Führungskräfte' (...) aus verschiedenen Abteilungen des Konzerns zusammen". Und der Konzern schaffte das Unmögliche und stellte bereits wenige Monate später die ersten 5000 Paar Schuhe (übrigens optisch durchaus ansprechend) zum Verkauf in einer Testphase zur Verfügung. Ein weiteres hochspannendes Beispiel eines Social Business sind spezielle Yoghurts von Danone mit sogenannten Nahrungsmittelergänzungsstoffen, die ebenfalls zu Preisen verkauft wurden, die für die nahezu mittellosen Familien erschwinglich waren. Produziert wurde vor Ort in Bangladesch, direkt am und für den Absatzmarkt.

Die Idee des Social Business hat also Adidas zu einem Talentpool geführt, der sich wirklich einmal beweisen konnte und zu einer Marketingerkenntnis, die radikal und mit allerletzter Konsequenz beim Verbraucher, beim Kunden ansetzt. Im Mittelpunkt stand hier nicht die Höhe der verkaufbaren Gewinnspannen, sondern der Nutzen der Verbraucher. Doch wohlgemerkt: Auch im Social Business müssen der Geschäftsplan und die Umsetzung in nicht allzu ferner Zukunft in schwarzen Zahlen münden.

Eine ähnliche Richtung schlägt in diesem Zusammenhang die Theorie des „Shared Value" ein.[291] Ihr Credo: „Unternehmen müssen darin Vorreiter sein, die Geschäftswelt und die Gesellschaft wieder zusammenzubringen", was grundsätzlich mit den Ideen von Yunus korrespondiert, und sie fordern: „Die Lösung liegt in der Teilung von gemeinsamen Werten, die sowohl ökonomischen Wert schafft als auch Werte generiert, die den gesellschaftlichen Bedürfnissen und auch Herausforderungen zugutekommen. Business mus Unternehmenserfolg mit sozialem Fortschritt verbinden."[292]

Den Ansatz des Social Business könnte in der Tat jedes Unternehmen verfolgen. Dabei geht es ausdrücklich nicht darum, das gesamte Geschäftsmodell eines Unternehmens auf ein Social Business umzustellen. Würde man ein einzelnes Projekt der Geschäftätigkeit nach dem Adidas- oder Danone-Modell aufsetzen, könnte mit geringem Mehraufwand ein enormer gemeinnütziger Effekt erzielt werden. Das täte dem Image eines jeden Unternehmens gut und böte einzelnen Mitarbeitern die Möglichkeit, sich temporär oder projektbezogen im eigenen Unternehmen dafür einzubringen.

Dieser Raum für persönliche Erfahrungen ist auf Dauer nahezu kostenneutral und bietet einen immensen, zeitgemäßen Mehrwert für die interessierten Mitarbeiter –

---

[291] Porter, M. E. und Kramer, M. R.: The Big Idea: Creating Shared Value, in: Harvard Business Review 01/2011, Engl. Originaltext: „Companies must take the lead in bringing business and society back together. The solution lies in the principle of shared value, which involves creating economic value in a way that *also* creates value for society by addressing its needs and challenges. Businesses must reconect company success with social progress."

[292] Ebenda

und natürlich auch für die begünstigten Zielgruppen. Zum heutigen Zeitpunkt ist ein solches Social-Business-Konzept noch ein echtes Alleinstellungsmerkmal für ein Unternehmen, es ist also ein hochwertiges Marketing- und Personalinstrument gleichermaßen.

Corporate Volunteering (CV) – spannende Perspektiven

Beschreiben CSR und CSB vor allem Aktivitäten auf Unternehmensebene, beschreibt das sogenannte Corporate Volunteering das ganz persönliche Engagement auf Mitarbeiterebene. Hinter CV steht die Idee, dass Mitarbeiter und Führungskräfte von Unternehmen für einen bestimmten Zeitraum an Aktivitäten im Rahmen gemeinnütziger Projekte oder vergleichbarer Initiativen mitarbeiten. Sie bringen dabei ihr individuelles Know-how sinnvoll ein, stärken ihre Persönlichkeit und unterstützen gleichzeitig Entwicklungsprojekte. Auch CV-Projekte haben, wie bereits im Kapitel über das CSB skizziert, idealerweise mit dem eigentlichen Unternehmenszweck zu tun, jedoch ist die Möglichkeit dazu nicht in jedem Unternehmen gegeben.

Für Corporate-Volunteering-Interessierte gibt es mittlerweile einige übergeordnete Netzwerke, um solche Einsätze zu vermitteln.[293] Die in der Schweiz gegründete gemeinnützige Organisation „Patriotische Gesellschaft von 1765" bietet mit ihrem Programm „Seitenwechsel – Lernen in anderen Lebenswelten" ein besonderes Weiterbildungsangebot für Führungskräfte.[294] So haben in der Schweiz seit 1995 über 2450 und in Deutschland seit 2000 über 1145 Führungskräfte die Seiten gewechselt und sind für mindestens eine Woche in die Behindertenpflege, Hausaufgabenbetreuung für minderjährige Flüchtlinge oder in die Welt von Jugendlichen in sozialen Brennpunkten gegangen.

Das CV wird bis in die Topmanagementetagen praktiziert. So hat bspw. Yves Müller, Vorstand von Tchibo, 2010 die Hamburger Obdachlosenwelt kennengelernt.[295] Auffällig viele Organisation wurden von Berufsgruppen gegründet, die bestens aufgestellt sind und ihre CV-Aktivitäten genau wieder an die eigene Zielgruppe adressieren: Ärzte ohne Grenzen, Ingenieure ohne Grenzen oder auch Manager ohne Grenzen. Allen gemein ist der Grundsatz, dass ein soziales oder ökologisches Engagement, das vor Ort erlebt wird, einen gesellschaftlichen Nutzen haben soll (Aufbau, Hilfe oder Hilfe zur Selbsthilfe), gleichzeitig aber auch (soziale) Kompetenzen bei den Mitarbeitern aufbaut und die Bindung zum entsendenden Unternehmen nachhaltig fördert.

---

[293] Das wohl bekannteste weltweite Netzwerk dieser Art dürfte die Organisation „Ärzte ohne Grenzen" sein, die Mediziner aller Fachrichtungen auf eigene oder Klinik- bzw. Unikosten in Krisengebiete weltweit zum humanitären Einsatz schickt.

[294] www.seitenwechsel.com

[295] www.welt.de/wirtschaft/article11690307/Manager-bezahlen-fuer-die-eigene-Sozialarbeit.html

Unternehmen, die ihren Mitarbeitern diese Form des außerbetrieblichen Engagements ermöglichen, sind in Sachen Employer Branding besser aufgestellt als ihre Mitbewerber. Die Perspektive, in einem Unternehmen zu arbeiten, das seinen Mitarbeitern diesen außergewöhnlichen Erfahrungshorizont bietet, ist im Kampf um die besten Köpfe schon jetzt ein auffallender Wettbewerbsfaktor. Der angenehme Nebeneffekt: Über Corporate Volunteering entwickeln Unternehmen die eigenen Mitarbeiter weiter und binden sie nachhaltig – eine klassische Win-win-Situation also.

Dass sich Corporate Volunteering auch als Recruiting-Maßnahme für Spitzenkräfte eignet, zeigt eine Studie aus dem Jahr 2008[296]: Kernthema war dabei die Fragestellung, ob „das gemeinnützige freiwillige Engagement von Mitarbeitern einen Beitrag leisten" kann, „das Profil eines Unternehmens als attraktiver Arbeitgeber zu schärfen und somit dabei hilft, Fach- und Spitzenkräfte zu rekrutieren"[297]. Das Ergebnis war verblüffend eindeutig und positiv.

Bislang nutzen nur sehr wenige Unternehmen das Corporate Volunteering überhaupt als „Personalerfahrungsmaßnahme", geschweige denn, es zur attraktiven Außendarstellung zu verwenden. Dazu passt die weitverbreitete Aussage, dass das gesellschaftliche Engagement eines Unternehmens bei der Suche nach Fach- und Führungskräften bislang praktisch nicht kommuniziert wird. Dabei gibt es mittlerweile zahlreiche CV-Ansätze, die sich in der Praxis bereits bewährt haben[298]:

Beim **Entwicklungs-Secondment**[299] schickt ein Unternehmen Führungskräfte befristet und mit einer bestimmten Führungsaufgabe in eine gemeinnützige Organisation oder ein Projekt, wobei das Unternehmen den Mitarbeiter weiter bezahlt. Dieser erweitert so seinen Horizont in Sachen Erfahrung und Kompetenz, was seiner Fähigkeit, die Herausforderungen am heimischen Arbeitsplatz zu bewältigen, später zugutekommt. Das Unternehmen positioniert sich gleichzeitig als gesellschaftlich verantwortungsbewusster Arbeitgeber.

Ein **Secondment für den Übergang** eröffnet Mitarbeitern, die vom Personalabbau oder einem (altersbedingten) Karriereende betroffen sind, einen sanften Übergang durch ein befristetes CV-Projekt. Darüber hinaus werden dem Betroffenen neue Perspektiven eröffnet. Das Unternehmen attestiert dadurch seine Verantwortung gegenüber scheidenden Mitarbeitern.

Entwicklungsprojekte werden derzeit am ehesten in den Unternehmen umgesetzt: Mitarbeiter erhalten dabei zu einem festgelegten Stundenkontingent die frei wählbare und zeitlich befristete Aufgabe, ein bestimmtes gemeinnütziges Problem für eine soziale oder ökologisch engagierte Organisation zu lösen. Auf diese Weise ler-

---

[296] Schwalbach, J., Schwerk, A., Fischer, S. und Taubken, N. (Hrsg.): Studie „Corporate Volunteering als Recruiting-Maßnahme für Spitzenkräfte in Deutschland" - Eine Studie aus Sicht deutscher Großunternehmen. Gemeinschaftsprojekt des Instituts für Management der Humboldt-Universität zu Berlin und Scholz & Friends Reputation in Zusammenarbeit mit der Financial Times Deutschland, Berlin 2008.

[297] Ebenda

[298] Ebenda, frei zitiert.

[299] secondment (engl.) = Entsendung.

nen sie im Rahmen ihrer Arbeit parallel zum Tagesgeschäft, ihre Kompetenzen auf anderen Feldern in der Praxis zu erproben und zu erweitern – für potenzielle Bewerber ein interessantes und zukunftsweisendes Signal.

Das Prinzip **Business on Board** hingegen nutzt bewährte Strukturen für neue Aufgaben von Führungskräften, indem sie in Leitungsgremien gemeinnütziger Organisationen gesandt werden, wo sie eigenverantwortlich Führungsaufgaben übernehmen. Davon profitiert selbstverständlich besonders deutlich die jeweilige Organisation, da sie professionellen Support aus der Wirtschaft erhält, aber auch der Mitarbeiter selbst profitiert. Denn durch die neuen Aufgabenbereiche werden Sozial- und Führungskompetenz von anderer Seite gefördert. Diese CV-Variante ist, da sie mit praktisch keinen Kosten verbunden ist, durchaus auch für kleinere und mittelständische Unternehmen attraktiv.

Bei **Pro-Bono-Dienstleistungen** werden demgegenüber tatsächlich unentgeltlich Leistungen aus dem Kompetenzbereich eines Unternehmens zugunsten einer gemeinnützigen oder gesellschaftlichen Einrichtung erbracht. Klassiker sind hier Rechtsberatungen für Mittellose, kostenlose Bewirtungen von Veranstaltungen oder die Jugendförderung.

Im Folgenden sehen Sie Beispiele dafür, wie Corporate Volunteering erfolgreich in Führungs- und Personalkonzepte eingebunden werden kann:

Unternehmer Mario Engelhard überholt eigentlich mit seinem mittelständischen Betrieb in Lorch gebrauchte CNC-Drehmaschinen. Er nahm sich im vergangenen Jahr sechs Wochen lang Zeit, um in einer Berufsschule in Tansania zu arbeiten. Dort sorgte er dafür, dass gespendete Drehbänke auch in Betrieb gingen, und brachte sein Know-how als Führungskraft ein. „Ich hatte schon Zweifel, ob es für mich in meinem Alter überhaupt etwas zu tun gibt", schildert der Neunundsechzigjährige seine anfänglichen Bedenken, doch „es gab etwas zu tun, und wie sich gezeigt hat, passten das Projekt und der Manager zusammen".[300]

Auch Unternehmensberaterin Iris Rateike hat sich für ein dreimonatiges „Sabbatical mit Sinn" entschieden und in Südafrika eine Hilfsorganisation mit ihrem Fachwissen als Controllerin unterstützt. „Stellen Sie sich vor, jeder Manager, jede Führungskraft, würde nur ein paar Wochen seiner langen Berufstätigkeit „spenden", um Aufbauprojekte in Entwicklungsländern zu unterstützen – was könnte damit erreicht werden?"[301]

Wie sehr der Einsatz im Rahmen von CV-Projekten nachwirkt, zeigt auch das Beispiel von Bahn-Managerin Katja Pilzecker: Sie war sechs Wochen in Äthiopien und ihr Engagement hat „ihren Blick auf die Welt verändert. Das Wesentliche sei wieder in den Mittelpunkt gerückt, sagt die 40-Jährige (...), man lernt eine gewisse Art von Demut".[302] Ihre neu erworbene Gelassenheit im Umgang mit scheinbar Unmög-

---

[300] Schwarz, T.: Am Abschiedsabend hatte ich Tränen in den Augen, in: Stuttgarter Zeitung vom 15.03.2011.

[301] Zitiert nach einer Pressemeldung von Manager ohne Grenzen v. 4. Juni 2009.

[302] Keck, C.: In Äthiopien mehr Gelassenheit gelernt, in: Stuttgarter Zeitung Nr. 49 v. 1. März 2010, S. 21.

lichem oder eiligen Dingen nutzt sie nun wieder in ihrer Position als Managerin. Das ist eine wertvolle Erfahrung für alle Beteiligten.

Pro-Bono-Einsätze gehören bei Microsoft schon lange zum Alltag der Mitarbeiter. „Für Microsoft als amerikanisches Unternehmen ist Corporate Volunteering Teil der Unternehmenskultur"[303]. In der Tat sind uns die Amerikaner in Sachen Engagement neben dem Beruf deutlich voraus. So finden laut einer Umfrage von Roland Berger Strategy Consultants und der Amerikanischen Handelskammer in Deutschland[304] in 86 Prozent der US-Tochtergesellschaften in Deutschland regelmäßig CV-Programme statt, bei rein deutschen Unternehmen sind es deutlich weniger. „Dieser Unterschied erklärt sich aus der philanthropisch geprägten Unternehmenstradition vieler amerikanischer Unternehmen", heißt es dazu erklärend.

„To be productive, dreams must be connected to our potential. Otherwise, they are idle fantasies."[305]

Doch worauf muss ein Unternehmer achten, wenn er sich dazu entschließt, Corporate Volunteering tatsächlich strategisch in der Unternehmenskultur zu verankern? Entscheidend ist hier die Auswahl eines Partners oder Projektes mit passendem Hintergrund. Ideal zur Seite stehen hier bewährte Netzwerke, die Projekte vor Ort und Mitarbeitereinsätze gezielt vermitteln und unterstützen. Solche Netzwerke besitzen das notwendige Know-how, eine gewachsene Infrastruktur, viel Erfahrung und bieten ganz konkrete Ansätze zur Umsetzung. Eine möglicherweise bereits bestehende CSR-Strategie kann so begleitet und gestärkt werden.

Ein Gewinn ist Corporate Volunteering zur Erweiterung von CSR-Strategien für jedes Unternehmen: Im Rahmen des Employer Brandings funktionieren solche Maßnahmen hervorragend als Proof Points, also Ankerpunkte und bildhafte Geschichten für abstrakte wohlklingende Strategien, da hier CSR konkret in die Praxis umgesetzt und erfahrbar gemacht wird. Das stärkt die Authentizität und Glaubwürdigkeit nach innen und außen jenseits bloßer Bekundungen.

Außerdem bieten die Einsätze „vor Ort" zahlreiche Möglichkeiten zu PR-Aktivitäten mit Geschichten, die persönlich sind und automatisch ein Sinn stiftendes Element am Beispiel einzelner Mitarbeiter herausstellen. Das erhöht nicht zuletzt auch die Reputation und bietet einen positiven Beitrag zur Unternehmenskultur und Mitarbeiterentwicklung.

Die Mitarbeiter erleben durch CV ein starkes emotionales Lernen, das nachhaltige Veränderungen bewirkt, die dem Unternehmen zugutekommen. Hinzu kommt die Tatsache, dass auch Einsätze in Dritte-Welt-Ländern durchaus den Blick öffnen für

---

[303] Dilk, A. und Littger, H.: Arbeiten nicht nur für Geld, in: Computerwoche 6/09, S. 38 f.

[304] ww.rolandberger.com/company/press/releases/corporate_volunteering_is_often_standard_business _de.html

[305] Strenger, C. und Ruttenberg, A.: The Existential Necessity of Midlife Change, in: Harvard Business Review, Februar 2008, S. 88.

globale Märkte, die noch erschlossen werden können[306]. Ein gezielter Know-how-Aufbau und ein Wissenstransfer in Theorie und Praxis in herausfordernden Umfeldern erschafft neue Zugänge zu altbekannten Themen und stiftet erwiesenermaßen Sinn und Motivation für den Einzelnen. Der Know-how-Transfer findet selbstverständlich in beide Richtungen statt und skizziert so das Arbeitsumfeld der Zukunft und die dazu erforderliche Unternehmenskultur.

Ein interessanter Nebeneffekt von Corporate Volunteering sind auch die daraus resultierenden neuen Optionen zur Flexibilisierung der Arbeitsorganisation. Durch die einmalige Möglichkeit, herausfordernde exklusive Erfahrungen zu machen und diese als Eigen- und Unternehmenskapital in den Unternehmensalltag zu integrieren, liefert CV für viele unverzichtbare Schlüsselspieler einen signifikanten Beitrag zur Life-Cycle-Balance.

5.5 Employer Branding – ein cooles Arbeitgeberimage schaffen

Sie haben klangvolle Namen wie SAP, Google, ITEMIS, SAS Institute, The Boston Consulting Group oder Microsoft – und sie stehen gut da in den zahlreichen Online-Arbeitgeber-Rankings[307], die aus Mitarbeitersicht die „besten" Arbeitgeber im In- und Ausland küren. Wer hier einen Job hat, ist genauso „in" oder etabliert, wie das Unternehmen selbst. Das Unternehmen? Genauer gesagt das Arbeitgeberimage des Unternehmens, die Arbeitgebermarke. Jens Trompeter, Personalleiter der ITEMIS AG in Lünen, bringt das Phänomen auf den Punkt, indem er die typische Antwort auf seine erste Frage an einen Bewerber nennt, warum ausgerechnet ITEMIS: „Weil das Unternehmen toll ist und spannende Inhalte bearbeitet."[308]

„Denn nur wenn Topmanagement, Marketing, Fachabteilungen, Personalabteilungen und PR sich auf ein gemeinsames Vorgehen verständigen und an einem Strang ziehen", sagt Michael Grupe, „ist der erfolgreiche Aufbau einer Arbeitgebermarke realisierbar. (...) Visionen, Leitbilder und klar definierte Ziele und Werte sind dabei unumgänglich."[309] Und wer hier blendet, ist von vorneherein zum Scheitern verurteilt. Nur Unternehmen, die dabei stets auf Authentizität achten, werden ihren attraktiven Arbeitgeberstatus auf Dauer halten können.

Klafft eine Lücke zwischen Anspruch und Wirklichkeit, geht der Schuss schnell nach hinten los – wie es vielen Unternehmen im Zuge des IT-Hypes zur letzten

---

[306] Simon, H.: Kolumne „Eurafrica und Chimerika – Die Europäer müssen Afrika jetzt helfen und sei es aus purem Eigennutz", www.hermannsimon.com. Hermann Simon vergleicht die großen Wirtschaftsblöcke Europa/Afrika und China/Amerika anhand der heutigen Einwohnerzahl (1,76 Mrd/1,67) mit der zukünftigen im Jahr 2050 (2,89 Mrd/1,82 Mrd). Darüber hinaus sieht er die Verpflichtung in der europäischen Unterstützung Afrikas auch darin, Lebensbedingungen vor Ort in der Art zu schaffen, dass es nicht zu großen, die europäischen Länder überfordernden Einwanderungen kommt.

[307] Zum Beispiel: „Great Place to Work" oder „Top-Arbeitgeber".

[308] Jens Trompeter anlässlich eines Vortrags auf dem Netzwerktreffen Selbst GmbH am 17./18.02.2011 in der Alanus Hochschule für Kunst und Gesellschaft in Alfter.

[309] Grupe, M.: PRoFILE, Februar 2009.

Jahrtausendwende passiert ist. Im Zweifelsfall ist es für jedes Unternehmen sinnvoll, hier Prozess begleitend externe Experten hinzuzuziehen, die erfahrungsgemäß schnell erkennen, wo der Spagat zwischen Status quo und Wunschdenken noch zu groß ist – und wo daraus resultierend automatisch Kommunikationsprobleme auftauchen könnten. Da es sich um eine langfristige Aufgabenstellung mit nachhaltiger Wirkung handelt, sollte an dieser Stelle auf keinen Fall gespart werden.

Dennoch und allen Anstrengungen zum Trotz: Employer Branding rechnet sich im Prinzip für jedes Unternehmen – unabhängig von Größe und Branche. Der Erfolg dieser Maßnahmen „lässt sich zumindest anteilig messen"[310], und zwar über den eigentlichen Personalrekrutierungszweck hinaus. Wobei gerade in Deutschland die positiven Effekte wie z. B. weniger Fehlzeiten und Krankenstände, eine höhere Leistungsbereitschaft und Identifikation mit dem Unternehmen, die höhere durchschnittliche Beschäftigungsrate und eine deutlich geringere Mitarbeiterfluktuation nach wie vor zu wenig Beachtung finden.

Die Ansatzpunkte des Employer Brandings können auf folgende Aspekte verdichtet werden, die aus dem Blickwinkel der jeweiligen Zielgruppe betrachtet werden sollten (u. a. in Bezug auf Geschäftsmodell, Produkte und Dienstleistungen, Unternehmenskultur, Einkommens- und Entwicklungsaspekte):[311]

1. Wofür steht das Unternehmen (Identität) und auf Basis welcher Werte?

2. Wie hoch sind die Authentizität und Belastbarkeit von Identität und Werten?

3. Worin liegen die besonderen Stärken des Unternehmens?

4. Wodurch unterscheidet sich das Unternehmen von Wettbewerbern?

5. Wie ist das aktuelle Image des Unternehmens?

6. Was ist das angestrebte Ziel der Arbeitgebermarke/des Unternehmensimages?

---

[310] Grupe, M.: PRoFILE, Februar 2009.

[311] Trost A. (Hrsg.): Employer Branding, Arbeitgeber positionieren und präsentieren, Luchterhand, Köln 2009.

Rückblick und Ausblick

„Als emotionaler Katalysator kann Gewinnmaximierung die menschliche Energie nicht vollständig mobilisieren."[312] *Gary Hamel*

In der Schlussbetrachtung dieses Buches möchten wir einen abschließenden Blick auf diejenigen Aspekte werfen, deren Neuausrichtung in der beschriebenen veränderten Arbeitswelt die Mitarbeiterzufriedenheit und -bindung maßgeblich beeinflussen wird.

Die konsequente strategische Ausrichtung auf den Mitarbeiter als entscheidende Größe für den Unternehmenserfolg erfordert ein interdisziplinäres Personalmanagement, in dem viele Spieler am gleichen Strang ziehen müssen. Personalmanagern und Führungskräften steht damit eine Zeit des Umbruchs bevor. Es müssen neue Konzepte entwickelt werden, die sich maßgeblich an Lebensphasen und an Flexibilität orientieren.

Unternehmen treten jetzt in ihre postheroische Phase ein und werden zur vernetzten Community und Communityship setzt sich nicht nur im World Wide Web durch. In diesem Zusammenhang begegnet uns das Konzept der verteilten Führung wieder, in der die Weisheit der Vielen der wirtschaftliche Erfolgsfaktor ist.

Welche Einflussfaktoren wirken also bereits und lassen sich erkennen?

Die Hierarchie der Werte befindet sich im Umbruch und das beeinflusst die Arbeitswelt stark. Durch neuartige Handlungen und Ausrichtungen von Unternehmen und Einzelpersonen ändert sich die Wirtschaft bereits sichtbar und es gibt positive Signale für eine Veränderung der Arbeitswelt auf allen Ebenen. Ob die Unternehmen des Fourth Sector eine neue Art von kollektivem Gewinn definieren, ob etablierte Spieler ihre Organisationen um Social Business Bereiche erweitern oder ob Personaler und Management mit innovativen Konzepten zur Mitarbeiterbindung aufwarten – Bewegung und Neuerung scheinen sich evolutionär fortzupflanzen. Gleichzeitig stehen der Fülle an Fallbeispielen und Berichten über neue Prinzipien des Wirtschaftens sehr etablierte Prinzipien der Unternehmensführung gegenüber.

Über einen sehr langen Zeitraum hinweg galt die primäre Orientierung großer Teile der Gesellschaft der Erwerbsarbeit. Der Lebenssinn hingegen wurde von der arbeitenden Bevölkerung sehr häufig in den außerberuflichen Bereich verschoben und dies ist überwiegend so geblieben. Das klingt paradox und ist es bei genauer Betrachtung auch – auf der Ebene der Werte aber erklärbar. Arbeit war in Zeiten der Industrialisierung und des Wirtschaftswunders, für die stabilisierenden, sichernden, ordnenden Werte des Lebens verantwortlich während Familie/Freizeit

---

[312] Hamel, Gary: „Moon Shots for Management", Harvard Business Review, Februar 2009, S. 91.

für die sozialen und kreativen Werte stand. Dieser Status quo hatte seine Wurzeln in der lange vorherrschenden taylorschen Managementphilosophie der Fragmentierung, deren Folgen sich bis heute zäh in den Strukturen und Kulturen unserer Unternehmen halten.

So engagieren sich Menschen stark, aber eben nicht vornehmlich im beruflichen Umfeld. Eine Analyse zum „Informationssystem Zivilgesellschaft", bei dem es unter anderem um bürgerschaftliches Engagement in Deutschland geht, kommt zu folgendem Ergebnis: „Angesichts der heute allein in Deutschland rund 600.000 eingetragenen Vereine, der über 16.000 Stiftungen, der zahlreichen zivilgesellschaftlichen Organisationen in anderen Rechtsformen und des Engagements, das auch in weniger formalisierten Projekten, nachbarschaftlichen Initiativen, Sportvereinen oder darüber hinausgehend erfolgt ... [ist] die Bereitschaft der Bürgerinnen und Bürger zur Selbstorganisation und ihr finanzieller wie nichtmaterieller Beitrag (Zeit, Energie, Ideen) für gemeinschaftliche und gesellschaftliche Belange so hoch wie nie zuvor ..."[313]

In jüngster Zeit beobachten Soziologen und Trendforscher eine Hinbewegung aller Generationen (zurück) zu den moralischen Bereichen.[314] Zu dieser Wiederbelebung von Werten – oder auch Rückbesinnung auf Kernwerte – zählen beispielsweise die gesellschaftliche Aufwertung von Ehe, Familie und Kindern, die soziale Anerkennung und faktische Ausweitung ehrenamtlicher und freiwilliger Tätigkeiten (in den USA spricht man derzeit von einer wahren Flut im ehrenamtlichen Engagement), die grundlegende Neubewertung von Arbeit und Leistung oder die Fokussierung auf die Förderung von Bildung. Damit rücken vor allem prosoziale Werte, wie Hilfsbereitschaft, menschliche Wärme, Freundlichkeit und Freundschaft sowie Gerechtigkeit und Verantwortung wieder in den Vordergrund.[315]

In den vergangenen Jahrzehnten sind die Wahlmöglichkeiten zur Gestaltung des eigenen Lebens und Arbeitens um ein Vielfaches angestiegen. Wir leben in einer „Multioptionsgesellschaft" und diese bietet den Menschen einerseits eine immense Chance zur eigenständigen Lebensgestaltung, bedeutet gleichzeitig aber auch eine Herausforderung. Aus einer Vielzahl von Möglichkeiten muss immer wieder gewählt werden, jeder muss konsequenzenreiche Entscheidungen treffen und ohne eine echte Orientierungsmöglichkeit an Vorbildern sein Leben jeden Tag aufs Neue selbst gestalten – es findet eine Individualisierung des Lebens statt.

---

[313] Priller, E.: Der Bericht zur Lage und zu den Perspektiven des Bürgerschaftlichen Engagements in Deutschland – Erfahrungen, Erkenntnisse und Herausforderungen, in: Anheier, H. K. und Spengler, N.: Auf dem Weg zu einem Informationssystem Zivilgesellschaft, Bd. 1, Essen November 2009, S. 23.

[314] Klages, H.: Werte und Wertewandel, in: Schäfers, B. und Zapf, W. (Hgg.): Handwörterbuch zur Gesellschaft Deutschlands, Opladen 2001.

[315] Glas, I.: 3 Generationen im Vergleich, September 2009. Online unter: http://www.verbraucheranalyse.de/downloads/37/VA2009_Vortrag_Generationen.pdf

Unter Individualisierung versteht die Trendforschung im Einzelnen:[316]

- Eine Kultur der Revision (revidierbare Wechsel von Wohnort, Ehepartner oder Beruf).
- Die Entwicklung immer vielfältigerer Lebenswelten, Rollenmodelle und biografischer Muster.
- Verhandelbarkeit und Verhandlungszwang (da Beziehungen nicht mehr nur in Rollen oder Hierarchien definiert sind).
- Die Steuerung unterschiedlicher Lebensgeschwindigkeiten (abhängig von der Lebensphase und dem Lebensbereich).
- Die Ergänzung oder Ablösung von gesetzten und verordneten Bindungen durch selbstbestimmte Netzwerke (Dominanz von Freunden im Vergleich zur Familie).

Die Tendenzen zur Individualisierung und die Rückbesinnung auf Kernwerte können parallel beobachtet werden und man kann diese Entwicklung auch mit dem Wunsch nach einem ausbalancierten Lebenskonzept beschreiben. Dieser Wandel erhält seine Energie aus zwei Richtungen. Fasst man die vorderen Kapitel kurz zusammen, könnte man sagen, die ältere Generation überdenkt ihre (gelebten) Werte und die jüngere Generation bringt natürlicherweise andere Werte mit.

Anstelle des von manchen befürchteten Werteverfalls ist in der Trendforschung häufig von einer Wertesynthese die Rede. Es ist zu beobachten, dass die Gesellschaft traditionelle und moderne Werte gleichermaßen schätzt und verkörpert, sodass diese gleichberechtigt nebeneinanderstehen.[317]

Auch auf die Arbeitswelt bezogen gilt diese Wertesynthese, man könnte auch von Werteparadox sprechen. Während ein signifikanter Teil der Sinnsuche im Außerberuflichen stattfindet, besteht gleichzeitig der Wunsch nach einer stärkeren Verschmelzung beider Bereiche.[318] Insbesondere für die jüngeren Generationen stehen allerdings Arbeit und Freizeit bzw. Familienleben nicht mehr im Gegensatz zueinander. Sie werden als verbundene Bereiche wahrgenommen, die insgesamt Sinn stiftend sein müssen. In dieser Wertesynthese müssen alte und neue Werte nicht in Opposition zueinanderstehen, sondern können bei vielen Menschen sogar eine produktive Wechselwirkung entfalten.[319]

Dennoch ist das Phänomen der inneren Kündigung hinreichend bekannt. Für einige Gesellschaftsgruppen kann man diese Bewegung durchaus als innere Abkehr vom Berufsleben verstehen. Erinnert sei an dieser Stelle an die in der Einleitung des Buchs beschriebenen Ergebnisse des Engagement Index 2010 für Deutschland. Der

---

[316] Horx, Matthias: Future Fitness – Wie Sie Ihre Zukunftskompetenz erhöhen. Ein Handbuch für Entscheider, Eichborn AG, Frankfurt a. M 2005.

[317] Opaschowski, H. W.: Deutschland 2030. Wie wir in Zukunft leben, Gütersloh 2008.

[318] Ebenda

[319] Klages, H.: Werte und Wertewandel, in: Schäfers, B. und Zapf, W. (Hrsg.): Handwörterbuch zur Gesellschaft Deutschlands, Opladen 2001.

durch Mangel an Engagement und ungenutztes Potenzial entstehende volkswirt-schaftliche Schaden und die Nachteile für die Unternehmen sprechen für sich. [320]
Im Setting Arbeitswelt verbringen zu viele Menschen einen zu großen Anteil ihrer Lebenszeit, als dass man die Ergebnisse des Engagement Indexes einfach auf sich beruhen lassen sollte. Für Unternehmer und Unternehmen sind die Verluste klar in Zahlen berechenbar. Für den einzelnen Mitarbeiter stellt sich der Verlust nicht in Zahlen, sondern in verlorener Lebensqualität dar.

1 Mitarbeiter im Mittelpunkt – nicht nur für den Kunden!

Die Wettbewerbsfähigkeit von Unternehmen hängt immer stärker davon ab, sich als attraktiver Arbeitgeber zu positionieren. Ohne funktionierendes Geschäfts-modell, ohne Produkte und Dienstleistungen, die von Kunden nachgefragt und ge-kauft werden, wird zwar auch in Zukunft kein Unternehmen lange existieren. Be-trachtet man hingegen die einzelnen Elemente der Wertschöpfungskette, werden Verlagerungen sichtbar, die die Unternehmenswelt grundlegend verändern können und verändern werden.

1.1 Radikale Kundenorientierung fordert radikale Mitarbeiter-orientierung

Jedes Geschäftsmodell wird von Menschen getragen. Selbst oder vielleicht gerade hoch technisierte und prozessoptimierte Leistungen werden in letzter Konsequenz durch Menschen entwickelt und an den Kunden herangetragen. Letzteres gilt auch für virtuelle Märkte, denn auch diese werden durch Menschen kreiert und weiterentwickelt. Je weniger Menschen in einer Wertschöpfungskette vorkommen, desto höher wird die Bedeutung des Einzelnen.
In der Außenkommunikation hat der Kunde bzw. das Kundeninteresse fast aus-nahmslos und in jeder Unternehmensleitlinie eine hervorgehobene Positionierung. Der Fokus aller Unternehmensaktivitäten solle sich an der Kundenzufriedenheit ausrichten. Nur dann sei Erfolg garantiert. Welche Auswirkungen hätte es aber, wenn es bei den Mitarbeitern an Qualifikation, Qualität oder Freundlichkeit und Servicedenken mangelt? Oder noch radikaler: Käme ein Geschäft ohne Mitarbeiter zustande? Diese Fragestellung ist nicht neu und gilt für die Vergangenheit, für heute und für die Zukunft gleichermaßen. Die Bedeutung ihrer Beantwortung hingegen wird eine neue Dimension erhalten.
Die Zeit für persönliche Entwicklung, Interessen und dafür, Erfahrungen zu ma-chen, die über die berufliche Aufgabenstellung hinausgehen, werden von Arbeit-nehmern in Zukunft in viel stärkerer Form eingefordert werden. Die Balancen

---

[320] Gallup GmbH: Studie „Engagement Index Deutschland 2010". Repräsentative Studie für die Arbeitneh-merschaft in Deutschland ab 18 Jahre, 2011.

bleiben dabei aber erhalten. Es geht in diesem Wandel nicht um eine einseitige Belastung der Unternehmen.

1.2 Retention Management – Mitarbeiter an das Unternehmen binden

Zufriedene Mitarbeiter erzielen höhere Umsätze, steigern den Börsenwert und bleiben ihrem Unternehmen treu – so die Theorie. Mitarbeiterbindung – auch Retention Management genannt – heißt, qualifizierte Mitarbeiter durch die Gestaltung verschiedener positiver Anreize auf unterschiedlichen Ebenen langfristig im Unternehmen zu halten.

Unter Retention Management sind alle Maßnahmen zu verstehen, die einen Mitarbeiter an das Unternehmen binden: Employer Branding, Unternehmens- und Führungskultur, (gelebte) Werte, Personalentwicklung, Arbeitsinhalte und Karrieremöglichkeiten, Vergütungen und alles rund um das Thema „gesellschaftliches Engagement". Dies sind nur die wesentlichen Aspekte, die die Arbeitgeberattraktivität ausmachen. Die Aufzählung kann gewiss noch viel feiner gestaltet werden. Was aber wirklich bindet, ist am Ende ein äußerst individuelles Potpourri an Maßnahmen. Nur mit vertrauensvoller Offenheit können zielführend die richtigen Schritte eingeleitet werden.

Aspekte der Arbeitswelt, die in der Vergangenheit eher eine untergeordnete, teilweise belächelte Rolle spielten, wie z. B. Freiräume zu schaffen oder über das Unternehmen hinausgehende soziale, ökologische bzw. ethische Prinzipien zu berücksichtigen, werden eine zunehmende Bedeutung in der Arbeitswelt von morgen bekommen.

Es ist ratsam, alle Bereiche und Instrumente, die
* die Flexibilisierung des Arbeitsumfeldes unterstützen und
* die Mitarbeiterbindung erhöhen
systematisch – aus dem Blickwinkel der gesellschaftlichen Herausforderungen betrachtet – zu Handlungsfeldern des Unternehmens zu machen.

Konkrete Handlungsfelder könnten sein:
* Führung,
* Vergütungs-/Anreiz-/Motivationssysteme,
* Realisierung der Faktoren, die Engagement begründen,
* Personalentwicklungsmaßnahmen und Karrieremöglichkeiten/-pfade,
* Employer Branding,
* Unternehmenskultur,
* die Bausteine der Total Compensation,
* die Lebensphasenorientierung und Familienfreundlichkeit.

Diese Handlungsfelder gehen weit über die herkömmlichen Aufgaben des Personalbereiches hinaus. Sie müssen von diesem umfassend unterstützt und begleitet werden.

Es sollte zum kontinuierlichen Prozess werden, die aktuellen technologischen und gesellschaftlichen Bewegungen bewusst und koordiniert aufzugreifen, und zwar weit über die gängige Markt- und Wettbewerberanalyse hinaus.

Diese Arbeitswelt 3.0 hat für Unternehmen wie für Mitarbeiter viel zu bieten. Wie man an diese neue Form der Mitarbeiterbindung letztendlich herangeht, muss situativ und kontextabhängig im Unternehmen entwickelt werden. Die Spannbreite liegt zwischen definierten Funktionen innerhalb der Human Resources Abteilung und einer klaren inneren Haltung, die sich durch das Management eines Unternehmens zieht.

Unabhängig von der Unternehmensgröße wäre eine unverzerrte Evaluation des Status quo (in einem ersten Schritt auch durch einen externen Dritten) ein erster, aber entscheidender Schritt zum systematischen, übergreifenden Retention-Management.

Die „neue Generation" der Personalmanager

Unternehmen sind Peoples Business und werden es zukünftig mehr denn je sein. Folglich sollten auch die Qualifikation und der Fokus derjenigen, die dieses Peoples Business führen und managen, entsprechend ausgerichtet werden.

Peter Drucker hat dies vor Jahrzehnten schon folgendermaßen formuliert: „Management sollte ein Berufsstand sein. Führungskräfte dürfen nicht vergessen, dass ihre Hauptaufgabe darin besteht, das langfristige Wohl ihres Unternehmens zu gewährleisten. Das bedeutet: Sie müssen über die Grenzen ihres Betriebs hinaus und auf die Gesellschaft schauen. Und sie tragen Verantwortung für das Wohlergehen der Menschen, nicht nur für ihren Wohlstand."[321]

Die neue Generation der Führungskräfte wird dafür verantwortlich sein,

- dass sich Mitarbeiter in den vorhandenen Unternehmensstrukturen optimal entwickeln und damit ein positiver Wirtschaftsfaktor sein können (Flexibilität),
- die Lebensphasen des Einzelnen im Blick zu haben und davon die Belange und Notwendigkeiten für die Arbeitswelt abzuleiten (Lebensphasenorientierung),
- das Prinzip der Wechselwirkung und des inneren Potenzials in die Führungspraxis zu integrieren (Distributed Leadership) und
- die Engagement fördernden Faktoren zu verstehen und deren Realisierung in all ihren Facetten zu beherrschen (Sinnmaximierung).

---

[321] Drucker, P. F. et al.: Daily Drucker, Spektrum Akademischer Verlag, 2007.

Die Engagement stiftenden Basisfaktoren echter Einfluss, Kompetenz, Selbstbestimmung und Sinnhaftigkeit sollten zum Key Performance Indicator (KPI) in der Personalführung werden:

„Meaning is the new money"[322] ist gar das Statut, das Daniel Pink für die Zukunft der Unternehmensführung ausgibt. Sinn und Bedeutung, die der eigenen Arbeit beigemessen werden, sind also das neue Geld – sie sind die neue Währung.

Mitarbeiter wenden sich zuerst von ihrer Führungskraft ab und dann vom Unternehmen. Deshalb ist gute Führung für ein erfolgreiches Retention Management so wichtig und wird es in Zukunft immer mehr sein. Eine Studie des Instituts des Performance-Measurements (IPM/Stifterverband der Deutschen Wissenschaft)[323] hat gezeigt, dass insbesondere in kleinen und mittelständischen Unternehmen der Begriff Retention Management nahezu unbekannt ist. Allerdings ist man sich der dahinter stehenden Problematik durchaus bewusst. In allen Unternehmen messen die Personaler, die Geschäftsführer und andere befragte Führungskräfte dem Thema „Retention Management" eine hohe Bedeutung zu und halten es für eine große und unausweichliche strategische Herausforderung. Doch die wenigsten von ihnen nähern sich dem Thema systematisch.

Dazu müsste man sich zunächst einige personalstrategische Fragen stellen, wie z. B. die folgenden:

- Wie wird sich die (Alters-)Struktur in den nächsten Jahren im Unternehmen verändern?
- Wie passt dies zur Fortentwicklung des Geschäftsmodells?
- Welche Mitarbeiter in Fach- und Führungsfunktionen nehmen eine Schlüsselrolle ein?
- Wie sind diese nachhaltig für das Unternehmen motivierbar bzw. gewinnbar?
- Durch wen wären diese in welcher Zeit und durch welche (Opportunitäts-)Kosten ersetzbar?
- Werden systematisch die Erkenntnisse professioneller und zeitgemäßer Personalarbeit eingesetzt?
- Werden die Motivatoren und Sinntreiber des einzelnen Mitarbeiters ernsthaft erfragt?
- Welche Konzepte und Strategien für das Unternehmen können hieraus abgeleitet werden?
- Sind diese umsetzbar und zu welchen Kosten?

---

[322] Pink, D.: A Whole New Mind: Why Right-Brainers Will Rule the Future, Riverhead Trade 2006.

[323] Forschungsprogramm „Qualität und Transparenz in der Quartären Bildung" des Instituts für Performance Management (IfP) der Leuphana Universität in Lüneburg im Auftrag des Stifterverbandes für die Deutsche Wissenschaft, Berlin, Essen, 2011: Teilstudie: Quartäre Bildung als Bindungsinstrument in KMU: Mögliche Strategien für Retention Management.

Personalverantwortliche haben in der Regel eine Vorstellung davon, was ihre Mitarbeiter an das Unternehmen bindet – doch diese Einschätzung beruht oft nicht auf konkreten Befragungen der Schlüsselspieler, sondern auf spontanen, subjektiven Bewertungen von außen beziehungsweise von oben. Viele Menschen scheuen sich auch davor, über ihre privaten Belange offen zu reden, gerade wenn Themen wie die Pflege von Angehörigen, bestimmte Familienphasen, Brüche in der Biografie oder Verluste ein angepasstes Arbeitsumfeld fordern. Hier ist der Personalmanager als kompetenter Partner gefragt, der um lebensphasenrelevante Herausforderungen weiß und eine Palette von Interventionsangeboten und strukturellen Möglichkeiten zum weiteren Vorgehen zur Verfügung hat.

1.3 Wenn Kräfte in verschiedene Richtungen wirken ...

Durch die beschriebenen Entwicklungen in der Gesellschaft in den Bereichen Werte, Technologie und Demografie sind fast alle Unternehmens- und Lebensbereiche von tief greifenden Veränderungen betroffen. Der Grad des Einflusses jedoch ist unterschiedlich. Durch die Brille der angestrebten Sinnmaximierung betrachtet, ist es wichtig, zu erkennen, ob mehrere Trends eine ähnliche Wirkung erzeugen und somit die gleiche Veränderung hervorrufen oder ob gegebenenfalls Trendentwicklungen zu gegenläufigen Effekten führen. Bei gegenläufigen Entwicklungen entstehen Spannungsfelder und Paradoxien – für den Einzelnen, für Teams und für Unternehmen, mit denen man sich beschäftigen muss.

Trotz Paradoxien ins Handeln kommen

Eine gut beobachtbare Paradoxie ist beispielsweise die Tatsache, dass gerade die jüngeren Generationen vielfach eine hohe Leistungsbereitschaft, viel Einsatz und Initiative in die Arbeitswelt mitbringen, diese aber mit viel Flexibilität, Freizeit, Spaß, einer guten Perspektive und Sinnhaftigkeit vereinbaren möchten.
Eine weitere alltäglich beobachtbare Paradoxie: Die technischen Entwicklungen führen gemeinsam mit der Globalisierung zur beschriebenen Beschleunigung und Veränderungsgeschwindigkeit sowie zu einer Erhöhung der Arbeitslast. Die globalisierte Welt erfordert, dass hochkomplexe Arbeit an verschiedenen Standorten bzw. Ländern geleistet wird, und setzt vielfach eine kontinuierliche Erreichbarkeit voraus. International aufgestellte Unternehmen arbeiten 24-Stunden in verschiedenen Zeitzonen.
Gleichzeitig ist innerhalb des Wertewandels ein starker Trend zur Entschleunigung, zu selbstbestimmten flexiblen Arbeitszeiten und das Streben nach einem ausbalan-

cierten Lebenskonzept, das die Möglichkeiten zur Familienorientierung bietet, deutlich erkennbar.[324]

Eine weitere Paradoxie betrifft die Führungsebene und ist im Zusammenhang mit einer Erneuerung des Personalmanagements besonders zu beachten. Der Allrounder muss natürlich weiterhin Stabilität sicherstellen, Strukturen und Prozesse gestalten, Performance messen und gewährleisten, planen und budgetieren. Gleichzeitig soll hohe Flexibilität geschaffen werden. Gewohnheiten und bekannte Muster werden hinterfragt, Diversität wird gefördert und das Arbeitsumfeld soll lebensphasenorientiert gestaltet werden. Dies ist ein Parallelprozess, der von engagierten Führungskräften immer wieder als Spannungsfeld wahrgenommen wird – heute und in Zukunft noch stärker..

In der Coaching- und Beratungspraxis ist dieses Dilemma ein häufiges Thema und wie in vielen anderen Lebenslagen auch gilt es hier, Paradoxien auszuhalten und bewusst auszubalancieren. Idealerweise ist man sich der paradoxen Situation und der eventuell widersprüchlichen Tendenzen bewusst und kann darin aktiv agieren.

Flexibilität als Standard

Addiert man die gesellschaftlichen Spannungsfelder, wird deutlich, dass das Grundbedürfnis Stabilität kein Gegensatz mehr zu Flexibilität ist. Flexibilität führt heute in Unternehmen vielmehr zu gesteigerter Stabilität und Wettbewerbsfähigkeit. So sorgt beispielsweise das Prinzip der verteilten Führung (Distributed Leadership) für durchlässigere Hierarchien, ohne dass im Chaos agiert wird. Angesichts der beschriebenen Paradoxien wird Flexibilität zum ausschlaggebenden Wettbewerbsfaktor. Keine festen Büros, keine festen Arbeitsplätze, keine festen Regeln – so sehen Trendexperten den Arbeitsplatz von morgen."[325]

Gerade in solchen Fällen spielen die Werte „Sicherheit" und „Stabilität" eine ganz besonders wichtige Rolle. Dass es funktionieren kann, diese Spannungsfelder auszubalancieren, haben Unternehmen wie Google oder IBM, die ja in der Beliebtheitsskala junger Fachkräfte ganz oben stehen, bereits bewiesen: So bietet das Softwareunternehmen IBM seinen Mitarbeitern schon seit mehr als zehn Jahren an, „selbst zu bestimmen, wann und wo sie ihre Arbeit erledigen – das kann um vier Uhr morgens im eigenen Wohnzimmer oder um vier Uhr nachmittags in den Büroräumen des Unternehmens sein."[326]

---

[324] Neben den Ergebnissen diverser Studien zeigt eine Umfrage des „manager magazins" unter Studierenden, dass nur 42 % ein hohes Einkommen oder Internationale Möglichkeiten als wichtiges Kriterium für die Wahl eines Arbeitgebers ansehen, während 79 % die Entscheidung davon abhängig machen würden, ob man ihnen die Vereinbarkeit von Beruf und Familie ermöglicht.
manager magazin: Jugendstudie „Generation 05". Was Studenten über ihre Zukunft denken, 2005.

[325] Heide, D.: Bunter, flexibler, kreativer, in: Handelsblatt spezial vom 24.2.2011, S. 68.

[326] Ebenda

Mehr als zwei Drittel aller Mitarbeiter nutzen aktiv dieses flexible Modell – nicht zuletzt deshalb, weil sie sehen und spüren, dass räumliche Abwesenheit nichts an der Zugehörigkeit zum Unternehmen ändert.[327] Damit geht IBM einen wichtigen Schritt in Richtung Zukunftsfähigkeit: Die Mitarbeiter werden für Ergebnisse bezahlt, nicht für Anwesenheit. Das setzt eine gehörige Portion Vertrauen ineinander voraus, ein Zustand, der im Idealfall ausgewogen ist.

1.4 Projektorganisation und Wissensmanagement

Eine vom technologischen Fortschritt geprägte globale Wirtschaft fordert Schnelligkeit, Flexibilität und Innovationskraft. Diese Tatsache führt zwangsläufig zu der Frage, wie Unternehmen in Zukunft das immense Wissenspotenzial aller Mitarbeiter optimal managen können, um diesen beschriebenen Forderungen gerecht werden zu können.

Mit herkömmlichen Organisationsstrukturen kann die hohe Komplexität nicht gesteuert werden. Eine Vielzahl von Unternehmen experimentiert deshalb schon seit längerem mit dem Konzept der Projektwirtschaft. Die Projektwirtschaft oder die Projektorganisation ist eine spezielle Organisationsform in Unternehmen, in der Mitarbeiter in zeitlich begrenzten Projekten arbeiten – entweder während ihrer gesamten Arbeitszeit oder nur während eines Teils davon.

Eine Studie des Instituts für Beschäftigung und Employability (IBE) im Auftrag von Hays International zeigt die vielen Vorteile der Projektwirtschaft. Aus Sicht der befragten Unternehmen spricht dafür, dass „Projektteams wesentlich lösungsorientierter und selbstständiger agieren und sich stärker mit ihren Zielen und Zielvorgaben identifizieren."[328] Für den deutschen Markt steht fest, dass vier von fünf Unternehmen ihre Organisations- und Arbeitsstrukturen mit dem Ziel der Flexibilisierung bereits verändert haben. Die daraus resultierende Projektwirtschaft ist in den Alltag integriert.

75 Prozent setzen in ihren Projekten zudem externe Mitarbeiter ein und bilden „Mixed Teams".[329] Diese sind vor allem bei komplexen Themen gefragt. Die Projektorganisation findet sich heute noch häufig im Bereich der Entwicklung neuer Produkte oder Services. Wir erwarten aber eine Ausbreitung auf andere Unternehmensbereiche. Erfahrungsgemäß wird die Arbeitsmotivation, Produktivität und Effektivität im Arbeitsalltag durch flexible Projekte deutlich erhöht. Die Know-how-Bündelung und die crossorganisationale Zusammenarbeit beschleunigen und erweitern innovative Vorhaben.[330]

---

[327] Heide, D.: Bunter, flexibler, kreativer, in: Handelsblatt spezial vom 24.2.2011, S. 68.

[328] Rump, J. und Eilers, S.: Betriebliche Projektwirtschaft. Eine Vermessung, Eine Studie des Institutes für Beschäftigung und Employability (IBE) im Auftrag von Hays International 2010.

[329] Ebenda

[330] Ebenda

Der beschriebene Individualisierungstrend, der bei Mitarbeitern der jüngeren Altersgruppen beobachtet werden kann, ist eng an die Orientierung an gemeinsamen Zielen gekoppelt. Gerade diese wird es vermehrt im Kontext von Projektarbeit geben. Hinter der Orientierung an gemeinsamen Zielen verbirgt sich das Wissen, in Arbeitsprozessen mit komplexen Aufgaben und Projekten konfrontiert zu sein, die nicht allein zu bewältigen sind. [331]

Durch den strukturell eingeleiteten Fokus auf Right Potentials wird nicht nur der eigene Wertbeitrag zum Erfolg deutlich, auch Projektziele werden nachweislich schneller erreicht. Das strategische Gesamtbild wird für Individuum, Team und Unternehmen deutlich greifbarer. Gerade in der Projektorganisation brauchen Mitarbeiter Offenheit und die Fähigkeit zur flexiblen Anpassung an neue Umfelder (Budget- und Terminziele, Aufgaben, Kollegen, Chefs) – gleichzeitig sind standardisierte Randbedingungen unabdingbar für eine effiziente und effektive Projektabwicklung (Projektmanagement Skills, gemeinsame Software, Compliance & Legals).

Insbesondere in Projektorganisationen kommt es darauf an, die Kernkompetenzen der einzelnen Generationen, also ihr spezifisches Fachwissen und ihre Meta Skills, nutzbar miteinander zu verbinden. Da stehen die Erfahrungen der Älteren dem Innovationsdrang der Jungen ebenso gegenüber, wie die Weitsicht und Gelassenheit eines Middle-Agers dem unverbrauchten Blick eines Newcomers.

Eine weitere Frage, die für die Unternehmensführung der Zukunft wichtig ist, lautet: Wie managt man Wissen? Wissen weist, je nach Branche, einen Anteil von 60 % bis 100 % an der Wertschöpfung der Unternehmen auf und schneller zu lernen als die Konkurrenz, ist somit ein zentraler Wettbewerbsfaktor und eine Fähigkeit, die es zu entwickeln gilt.

Die Stunde des Wissensarbeiters ist schon lange gekommen und die Politik des Wissensmanagements hat sich verändert. Es geht nicht mehr darum, Wissen zu besitzen und zu verteilen, sondern Informationen auf den Punkt abrufen zu können und in ein größeres Ganzes einzubringen, also die Intelligenz einer Gruppe zu nutzen.

Wie organisiert man also dieses Management von komplexem Wissen in einer Zeit, in der Veränderung als einzige Konstante spürbar ist, in der eine Information von heute morgen am Abend bereits wieder überholt sein kann?

Die technischen Möglichkeiten für ein effektives Wissensmanagement (Blended Learning, Virtuell Classrooms, Datenbanken, spezielle Software ...) sind seit Jahren Standard und weitreichend in der Unternehmenslandschaft implementiert. Allerdings handelt es sich hier lediglich um Instrumente zur Einführung eines funktionierenden Wissensmanagements. Eine wesentlich größere Bedeutung haben die Menschen und die Organisation. Der einzelne ist wichtig, aber als Teil eines Netzwerkes und nicht mehr als alleiniger Schlüsselspieler.

---

[331] Rump, J. und Eilers, S.: Betriebliche Projektwirtschaft.

Der Umgang mit den erfolgskritischen kollektiven Fähigkeiten ist die Herausforderung der Zukunft im Bezug auf den Generationenmix in Unternehmen und auf die Anforderungen, die aus Schnelligkeit und globaler Kommunikation entstehen. Durch die permanente Verknüpfung von Wissen in Echtzeit entsteht eine Wissensbasis auf der Metaebene, die keiner Person zuzuordnen ist. Durch vielfältige Kombinationsmöglichkeiten ändert sich auch die jeweilige Qualität dieses Wissens. Kollektives Wissen befindet sich also in einem sehr instabilen Zustand, da es sehr beweglich auf Veränderungen des Gesamtsystems reagiert.

Die entscheidenden Kernkompetenzen des Einzelnen in diesem Gebilde werden die Kreativität und Sozialkompetenz sein. Ohne diese beiden Faktoren ist die Verschiebung hin zur Projektarbeit in Teams, die sehr schnell auf sich verändernde Anforderungen im Tagesgeschäft reagieren können, nicht zu bewältigen.

1.5 Alter und Erfahrung als Gewinn

Die starke Konzentration der Entwicklungs- und Weiterbildungsprogramme auf lediglich die erste Hälfte des Erwerbslebens ist strategisch nicht zu verstehen. Insbesondere für kleine und mittelständische Unternehmen, die beim Werben um Potenzialträger nicht selten das Nachsehen gegenüber namhaften Großunternehmen haben, liegt in einer Integration der älteren Wissensträger eine noch nicht ergriffene Chance. Aber auch Konzerne und größere Unternehmen kommen aufgrund der Altersverschiebung daran nicht vorbei.
Heutzutage endet der Zugang zu qualifizierten Bildungsprogrammen noch wie von Geisterhand, wenn ein Arbeitnehmer die 45 überschritten hat – Ausnahmen bestätigen natürlich die Regel. Und dies hatte seine Gründe, auch wenn diese Gründe nur kurzfristig orientiert waren. Derzeit liegt das Durchschnittsalter in deutschen Unternehmen bei 43 Jahren. Die Programme zielten also auf den Durchschnitt ab – wenngleich sie den Erfahrungsschatz von 50 % der Mitarbeitenden vielerorts außer Acht gelassen haben. Im Jahr 2030 wird sich das Durchschnittsalter in den Unternehmen um 10 Jahre nach oben auf 53 Jahre erhöht haben.[332]
Zu diesem Zeitpunkt befinden sich also über 50 % der Mitarbeiter in einer ganz anderen Lebensphase als noch heute und die Bedürfnisse und Kompetenzfelder werden sich dadurch deutlich verschieben.
Die Zahl derjenigen, die sich im Erwerbsalter befinden, wird bis zum Jahr 2015 stabil bleiben, danach beginnt diese Zahl zu sinken – um 10 bis 15 Millionen Menschen bis zum Jahr 2050.[333]
Der ehemalige Arbeitsminister Franz Müntefering, der einst tendenziell für einen früheren Renteneintritt warb, sieht heute die starren Altersgrenzen als „ein Produkt der alten Industriegesellschaft mit ihren standardisierten Arbeitsprozessen." Und er

---

[332] Statistisches Bundesamt, 2006, S. 64.
[333] Statistisches Bundesamt, 2006, S. 17.

ist sich ganz sicher: „In Zukunft werden wir eine größere Vielfalt von Übergängen zwischen Arbeit und Ruhestand brauchen."[334]

Eine Zeit-Umfrage zeigt: „Mit 65 müssen die meisten Arbeitnehmer in Rente gehen" – „Warum eigentlich? Die starre Altersgrenze bevormundet den einzelnen – und schadet den Unternehmen."[335]

Hier sind zwar politische Rahmen gefragt, doch die Politik allein kann das Problem nicht lösen. Das „Konzept Fachkräftesicherung" der Bundesregierung statuiert[336]: „Die Unternehmen können und müssen mehr tun" und es werden Schlüsselfaktoren wie vorausschauende Arbeitsgestaltung und -organisation und passgenaue Weiterbildung genannt.

Quartäre Bildung ist das Modell der Zukunft. Die Verbreitung und Relevanz der quartären Bildung scheint sich nun zu ändern. Die Möglichkeit, ältere Spezialisten mit großem Erfahrungswissen in engem Kontakt zum Unternehmen zu halten und deren Know-how in die aktuellen Bedürfnisse des Unternehmens zu integrieren ist ein signifikanter Wettbewerbsvorteil. Dass er außerdem positiv zur Unternehmenskultur beiträgt, ist naheliegend.

Vom System der quartären Bildung profitieren beide Parteien: der Arbeitnehmer durch die Chance, auch im höheren Alter im Unternehmen noch lernen und sich entwickeln zu können – und das Unternehmen, weil es den älteren Arbeitnehmer an sich bindet und weil es das potenzielle Wissen der Mitarbeiter zur Entfaltung bringt.

Wer sich in seinem Unternehmen als ganzer Mensch wertgeschätzt und auch in schwierigen Lebensphasen akzeptiert fühlt, wird häufig ein anderes Angebot ausschlagen. Vor allem aber werden alle Generationen gemeinsam zu mehr Engagement und Sinn gelangen.

2 Die Weisheit der Vielen

Nicht nur die Wissenschaft relativiert seit langem die Bedeutung einzelner herausragender Personen für den Unternehmenserfolg und ändert damit die herkömmliche Sichtweise. Die gegenwärtige Unternehmer- und Innovationsforschung befasst sich mehr mit Organisationen und Netzwerken als mit Individuen. Empirische Studien, die den Erfolg ganzer Populationen von Unternehmen langfristig untersuchten, fanden keinen statistisch signifikanten Einfluss der Unternehmensleiter und CEOs auf den Erfolg. Die Bedeutung von Topmanagern für das Gesamtsystem wird überschätzt.

---

[334] Niejahr, E.: Lasst uns länger arbeiten!, in: Die Zeit Nr. 22 vom 26.05.2011, S. 4 ff.

[335] Ebenda

[336] Ebenda

Die zweite Änderung der Sichtweise geht mit den hohen Anforderungen an die Schnelligkeit in der technologischen Entwicklung und mit dem starken Streben nach Flexibilisierung der Arbeitswelt einher. Mit dem Ziel, das Wissen der gesamten Organisation zu nutzen, wurde das unternehmerische Denken und Handeln zuletzt immer weiter nach unten an interne Profitcenter, Expertengruppen und Intrapreneure sowie an externe Freelancer vergeben. So entwickelt sich eine neue Organisationsform: das Unternehmen als Community.

Und diese wird zu einer Plattform für Veränderung. Unternehmen machen auf vielen Ebenen mobil und verändern ihre Strukturen zur netzwerkartigen Organisation. Indem sie die höchstmögliche interne (und externe) Intelligenz nutzen – jenseits von Hierarchie, formaler Funktion, Zugehörigkeit und dem „not-invented-here" Syndrom – kann auf die stetig wechselnden Umwelt- und Marktanforderungen flexibel reagiert werden.

Beispiele auch in der eher traditionellen Industrie gibt es viele. Die Siemens AG und die Deutsche Telekom beispielsweise setzen ihre Innovationslaboratorien schon seit längerem als Netzwerke mit communityähnlichen Strukturen auf. Das Organigramm des „Open Innovation Systems" der Deutschen Telekom zeigt dies sehr deutlich in seinen Alltagskooperationen mit Beratern, Wissenschaftlern, Universitäten, Kunden und Experten aus anderen Unternehmen. Hier wird mit gebündelter Intelligenz systematisch nach neuen technischen Entwicklungen Ausschau gehalten, diese Entwicklungen werden dann evaluiert, in Experimenten getestet und pilotiert.

Eine solche Art der freien Vernetzung bietet große Möglichkeiten der individuellen Einflussnahme und erlaubt es, eigene Kompetenzen für ein gemeinsames Ziel einzubringen. Damit werden genau diese Faktoren erfüllt, die Engagement fördern, und zudem sehr Sinn stiftend sind.

Eine weitergehende Überlegung zum Unternehmen als Community liegt in der These, dass, „um nachhaltig überlebensfähig zu sein, eine Organisation in Zukunft idealerweise groß und klein gleichzeitig sein können muss." Wie das funktioniert, beschreibt Mathias Horx[337], indem er von der „Organisation als moderiertes Netzwerk", als Weiterentwicklung von der heutigen Organisationsform spricht. Um eine „metastrategische Führung" kreisen dabei kleinere Organisationsteile, die in Selbstorganisationen all jene Facetten „im Kleinen" beherbergen, die zuvor zentral geregelt wurden. Dies ist also eine durchgängige konsequente Dezentralisierung, die auch ein großes Unternehmen beweglich, flexibel und innovativ erhält und den Mitarbeitern Freiheitsgrade und Einflussmöglichkeiten lässt. Mit den beispielhaften Wikipedias, Linux Systemen und Open Source Bewegungen hat die Realität hier die Organisationsforschung schon überholt.

---

[337] Horx, M.: Vortrag und persönliches Gespräch in Frankfurt am Main, Promerit im Januar 2010.

3 Die Rolle der Externen – Aufsichtsräte, Berater und Co.

Dass der beschriebene gesellschaftliche Wandel von Werten sowie die demografische und die technologische Entwicklung signifikante Auswirkungen auf den Markt der Unternehmensberatung haben, liegt nahe – und ist zu hoffen. In den vergangenen 25 Jahren prägten vor allem die großen Moden der Managementtheorien das Vorgehen. Alle machten Reengineering, dann KVP, dann Mergers und Acquisitions, dann Lean Management. Schließlich entwickelte sich der Dotcom-Hype, die „Balanced Scorecards" hielten Einzug und die Refokussierung aufs Kerngeschäft löste in den frühen 2000ern das anorganische Wachstum als Topstrategie ab. Die Zeit der großen Restrukturierungen brachte harte Einschnitte mit sich und große Branchen-Merger, als Marktkonsolidierung beschrieben, prägten den Markt.

Aus den beschriebenen Bedingungen des gesellschaftlichen Wandels lassen sich keine allgemeingültigen, vergleichbaren „Business-Weisheiten" erstellen. Selbstverständlich würde sich jedes qualitätsbewusste Beratungshaus von einem solchen Ansatz auch klar distanzieren.

In der Realität werden dennoch überraschend häufig Strategie-, Veränderungs- und Leadership Programme nach dem Baukastenprinzip entwickelt. Einer sorgfältigen Diagnosephase folgt dann allzu oft das modulare Konzipieren, indem bekannte State-of-the-art-Bestandteile, Methoden und Tools zu einem Projekt zusammengesetzt werden. Doch in den komplexen und schnellen Märkten sind Unternehmen individueller denn je, auch, weil sie sich mehr und mehr als Netzwerke organisieren. Sie agieren mit hohem Tempo in spezialisierten Märkten mit ihrer jeweiligen Historie und Organisiationskultur. Unter dieser Prämisse kann von maßgeschneiderten Lösungen durch Berater vermutlich nur selten die Rede sein.

Und der Beraterstand hat in den letzten Jahren einiges an Glanz verloren. Die Königstheorien für Strategie und Management werden heute an jeder Hochschule gelehrt und nicht wie in den Achtziger und Neunziger Jahren nur an Elite Business Schools. In der Folge gilt das Wissen der klassischen Strategie- und Organisationsberater keinesfalls mehr als heilig – und das ist gut so. In den beschriebenen schnelleren Wandlungsprozessen und bei flacheren Hierarchien werden so die alten Formen des „Power-Point-Consulting" und der Leadership Programme nach Schema-F obsolet.

In der postheroischen Wirtschaft kann eine Neuerung nur darin bestehen, den Fokus auf die Vernetzung und die Einflussmöglichkeiten der Community zu versetzen – hin zur Projektgruppe, zur Peergroup. Mehr und mehr setzt sich die Intelligenz der Community als Messgröße durch – vom Einzug der Digital Natives in die Führungsetagen und vom technologischen Fortschritt unterstützt. Der Einzelne nimmt durch seine Netzwerke, Kompetenzen und spezielle Expertise Einfluss. In diesem Setting kann sich externe Beratung nur am Puls der Zeit bewegen. Das bedeutet, dass sich die neuen Prinzipien der Arbeitswelt – wie z. B. die Orientierung an Lebensphasen, das lebenslange Lernen aller Mitarbeitenden im Unternehmen, die hohe Flexibilität des Arbeitsumfeldes und -alltags, die verteilte Führung (Distributed Leadership) oder die Communityship – in den von der Beratungsindustrie angebotenen Strategien, Konzepten und Programmen widerspiegeln müssen.

Ein Großteil der Unternehmensberatungen wendet sich an Führungskräfte und an aufstrebende Führungskräfte von Morgen, „Talents" oder „Emerging Leaders" genannt. Durch die Linse „erfolgreiche Führung" betrachtet, deutet sich für die Beratung der größte Paradigmenwechsel an. Henry Mintzberg fasst dies für das Feld Beratung perfekt zusammen: „Wir haben zu viel von dieser personenzentrierten Führung – von dieser überdrehten, auf das Individuum fokussierten, vom Kontext befreiten Führung (Anm.: also Führung ohne Bezugnahme auf spezifische Unternehmenskultur, unternehmerische Herausforderungen, strategische Projekte etc.), die so populär in den Schulungsräumen und in der Presse ist. Programme, Kurse und MBA-Programme, die behaupten, Leader zu entwickeln, fördern zu oft stattdessen nur Hybris. Keine gute Führungskraft ist je in einem Schulungsraum entstanden."[338] Die Führung in Unternehmen ist gleichzeitig Zielthema von Beratung und als flankierendes Prinzip zur erfolgreichen Implementierung von Strategien oder Veränderungen relevant. Führung existiert nur im Kontext und sie legitimiert sich auch nur kontextabhängig.

Die von der Beratungsindustrie konzipierten Unternehmensprogramme und strategischen Projekte müssen im unternehmerischen Kontext strategisch aufgesetzt und in den konkreten operativen Alltag der Beteiligten integriert werden. Dabei sollten strategische Themen direkt adressiert und weiterentwickelt werden. So sollte es z. B. ein Ziel sein, der Community, an die das Programm adressiert ist, eine kongruente Vorstellung über die notwendigen strategischen Schritte zu vermitteln. Dadurch entwickelt sich das Unternehmen, sein Potenzial wird gesteigert und gleichzeitig erhöht sich die Sinnhaftigkeit des Beitrags für den Einzelnen. Das gewünschte Ergebnis wird deutlich weniger als bislang die individuelle Entwicklung des einzelnen Managers sein, sondern die kollektive gemeinsame Fähigkeit der Führungsmannschaft, positive Geschäftsresultate zu erzielen.

Die Zeit der Klassenraumtrainings abseits vom Tagesgeschäft sollte vorbei sein. Zukünftige Lernformen müssen in die tatsächliche Arbeitswelt der Zielgruppe integriert sein und einen klar ersichtlichen Benefit – auch für die unmittelbare Umsetzung im Beruf – bringen. Sämtliche Entwicklungsinitiativen müssen zudem eng an die strategische Agenda der Unternehmen gebunden werden – mit dem Ziel, Führungsfähigkeit aufzubauen, während man parallel an den kritischen strategischen Zielen arbeitet.

Da die größten Potenziale an Wissen, Energie und Ressourcen im demografischen Wandel innerhalb der Unternehmen liegen, sollten Berater in Zukunft deutlich stärker in der Lage sein, aufzuzeigen, wie man diese heben kann. Im Bezug auf das

---

[338] Mintzberg, H.: The leadership debate with Henry Mintzberg: Community-ship is the answer, Financial Times, 23. Oktober 2006.

Human Capital, also die Mitarbeiter einer Organisation, bedeutet das, die richtigen Personen auf die für sie geeignete Stelle zu (be-)setzen. Dort können sie ihre Wirkung richtig entfalten. Jeder Mitarbeiter hat ein Talent, das sich für den Unternehmenserfolg optimal nutzen und einsetzen lässt – und dies auch sehr zum Vorteil des Arbeitnehmers, denn er gewinnt Freude an der Arbeit. Dieses Kapital zu erkennen und richtig zu positionieren wird ein entscheidender Wettbewerbsfaktor sein.

Und natürlich wird auch das Thema Sinnhaftigkeit in all seinen Facetten und auf den verschiedenen Ebenen (Individuum – Team – Organisation – Gesellschaft) an der Beraterbranche nicht vorbei gehen. Wer seinen Kunden nicht ganzheitlich und nachhaltig zum Thema „Engagement durch Sinn" weiterhelfen kann, hat wenig Zukunft abseits der sehr spezialisierten Expertenberatung.

Aber es gibt neben den Beratern weitere Personen und Gremien, die eine Sonderrolle bekleiden. Dazu gehören beispielsweise die oberste Führung, Vorstände oder Geschäftsführer. Sie sind häufig durch ihre Arbeitsverträge nicht unbefristet für ihre Aufgaben, allen voran die Leitung des Geschäftsbetriebes und dessen strategische Ausrichtung, bestellt. Strategie und Nachhaltigkeit sind – und diese Diskussion wird vielfältig geführt – vor dem Hintergrund einer angestrebten Vertragsverlängerung nicht unbedingt mit den jährlichen Geschäftszahlen in Einklang zu bringen.

Gremien wie der Aufsichtsrat sollen die Geschäftsleitung in ihrem Wirken überwachen und sie sind auch für die Personalentscheidungen auf höchster Ebene zuständig. Allzu oft konzentriert sich aber auch dieses Gremium mehr auf die kurzfristigen als auf die langfristigen Parameter der Unternehmensentwicklung – unter Berücksichtigung aller Einflussfaktoren, die zum Teil weit über die Geschäftsaktivitäten hinaus gehen. Je langfristiger die Konsequenz von Entscheidungen ist, desto weniger lässt sich in der Regel ihre Wirkung im Entwicklungsverlauf messen.

Die vielfältigen personalstrategischen Fragen gehören in erster Linie zu den betriebswirtschaftlichen Feldern. Hier sind Ursache und Wirkung trotz mittlerweile umfangreicher Ansätze des Bildungscontrollings (allen voran die Ansätze von Kirkpatrick[339]) kaum bzw. nur sehr zeitversetzt nachzuweisen. Gleichzeitig werden gerade in wirtschaftlich angespannteren Zeiten solche Investitionen kurzfristig gekürzt, die für den einzelnen Mitarbeiter aber auch für das gesamte Unternehmen erhebliche Auswirkungen haben könnten.

Der Aufsichtsrat hat im Gegensatz zu externen Beratungsunternehmen nicht die ureigene Motivation, „Beratungsleistungen" zu verkaufen. Ein über dem Tagesgeschäft stehendes, nach Möglichkeit interdisziplinäres und diversifiziertes Gremium kann bei entsprechender Expertise und Weitsicht die strategischen und nachhal-

---

[339] Kirkpatrick, D. L. und Kirkpatrick, J. D.: Evaluating Training Programs: The Four Levels, Mcgraw-Hill Professional, 2006.

tigen Themen unterstützen und der Geschäftsleitung den Rücken stärken, falls kurzfristig einzelne Jahresergebnisse nicht den gewünschten Verlauf nehmen sollten – vorausgesetzt natürlich, dass dadurch nicht die Existenz des Unternehmens gefährdet wird.

„Sinn bieten" ist heute für jedes Unternehmen möglich – und „Engagement fordern" ist dann eine berechtigte Konsequenz, die im Idealfall über einen nachhaltig langen Zeitraum funktioniert und sich rechnet.

Wenn sich schon die heutigen Personaler, die heutigen Führungskräfte, das heutige Topmanagement an den zukünftigen Erfordernissen orientieren müssen, dann sind die beaufsichtigenden und beratenden Gremien umso mehr gefordert. Aufsichtsräte, deren Durchschnittsalter weit über 60 liegt, sind mit ihrer Erfahrung unverzichtbar. Unverzichtbar ist jedoch auch ein Blick auf die gesellschaftlichen Veränderungen, die die verschiedensten Generationen auf ihre Art prägen und gestalten. Es muss nicht zwingend jede einzelne Generation in den Gremien vertreten sein. Ein querschnittlicher Blick über die generationenspezifischen Themen hingegen muss sichergestellt werden.

Die zehn Kernaussagen des Buchs im Überblick

„Der Mitarbeiter im Mittelpunkt – Sinn bieten, Engagement fordern." – so lautet eine zentrale Maxime dieses Buchs. Im Folgenden finden Sie zehn Aspekte, die den Autoren als wesentlich erscheinen, um diese Maxime erfolgreich in die Praxis umsetzen zu können:

1. Aktivierung des internen Potenzials steht vor dem „War for Talents"

Das unternehmerische Potenzial im Arbeitsmarkt der Zukunft wird gehoben, indem man das individuelle Potenzial eines Mitarbeiters aktiviert – es also kennt, gezielt einsetzt und entwickelt. Hohes Engagement steigert die Leistung und stärkt die Bindung

2. Right Potentials vor High Potentials

Damit flexible Systeme ökonomisch arbeiten können, kommt es darauf an, den kompetentesten Mitarbeiter für eine Aufgabe zu finden und an die situativ richtige Position zu setzen. Erfolg, der mit den eigenen Kompetenzen erzielt wurde, steigert die Arbeitszufriedenheit immens..

3. Flexibilität als Standard

Wenn Flexibilität zur Alltags-DNA wird, kann ein Unternehmen auf schnell wechselnde Anforderungen des unternehmerischen Umfelds sinnvoll reagieren. Das Bild des Unternehmens als Netzwerk spiegelt diese Flexibilität.

4. Patch-Projecting ist das Arbeitsmodell der Zukunft

Professionelles Patch@Work: Teams und Mitarbeiter werden strukturell offen und flexibel in einer modularen thematisch orientierten Projektorganisationsform arbeiten. Individuelle Stärken und Entwicklungsmöglichkeiten des Einzelnen werden bewusst berücksichtigt und eingesetzt, wodurch der eigene Wertbeitrag zum Erfolg deutlich wird – was immens Sinn stiftend ist.

5. Individuelle Entwicklung aktiviert die Unternehmensentwicklung

Personalentwicklung als Haupthebel in der Unternehmensentwicklung entfaltet ihre Wirkung nur über eine Individualisierung des Lernens. Der Fokus auf die Entwicklung und Aktivierung des individuellen Potenzials des einzelnen Mitarbeiters macht ein Unternehmen zum High Performer. Lernen muss im (strategischen) Kontext passieren, mit direkter Anwendbarkeit des Gelernten im eigenen professionellen Umfeld. Der Entwicklungsbedarf des Einzelnen – auch angelehnt an die jeweilige Karriere- und Lebensphase – muss einbezogen werden.

6. Mehr Wachstum – über Erfahrung zu Sinn und Engagement

Lernen führt nur zu echter Veränderung, wenn es an Emotionen gekoppelt ist. Außergewöhnliche Erlebnisse führen zu Veränderungsfähigkeit und Wachstum. (Lebenslanges) Lernen alleine entwickelt die individuellen Potenziale nicht vollumfänglich. Weiterführende (Lebens-)Erfahrungen sind essenziell für die Entwicklung der Persönlichkeit.

7. Das Modell „Life-Cycle-Balance"

Das Leben findet in Phasen und Zyklen statt, nicht linear und nicht in fragmentierten Bereichen wie Arbeit, Familie, Freizeit. Life-Cycle-Balance umfasst Arbeiten, lebenslanges Lernen, Auszeiten für die Familie, die Realisierung von Lebensträumen, Brüche in der Erwerbsbiografie, Umorientierungen und gesellschaftliches Engagement. Arbeit und Leben sind keine separaten Felder und können folglich auch nicht gegeneinander ausbalanciert werden.

8. Im Mittelpunkt steht der Mitarbeiter – für den Kunden

Nur ein Unternehmen mit engagierten und qualifizierten Mitarbeitern kann auf Dauer erfolgreich sein. Die starke Konzentration auf den Markt unter besonderer Wahrnehmung der Shareholder-Interessen hat zu einer übertriebenen Außenorientierung der Unternehmen geführt.

9. Führung wird zur verteilten interdisziplinären Aktivität

Ein neues Verständnis von Führung und ihrem Wertbeitrag etabliert sich. Führung im Unternehmensalltag entwickelt sich zusehends zu einer einvernehmlichen Interaktion von Menschen in einer Gruppe, die situativ abwechselnd führen und folgen. Die Rolle des Führenden ist fließend. Sie wechselt im Prozess mit den Kompetenzen, den Stärken und dem Energielevel der beteiligten Personen. Die Intelligenz und Dynamik der jeweiligen (Projekt-)Gruppe wird insgesamt genutzt.

10. Weiterentwicklung der gesellschaftlichen Rahmenbedingungen

So wie sich auf der Mikroebene des Mitarbeiters die Bereiche Arbeit, Familie, Freizeit entgrenzen, so müssen auch auf der übergeordneten Ebene die Bereiche fließender werden und ineinandergreifen. Dies gilt für die Aus- und Weiterbildung an Hochschulen und in Unternehmen ebenso wie für das Engagement für ein Unternehmen und die Gesellschaft. Auch die Rahmenbedingungen müssen und werden sich weiterentwickeln, vom Arbeitsrecht bis hin zum (gemeinsamen, gesellschaftlichen) Werteverständnis.

Hilfreiches und Inspirierendes

Auf den folgenden Seiten finden Sie viele Anregungen, Hilfestellungen und weiterführende Informationen zu den Themen des Buchs. Viel Spaß beim „Schmökern".

Sinnmaximierung – Ihr Fitnessplan

Wir haben Ihnen neue Konzepte und Einsichten vorgestellt, die anstelle der inneren Kündigung zu mehr Engagement und zu einer Sinnmaximierung führen sollen. Sie haben innovative Herangehens- und Verhaltensweisen hinsichtlich der gesellschaftlichen Herausforderungen der Zukunft ebenso kennengelernt wie Gedanken zum Generationenmix oder zu einer lebensphasenorientierten Personalpolitik. An dieser Stelle möchten wir Ihnen gern einige Inspirationen mit auf den Weg geben, die Sie dabei unterstützen, Ihren eigenen „Sinn-Status-quo" zu erkennen und Ihren eigenen „Fitnessplan zur Sinnmaximierung" aufzustellen.

Fitnessplan für Mitarbeiter

Ein kurze Übung kann Ihnen einen Eindruck darüber geben, ob Sie im beruflichen Leben im Engagementindex eher bei den „Ausharrenden" oder bei den Zufriedenen zu finden sind. Schreiben Sie sich zu jedem der folgenden vier Punkte jeweils zentrale Faktoren auf, die Engagement fördern:
1. Sinn
2. Einflussnahme
3. Selbstbestimmung
4. Kompetenz

Jetzt schätzen Sie auf einer Skala von 0 (gar nicht) bis 10 (absolut positiv) ein, wie viel Sie davon in ihrem beruflichen Leben, in Ihrem Einflussbereich im Unternehmen haben. Sie müssen nirgends die höchste Punktzahl erreichen. Wichtig ist, dass nach Ihrem persönlichen Gefühl die vier Faktoren jeweils ausreichend in ihrem Arbeitsleben repräsentiert sind.

Fitnessplan für Unternehmer und Personaler

Sprechen Sie mit ihren Mitarbeitern und üben Sie sich in der Kunst der Reflexion. Wie schätzen die Mitarbeiter ihre Arbeitsumgebung ein,
- hinsichtlich ihrer Ansprüche an Flexibilität von Zeit, Ort, Vorgehen,
- hinsichtlich ihrer Ansprüche und Möglichkeiten, ihre persönlichen Belange und Verpflichtungen (Pflege von Angehörigen, Familienzeiten, soziales Engagement etc.) ins Arbeitsleben zu integrieren?

Die Faktoren für Engagement und Sinn bieten weitere Anhaltspunkte für potenzielle Handlungsfelder:

- Schafft die Arbeit insgesamt ein Umfeld, in dem ausreichend *sinn-volles* Agieren möglich ist?
- Haben Sie die Möglichkeit der Einflussnahme und können Ergebnisse sichtbar mitgestalten?
- Fühlen sich die Mitarbeiter in die Lage versetzt, selbstbestimmt ihre Arbeit zu verrichten?
- Wie schätzen die Mitarbeiter selbst ihre Kompetenz zur Bewältigung von herausfordernden Anforderungen ein?
- Wie hoch ist die Flexibilität in ihrem Unternehmen hinsichtlich der beruflichen Werdegänge von Einzelnen?
- Gibt es Möglichkeiten des Wechsels zwischen der Fachlaufbahn, der Führungslaufbahn und der Projektlaufbahn? Ohne Karrierenachteile?
- Werden die Beschäftigten als das wichtigste Vermögen des Unternehmens gesehen? Und wird ihr beruflicher Werdegang somit intern – im übertragenen Sinne – als die Vermögensentwicklung des Unternehmens bewertet?
- Sind sich ihre Führungskräfte bewusst, dass sie auch als „Vermögensberater" eine wichtige Funktion innehaben?
- Haben Sie für alle Altergruppen Karriere- und Entwicklungsperspektiven eingeräumt?
- Entsprechen die Anreiz- und Motivationssysteme, die Sie etabliert haben, den Bedürfnissen der verschiedenen Generationen im Unternehmen?
- Ist eine Vielfalt gewährleistet, die entsprechend mit kurz-, mittel- und langfristiger Perspektive abrufbar ist?
- Ist es an der Zeit, das vorhandene Angebot an Entwicklungsmaßnahmen und -perspektiven – entsprechend der aktuellen neurowissenschaftlichen Erkenntnisse zu Belohnung und Engagement – zu verändern und ein Update zu starten?
- Wissen Sie, was Sie zu einem attraktiven Arbeitgeber macht und welche Schritte und Maßnahmen gewünscht sind und benötigt werden, um den Arbeitsplatz so zu gestalten, dass der Mitarbeiter Ihr Unternehmen als das seine empfindet?
- Verstärken Sie derzeit die Mitarbeiterentwicklung „aus den eigenen Reihen" und kommunizieren Sie diese nach draußen?
- Ist Ihre Personalentwicklung strategisch darauf ausgerichtet, die Beschäftigungsfähigkeit (Employability) zu sichern und ist dies bekannt? Intern und Extern?

Wie sagen Sie es den anderen? Zusammenfassung für verschiedene Generationen ;-)

Um Ihnen die Verbreitung potenzieller spannender Thesen und Ideen des Buches zu erleichtern, folgt hier eine Zusammenfassung des Buches in unterschiedlichen Modi. Sehen Sie diese als Gesprächsstoff zu Ihrer Verfügung und zur Weiterverbreitung in den digitalen oder realen Welten.

Die TWITTER Zusammenfassung[340]

Sinnmaximierung ist das Credo für die Arbeitswelt des 21. Jahrhunderts. Gewinnmaximierung garantiert. Wer Engagement will, muss Sinn bieten.

Die Cocktail Party Zusammenfassung[341]

Erfolgreiche Navigation durch die stürmischen Zeiten von Währungs- und Finanzturbulenzen inmitten demografischer Verknappung von Ressourcen kann einfacher sein, als man denkt. Die elementaren Grundbedingungen für Erfolg setzten voraus, dass man sich intensiv mit den veränderten Lebens- und Wertewelten seiner Mitarbeiter befasst. Wer es schafft, seinen Mitarbeitern Sinnhaftigkeit und ein entsprechendes Maß an Einfluss zu vermitteln, ist auf einem Erfolg versprechenden Weg. Sinnmaximierung statt Gewinnmaximierung ist der entscheidende Hebel für Engagement und Mitarbeiterbindung.

Inspirierendes und Interessantes in den digitalen Welten

Es gibt einige Seiten im Internet, die wir Ihnen gerne empfehlen möchten – uns inspirieren sie regelmäßig.

Zur Umsetzung neuer Vorhaben – das 30 Tage Experiment

Möchten Sie eigene neue Erfahrungen mit Engagement, Sinn, Selbstbestimmung erschaffen oder einfach nur ihre Fitness verbessern? Gibt es etwas, das Sie immer schon tun wollten, aber irgendwie kam es nie dazu ...? Google Ingenieur Matt Cutts hat dazu einen Vorschlag: Versuchen Sie es für 30 Tage. In diesem kurzen unbeschwerten Clip bietet er einen praktischen Weg an, sich Ziele zu setzen und diese zu erreichen: www.ted.com/talks/matt_cutts_try_something_new_for_30_days

---

[340] Maximal 140 Buchstaben, wie von Twitter vorgegeben (siehe www.twitter.com).

[341] Wir haben normalerweise weniger als eine Minute Sprechzeit, um Aufmerksamkeit zu erregen, also ca. 100 Wörter.

Daily Chart – interaktive topaktuelle Hintergrundinformationen

In diesem Blog veröffentlicht der britische Economist an jedem Werktag eine neue Grafik oder Karte zu einem (tages-)aktuellen Thema aus der Welt der Wissenschaft, Wirtschaft, Politik, IT – mit globalem Fokus und interaktiven Funktionen, verlinkt mit interessanten Datenquellen. Auch viele in diesem Buch erwähnte demografische Entwicklungen sind klar und interessant animiert dargestellt. Es gibt viele wertvolle Hintergrundinformationen mit Spaßfaktor trotz der Ernsthaftigkeit: www.economist.com/blogs/dailychart

Die außergewöhnlichen TED Talks

TED steht für Technologie, Entertainment, Design und ist eine Non-Profit-Organisation im Web, die sich der Verbreitung guter, intelligenter Ideen verschrieben hat: Ideas Worth Spreading. Gestartet 1984 als Konferenz-Serie, die Menschen aus den drei TED-Welten zusammengebracht hat, ist TED heute eine virtuelle Community, in der Videoclips, Blogs und Konferenzen ihren Platz finden. Sie finden viel Innovatives, Verrücktes und Tiefsinniges zu vielem, was unsere Wirtschaftssysteme bewegt: www.ted.com/talks

CSR News (Blogs, Clips, News zu Corporate Social Responsibility Aktivitäten)

Die „CSR Minute" ist unser tägliches Video zu den relevantesten Corporate Social Responsible News des Tages. Die 3BL Media Korrespondenten durchforsten die globale Welt der Corporate Social Responsibility, um über die wichtigsten Veröffentlichungen, Initiativen, Aspekte, Trends, Ideen und Breaking News zu berichten. Einige der im Buch beschriebenen Unternehmen tauchen hier regelmäßig auf: www.3blmedia.com

OUR CHOICE (iPhone/iPad Application)

„Our Choice" ist nicht nur Gewinner des Apple Design Award 2011, sondern auch ein interaktives iBook von Al Gore. In dieser Applikation gibt Al Gore einen Überblick über die Gründe der globalen Erwärmung und bietet wegweisende Einsichten und mögliche Lösungen bzw. Schritte in eine neue Richtung an. Die Site ist nicht nur inhaltlich gut, sondern auch als innovativ-interaktive Buchform sehenswert: www.i-tunes.apple.com/us/app/our-choice

Gapminder – für eine faktenbasierte und spannend bewegte Weltsicht

Die verheerendsten Mythen zu bekämpfen und einen Beitrag zu einer faktenbasierten (und spannend aufbereiteten) Weltsicht zu leisten, die jeder versteht, das ist die Mission des non-profit Unternehmens Gapminder. Besonders interessant in Verbindung mit diesem Buch sind die animierten Grafiken in der Kategorie GLOBAL TRENDS „200 years that changed the world". Dieses und eine umfangreiche weitere animierte Datensammlung in den Bereichen Gesundheit, Arbeit, Ökonomie, Population etc. finden Sie unter: www.gapminder.org

Das Zentrum für gesellschaftlichen Fortschritt

Die Diskussion über gesellschaftlichen Fortschritt, Wohlstand und Wohlergehen der Menschen in Deutschland hat Fahrt aufgenommen. Mit dem Fortschrittsindex hat das Fortschrittszentrum die erste fundierte Messgröße erstellt, die sowohl gesellschaftliche als auch ökonomische und ökologische Entwicklungen zu einem Index zusammenfasst. Dies und mehr Fortschrittliches finden Sie unter: www.fortschrittszentrum.de

Paulo Coelhos Blog – 20sec Reading

Insbesondere der „Charakter der Woche" und die 20-Sekunden-Lesungen sind sehr inspirierend und regen zum Reflektieren über das eigene Leben an, mit täglichen Notizen zu Themen wie „Impossible is just an opinion, not a fact " oder „Changes happen when we go against everything we're used to doing": www.paulocoelhoblog.com

Inspirierendes und Interessantes in Büchern

Wir empfehlen drei Bücher, die nach unserer Erfahrung inspirierend und hilfreich für die Beschäftigung mit den im Buch gestellten Fragen sind.

Andreas Salcher, „Meine letzte Stunde – ein Tag hat viele Leben" (2010)

„Manchmal handeln wir, als gäbe es etwas Wichtigeres als das Leben. Aber was?"

Antoine de Saint-Exupéry

Dies ist ein Buch über die größtmögliche Unachtsamkeit: Über die Unachtsamkeit gegenüber dem eigenen Leben. Und es ist somit ein Begleiter für die noch ungeschriebenen weißen Seiten des Lebens. In diesem Sinne hat Andreas Salcher eine exzellente und tiefgründige Lektüre entwickelt, die Sie bei der Reflexion über die eigenen Werte, Wünsche und Ziele begleitet. Wer sich mit dem Thema Sinnmaximierung beschäftigt, findet hier sehr wertvolle Anregungen für sich selbst und auch zur Weiterentwicklung in Gruppen, Teams, Organisationen.

Daniel Pink, „Drive – was Sie wirklich motiviert" (2010)

Trotz des etwas reißerischen Titels ist „Drive" ein Buch, das sich mit vielen Aspekten der neuen Arbeitswelt beschäftigt. Sinnmaximierung, persönliche Meisterschaft und Höchstleistung sind einige Aspekte, die in diesem Buch beleuchtet werden.
Pink (ehemaliger Redenschreiber von US Vizepräsident Al Gore) hat einen mitreißenden Schreibstil und versteht es, komplexe wissenschaftliche Themen unterhaltsam und handfest zu präsentieren. Das Buch ist lehrreich und macht Spaß.

Malcolm Gladwell, „Überflieger – warum manche Menschen erfolgreich sind – und andere nicht"
Der renommierte Wissenschaftsjournalist Gladwell räumt mit gängigen Vorurteilen auf und zeigt, von welchen Faktoren Erfolg wirklich abhängt. Diese spannende Erkundung der Welt der Genies steckt voller Geschichten und Beispiele – und sie bietet viele Erkenntnisse, die sich auf eigene Fragen und auf das eigene Leben übertragen lassen. Außerdem stecken in dem Buch viele Erkenntnisse rund um die Highperformance Kultur und um die Voraussetzungen für Erfolg.

Und schließlich: Der Mitarbeiter im Mittelpunkt – auch im Web

Es gibt eine Website zum Buch, die fortlaufend aktualisiert wird. Sie finden hier Kontakte, neue Erkenntnisse und Sichtweisen zum Thema Sinnmaximierung im gesellschaftlichen Wandel:

www.mittelpunkt-mitarbeiter.com

Auf Twitter finden Sie tagesaktuelle Tweets zu den Buchthemen unter:

www.twitter/DerMitarbeiter

Auf unserer Facebook Seite können Sie sich vernetzen und austauschen:

www.facebook/MittelpunktMitarbeiter

Ihre Meinung ist uns wichtig

Gerne tauschen wir uns zu den Buchthemen auch persönlich weiter aus und beantworten Fragen oder kommen mit Ihnen ins Gespräch. Wir freuen uns über Ihre E-Mail an:

boesenberg@leadership-associates.com

kueppers@bernhardkueppers.de

Und wenn Sie einfach und *sinn-voll* etwas Gutes tun wollen, oder tiefer in einen Bereich der Entwicklungsarbeit hinein schauen möchten, so empfehlen wir Ihnen die Seite unserer gemeinnützigen Organisation ped-world:

www.ped-world.org

Epilog

Der gesellschaftliche Wertewandel führt zwangsläufig zu einer umfassenden Reformierung der Arbeitswelt. Solange die „traditionellen" Werte noch Bestand haben, wird das Arbeitsumfeld an vielen Stellen von Umbrüchen und Missverständnissen zwischen den Generationen geprägt sein, da die Wertvorstellungen der Jüngeren zum Teil erheblich anders aussehen als die der Generationen zuvor. Weil in der Wissensgesellschaft und im Wertewandel der Mitarbeiter im Mittelpunkt steht, sollten beide Parteien, sowohl Arbeitnehmer wie Arbeitgeber, sich bereits heute mit dieser Fragestellung auseinandersetzen.

Im öffentlichen Diskurs besteht immer noch der Eindruck, dass im Zusammenhang mit Erwerbsarbeit die Themen Sinn und Sinnmaximierung keine Rolle spielen; zumindest sobald die Firmentür morgens hinter einem zufällt. Dabei sind es im beruflichen wie im privaten Kontext die gleichen Fragestellungen, die uns beschäftigen. Das Gefühl von Sinnhaftigkeit erzeugt Engagement. Und zufriedene Mitarbeiter werden im Allgemeinen mehr zur Unternehmensentwicklung beitragen als unzufriedene.

Es liegt in der Natur des Menschen, nach Sinn zu streben, nach etwas, das größer und dauerhafter ist als er selbst. Die Wirtschaftssysteme haben Sinnerfüllung allerdings lange ignoriert, in die persönliche Welt verbannt oder als nettes Beiwerk betrachtet, das die wichtigen Dinge nicht zu stören hatte. Diese Sichtweise hat sich verändert. Durch vielfältige Einflussfaktoren wird das Thema Sinn – Sinnmaximierung – Sinnhaftigkeit weiter in den Vordergrund gerückt. Der Beitrag der älteren Generationen (Babyboomer) hierzu wird – im Rahmen ihrer Lebensphase – ein natürliches Nachdenken über die Gestaltung ihrer restlichen Lebenszeit und über deren Sinn sein. Die daraus resultierenden Erkenntnisse und Haltungen werden einfließen und Systemen neue Ausrichtungen geben. Der Beitrag der jüngeren Generation ist ihr hoher Bedarf an Flexibilität, ihre Offenheit, jenseits eingefahrener Gleise Istzustände zu hinterfragen und Erfolg neu zu definieren – nach einem Prinzip der Ganzheitlichkeit als Lebenserfolg definiert.

Die Erwartungshaltung an die Arbeitsaufgaben und -bedingungen sieht heute schon anders aus als noch vor wenigen Jahren. Auch in den Motivations- und Anreizsystemen nimmt die Sinnmaximierung ihren Platz zumindest neben der Gewinnmaximierung ein.

In Unternehmen macht sich dieses Sinnmotiv auf verschiedene Arten bemerkbar. Beispielsweise in Zielen, die Gewinn dazu nutzen, um Sinnerfüllung zu erreichen bzw. einen Beitrag für die Gemeinschaft zu leisten.

Der Paradigmenwechsel zum „Mitarbeiter im Mittelpunkt – für den Kunden" muss sich auch in (Personal-)Strategien widerspiegeln, deren Auswirkungen es Menschen ermöglicht, Sinnmaximierung für sich zu realisieren.

Ein zentrales Anliegen dieses Buches ist es, die Kluft zwischen dem, was die Wissenschaft weiß, und dem, was die Wirtschaft tut, zu beschreiben und einen Impuls zur Überbrückung dieser Diskrepanz zu setzen. Die Wissenschaft hat gezeigt – und der gesunde Menschenverstand bestätigt es uns jeden Tag – dass das Geheimnis von Erfolg, Hochleistung und Gewinn nicht in unserem biologischen Trieb oder in unseren Anreizsystemen begründet liegt. Es liegt in unserem fest verankerten Wunsch, unser Leben selbst zu gestalten, kreativ und engagiert zu sein, stetig unsere Fähigkeiten zu erweitern und ein Leben voll Sinn zu führen.

„Das, was die Leidenschaft entfacht, ist es auch,
was dem Leben Sinn verleiht."

Platon (ca. 427 bis ca. 348/347 vor Christus)

Literaturverzeichnis

Ackermann, Karl-Friedrich und Fleig, Günther (Hrsg.): Wandel der Arbeit – Arbeit im Wandel, Orientierungen für das künftige Personalmanagement, Lemmens, Bonn 2005.

Allen, Mark: The Corporate University Handbock; Designing, Managing, and Growing a Successful Program, Amacom, New York 2002.

Althauser, Ulrich; Schmitz, Markus und Venema, Charlotte: Demografie – Engpass Personal, Luchterhand, Köln 2008.

Ambler, T. und Barrow, S.: The Employer Brand, in: Journal of Brand Management, Vol. 4, pp185 – 206, 1996.

Andresen, T.: Die demografische Zeitbombe tickt immer lauter, in: Handelsblatt v. 09.04.2010.

Atlassians Developer Blog, erstellt von Mike Cannon-Brookes, 10.03.2008.

Bergheim, Stefan: Die Vermessung des Glücks, Wirtschaftswoche v. 17.03.2011, S. 20.

Bergheim, Stefan: Fortschrittsindex, Den Fortschritt messen und vergleichen, Zentrum für gesellschaftlichen Fortschritt, 2010.

Bergheim, Stefan: 10 Denkanstöße aus dem Projekt „Zukunftsmodell soziale Marktwirtschaft", Bertelsmann Stiftung, Policy Brief 2011/03.

Berlin-Institut für Bevölkerung und Entwicklung. Die demografische Lage der Nation – was freiwilliges Engagement für die Regionen leistet, 1. Auflage, Gebrüder Kopp, Köln 2011.

Berner, Winfried: Change! Schäffer-Poeschel, Stuttgart 2010.

Berner, Winfried: 2002 www.umsetzungsberatung.de

Boaz, Keysar: Speaker's Overestimation of their Effectiveness, in: Psychological Science 13/3, S. 207-212, 1998.

Böhm, H.: Retention-Management – Die richtigen Mitarbeiter binden, Düsseldorf 2004, S. 19 – 106.

Brambusch, Jens: Der Absturz eines Sonnenkönigs, Financial Times Deutschland v. 09.03.2010.

Braun, G. E. und Schumann, A.: Perspektiven der ambulant ärztlichen Versorgung vor dem Hintergrund des demografischen Wandels, in: Stand und Perspektiven der Öffentlichen Betriebswirtschaftslehre II, Wissenschaftsverlag Berlin 2006.

Brehm, J. W.: Theory of psychological reactance, Academic Press, New York 1966.

Brillen, A.: Mittelstand spart sich Forschung und Entwicklung, in: Handelsblatt v. 16.10.2009

Brökermann, R. und Pepels, W. (Hrsg.): Personalbindung – Wettbewerbsvorteile durch strategisches Human Resource Management, Berlin 2004.

Brors, P.: Telekom prescht bei Frauenquote voran, in: Handelsblatt v. 15.03.2010

Bruch, Heike und Vogel, Bernd: Organisationale Energie: Wie Sie das Potenzial Ihres Unternehmen ausschöpfen, 2. Auflage Gabler Wiesbaden 2009

Bruch, Heike; Böhm, Stephan und Kunze, Florian: Generationen erfolgreich führen: Konzepte und Praxiserfahrungen zum Management des demographischen Wandels, Gabler Verlag, Wiesbaden 2010.

Bruch, Heike und Goshal, Sumantra: Unleashing Organisational Energy. MIT Sloan Management Review 2003, Fall 2003 Vol. 45, No. 1, pp. 45 – 51.

Buchenau, M.-W., Schneider, M. C., Reuter, W.: Bosch zieht Lohnerhöhung vor, in: Handelsblatt Nr. 207 v. 26.10.2010, S. 20.

Buchhorn, Eva und Werle, Klaus: Generation Y – Die Gewinner des Arbeitsmarkts; Spiegel-Online, Karrierespiegel vom 07.06.2011.

Buhse, W. und Reinhard, U. (Hrsg.): DNAdigital – Wenn Anzugträger auf Kapuzenpullis treffen. Die Kunst, aufeinander zuzugehen, whois verlags & vertriebsgesellschaft, Neckarhausen 2009.

Buhse, W. und Stamer, S. (Hrsg.): Die Kunst, loszulassen, Rhombos-Verlag, Berlin 2008.

Bundesministeriums für Familie, Senioren, Frauen und Jugend, Jahresbericht 2010.

Butler, T. und Waldroop, J.: Job Sculpting: The art of retaining your best people, in: Harvard Business School Working Knowledge (Archiv), 21.12.1999

Buttler, A.: Einführung in die betriebliche Altersversorgung, Verlag Versicherungswirtschaft, Karlsruhe 2008, S. 263 ff.

Csikszentmihalyi, Mihaly: Flow. Das Geheimnis des Glücks. Klett-Cotta, Stuttgart 1995.

Csikszentmihalyi, Mihaly: Dem Sinn des Lebens eine Zukunft geben. Klett-Cotta, Stuttgart 2000.

Csikszentmihalyi, Mihaly: Flow – der Weg zum Glück. Der Entdecker des Flow-Prinzips erklärt seine Lebensphilosophie, Herder spektrum, Band 6067, Ingeborg Szöllösi (Hrsg.), S. 84, 2010.

Claßen, Martin: Change Management aktiv gestalten, Personalmanager als Architekten des Wandels, Luchterhand, Köln 2008.

Colvin, Geoff: Talent Is Overrated: What Really Separates World-Class Performers from Everybody Else. Portfolio/The Penguin Group, New York 2008.

Computerwoche: Was IT-Mitarbeiter zum Bleiben bewegt – aus materiellen Gründen wechseln die wenigsten, 4. Ausgabe v. 28.01.2000.

Coupland, Douglas: „Generation X" – Geschichten für eine immer schneller werdende Kultur, Little Brown Book Group, London 1991.

Crocoll, S.: Maximierer des Sinns – Wer selbstbestimmt arbeiten darf und Spaß an seinen Aufgaben hat, leistet auch mehr, in: Die ZEIT, Nr. 11 v. 10.03.2011, S. 35.

Damasio, A.: Ich fühle, also bin ich. Die Entschlüsselung des Bewusstseins, List, München 2000.

De Vos, Ans und Meganck, Annelies: What HR managers do versus whatemployees value, veröffentlicht in Auszügen in Emeralt, Personnel Rewiev, Vol. 38, No. 1, 2009, S. 45 – 60.

Deci, Edward L., Flaste, Richard: Why We Do What We Do: Understanding Self-Motivation, Penguin 1996.

Deci, Edwards L.: Effects of externally mediated rewards on intrinsic motivation, Journal of Personality and Social Psychology, 18, 105 – 115, 1971.

Delhaes, D. und Thelen, P.: Wir haben kein nennenswertes Demografieproblem, in: Handelsblatt v. 21.07.2010.

Diehn, T.: Lernen lebenslang, in: Wirtschaft & Wissenschaft, Heft 4/2008, Weiter! Bildung!, 2008, S. 15.

Dibble, S.: Keping Your Valuable Employees: Retention Strategies for Your Organisation's Most Important Resource – Retention Strategies for Your Company's Most Valuable Commodity, Miami 1999.

Dilk, A. und Littger, H.: Arbeiten nicht nur für Geld, in: Computerwoche 6/09, S. 38 f.

Drent, F., Volton, V. und Rabbetts, J.: Motivation and employee engagement in the 21ts century, in: global focus 04, Februar 2010.

Drucker, Peter F. et al.: Daily Drucker, Spektrum Akademischer Verlag, 2007.

Drucker, Peter F.: Management, Campus, Frankfurt 2009.

Drucker, Peter F. und Maciariello, Joseph A.: The Daily Drucker – Social Purpose of Society, HarperBusiness, New York 2004.

Dürhager, R. und Heuer, T.: Das Manifest der „Digital Natives" (online).

Elger, Christian E.: NeuroLeadership, Haufe, München 2009.

Ende, Michael: MOMO, Cover-Beschreibung, Thienemann-Verlag, Stuttgart 1973.

Ernst & Young: Entwicklung der Dax-30-Unternehmen 2009/2010, Eine Analyse wichtiger Bilanzkennzahlen, 2011.

El-Sharif, Y., Reißmann, O., Teevs, C. und Witte, J.: Mangelware Mensch, in: Spiegel online v. 16.11.2010.

Felfe, Jörg: Mitarbeiterbindung, Wirtschaftspsychologie, Hogrefe-Verlag, Göttingen 2008.

Flexi II-Gesetz: Gesetz zur Verbesserung der Rahmenbedingungen der sozialver-sicherungsrechtlichen Absicherung flexibler Arbeitszeitregelungen von 2009.

Fleischmann, B.: Suche nach Spezialisten wird immer schwieriger: Mittelbayerische Zeitung v. 02.11.2010, S. 10.

Füchtjohann, J.: Süddeutsche Zeitung Kultur, v. 12.07.2011.

Freitag, Annette: Fachkräftebedarf in Deutschland – Der Arbeitsmarkt in Deutsch-land, Bundesagentur für Arbeit, 2010.

Gallini, Nancy: The Economics of Patents: Lessons from Recent U.S. Patent Reform, Journal of Economic Perspectives, Vol. 16, Nr. 2, S. 131 – 154, 2002.

Gallup-Institute-Award for excellence in practice 2006, Corporate Excellence Leadership in Positive Psychology, International Positive Psychology Summit, Octo-ber 5th, 2006, www.utho-creusen.com/download/creusen-06-gallup.pdf

Gallup GmbH: Studie „Engagement Index Deutschland 2010", Repräsentative Stu-die für die Arbeitnehmerschaft in Deutschland ab 18 Jahre, 2011,

Gallup-Studie: Engagement Index Deutschland 2010, Pressegespräch Marco Nink, 09.02.2011.

George, Bill: Authentic Leadership: Rediscovering the Secrets to Creating Lasting Value, 2003 und ders. in: Harvard Business Review, February 2007.

Gertz, Winfried: Mitarbeiterbindung – Talente halten, Loyalität erhöhen, Fluktuati-on verringern, Verlag Management & Karriere, Düsseldorf 2004.

Glas, I.: 3 Generationen im Vergleich, September 2009, online unter: http://www.verbraucheranalyse.de/downloads/37/VA2009_Vortrag_Generationen.pdf

Global Focus: Engineering the Future, Vol. 04, Special supplement Issue 03, 2010, S. 19 ff.

Gloger, Axel: Manager auf Zeit, in: Karrierewelt v. 19./21.02.2011, S. 6 ff.

Gratton, Lynda: Future of Work, Peter Drucker Forum, Wien 2010. www.druckersociety.at

Grenzer, Jeffrey W.: Developing and Implementing a Corporate University, HRD Press, Amherst 2006.

Grupe, Michael: Tausendmal schöner als Du! Employer Branding als strategischer Hebel im Kampf um die besten Köpfe, PRoFILE, Februar 2009. www.ffpr.de/de/news/profile/2009_01/fokus.html

Gögdün, Bülent: Post-heroic Leadership, Arbeitspapier, European School for Management and Technology (ESMT), Berlin 2009.

Gorlas, M.: Wo kann ich helfen?, in: Wirtschaftsblatt 1/10, S. 37.

Hamel, Gary: Moon Shots for Management, in: Harvard Business Review, Februar 2009, S. 91.

Hamel, Gary: The Future of Management, in: Harvard Business Press, Boston 2007.

Hamel, Gary: Waking UP IBM, in: Harvard Business Review, July 2000.

Heide, D.: Bunter, flexibler, kreativer, in: Handelsblatt spezial, v. 24.02.2011, S. 68.

Herkner, Werner: Lehrbuch Sozialpsychologie. Huber Verlag, Bern 2008.

Herrmann, Norbert: Erfolgspotenzial ältere Mitarbeiter, Den demografischen Wandel souverän meistern, Hanser, München 2008.

Hill, Linda A.: Where Will We Find Tomorrow's Leaders?, in: Harvard Business Review, January 2008.

Höhler, Gertrud: Die Sinn-Macher, Wer siegen will, muss führen, Ullstein, Berlin 2006.

Höpner, A.: Saubermann und Söhne, in: Handelsblatt 207 v. 26.10.2010, S. 28 ff.

Hofe, Anja vom: Strategien und Maßnahmen für ein erfolgreiches Management der Mitarbeiterbindung, Verlag Dr. Kovac, Hamburg 2005.

Holst, Elke und Wiemer, Anika: Frauen in Spitzengremien großer Unternehmen weiterhin massiv unterrepräsentiert, Deutsches Institut für Wirtschaftsforschung (DIW), 2009. http://www.diw.de/documents/publikationen/73/diw_01.c.346402.de/10-4-1.pdf

Honey, P. und Mumford, A: The Manual of Learning Styles, Maidenhead, Berkshire 1992.

Horx, Matthias: Wie wir leben werden, 3. Auflage, Campus, Frankfurt 2006.

Horx, Matthias: Future Fitness – Wie Sie Ihre Zukunftskompetenz erhöhen. Ein Handbuch für Entscheider, Eichborn AG, Frankfurt am Main 2005.

Isaksen, J.: Constructing meaning despite the drudgery of repetitive work, in: Journal of Humanistic Psychology, No. 40, 2000.

Jaeger, Stefan: Mitarbeiterbindung, VDM Verlag Dr. Müller, Saarbrücken 2006.

Jucks, Regina: Was verstehen Laien, Waxmann, Münster 2001.

Kahneman Daniel und Tversky A. (Hrsg.): Choices, values and frames, Cambridge University Press, Cambridge 2000.

Kartte, Joachim et al.: Innovation und Wachstum im Gesundheitswesen, in: Roland Berger View, 2005.

Keck, C.: In Äthiopien mehr Gelassenheit gelernt, in: Stuttgarter Zeitung, Nr. 49 v. 01.03.2010, S. 21.

Kets de Vries, Manfred F. R.: Transformation Management, Wien 2006.

Kets de Vries, Manfred F. R.: Organisation on the couch, ORT, Jossey-Bass 1991.

Keysar, Boaz: Speaker's overestination of their effectiveness, in: Psychological Science, 13/3, S. 207 – 212.

Kielinger, T.: Sind Sie eigentlich glücklich? Der britische Premier Cameron will den Glücksindex der Gesellschaft messen, in: Die Welt v. 26.11.2019, S. 1.

Kirkpatrick, Donald L. und Kirkpatrick, James D.: Evaluating Training Programs: The Four Levels, Mcgraw-Hill Professional, 2006.

Kirsten Bühl: Studie „High Trust – Die Zukunft der Beratung", bei www.zukunftsinstitut.de 2004

Klages, H.: Werte und Wertewandel, in: Schäfers, Bernhard/Zapf, Wolfgang (Hrsg.): Handwörterbuch zur Gesellschaft Deutschlands, Opladen 2001.

Knoblauch, Jörg und Kurz, Jürgen: Die besten Mitarbeiter finden und halten – Die ABC-Strategie nutzen, Campus, Frankfurt 2007.

Königswieder, Roswitha; Haller, Matthias; Maas, Peter und Jarmai, Heinz (Hrsg.): Risiko-Dialog – Zukunft ohne Harmonieformel, Köln 1996.

Kolb, David: Learning Styles Model, Boston Massachusetts, Maber and Company, 1984.

Kolb, David: Experiential learning: Experience as the source of learning and development, Englewood Cliffs, Prentice-Hall, New Jersey 1984.

Kotter, John P.: Force For Change – How Leadership Differs from Management, The Free Press, New York 1990.

Krämer; Richter; Wendel; Zinßmeister (Hrsg.): Schöne neue Arbeit. Die Zukunft der Arbeit vor dem Hintergrund neuer Informationstechnologien, Mössingen-Thalheim 1997.

Krönung, Rafael: Flexibilisierung der Lebensarbeitszeit und betriebliche Altersversorgung, Zeitschrift Betriebliche Alterversorgung, 2/11, S. 126 – 130, München 2011.

Kümmerle; Buttler; Keller: Betriebliche Zeitwertkonten, Einführung und Gestaltung in der Praxis, 2. Auflage, rehm, eine Marke der Verlagsgruppe Hüthig Jehle Rehm GmbH, 2009.

Küppers, Udo: Systemisches Bionik-Management, in: Wissenschaftsmanagement, Zeitschrift für Innovation, 10/10, S. 37 ff.

Küppers, Bernhard: Zukunft nachhaltig gestalten – Mitarbeiter „Befähigen und Binden" als neue Management-Disziplin in: Winfried W. Weber (Hrsg.), Peter Drucker, der Mann, der das Management geprägt hat – Erinnerungen und Ausblick zum 100. Geburtstag, Sordon, Göttingen 2009.

Kujawa, Jens: TPC – The Pension Consultancy: Simulation einer veränderten Belegschaftsstruktur in Unternehmen, Unternehmenspräsentation, September 2010.

Lakhani, K und Wolf R.: Why Hackers Do What They Do – Understanding Motivation and Effort in Free/Open Source Projects, Cambridge, Massachusetts: MIT Press 2005.

Langhoff, Thomas: Den demographischen Wandel im Unternehmen erfolgreich gestalten, Eine Zwischenbilanz aus arbeitswissenschaftlicher Sicht, Springer-Verlag, Berlin, Heidelberg 2009.

Leslie, A.: „Theory of Mind" al a mechanism of selective attention in: M. S. Gazzangia (Hrsg.): The New Cognitive Neurociences, The MIT Ress, Cambridge, Massachusetts 2000.

Liebhart, Christian: Mitarbeiterbindung – Employee Retention Management und die Handlungsfelder der Mitarbeiterbindung, Doplomica Verlag, Hamburg 2009.

Loebbert, Michael: The Art of Change, Von der Kunst, Veränderungen in Unternehmen und Organisationen zu führen, 2. Auflage, Rosenberger Fachverlag, Leonberg 2008.

Mai, Jochen: Heute so, morgen so, in: Wirtschaftswoche 20, v. 17.05.2010, S. 77 ff.

manager magazin: Jugendstudie „Generation 05". Was Studenten über ihre Zukunft denken, 2005.

Martin, Jean und Schmidt, Conrad: So funktioniert Talentmanagement, in: Harvard Business Manager, Juli 2010, S. 35 ff.

Maxeiner, D. und Miersch, M.: Dumm gelaufen – Vorhersagen von gestern, online 1996-2009, www.maxeiner-miersch.de/dumm_gelaufen.htm

Meifert, Matthias T. (Hrsg.): Strategische Personalentwicklung, Ein Programm in acht Etappen, Berlin, Heidelberg 2008.

Meister, Jeanne C.: Corporate Universities. Lessons in building a world-class work force, Revised and updated edition, McGraw-Hill, New York 1998.

Miegel, Meinhard: Exit – Wohlstand ohne Wachstum, Propyläen, Berlin 2010.

Ministerium für Wirtschaft Rheinland-Pfalz (Hrsg.): Strategie für die Zukunft – Lebensphasenorientierte Personalpolitik, 2008.

Minssen, Heiner: Bindung und Entgrenzung – Eine Soziologie international tätiger Manager, Mering, München 2009.

Mintzberg, Henry: Managen, Gabal, Offenbach 2010.

Mintzberg, Henry: The leadership debate with Henry Mintzberg: Community-ship is the answer, in: Financial Times, v. 23.10.2006.

MLP Corporate University: Wegweisend für eine erfolgreiche Zukunft, www.mlp-corporateuniversity.de

Moehrle, Martin: Talent retention strategies and tactics: preparing for economic recovery, Präsentation bei „Learning World Honkong 2010", v. 22.02.2010.

Moser, R. und Saxer, A.: Retention Management für High Potentials, VDM Verlag Dr. Müller, Saarbrücken 2008.

Moss Kanther, Rosabeth: Was würde Peter Drucker sagen?, in: Harvard Business Manager, November 2009.

Müller, Henrik: Hofierte Arbeitnehmer – Der neue Wettbewerb um die Köpfe, in: Spiegel Online v. 24.03.2011.

Müller, S.: Die Bedeutung der intrinsischen Arbeitsmotivation für eine erfolgsversprechende Personalhaltung bei High Potentials, Universität Bern 2004, S. 20.

Mumford, Alan: How Managers can develop Managers, Gower, Aldershot 1998.

Nicerson, Raymond S.: How We Know And Sometimes Misjudge What Others Know: Imputing One's Own Knowledge to Others, in: Psycholocial Bulletin 125.6/ 1999, S. 737.

Niejahr, E.: Lasst uns länger arbeiten!, in: Die Zeit, Nr. 22, v. 26.05.2011.

Nölke, Matthias: Vertrauen, Wie man es aufbaut, wie man es nutzt, wie man es verspielt, Haufe, München 2009.

Olds, J. und Milner, P.: Positive Reinforcement of rat brain, in: American Journal of Physiology 1954, 199: S. 965 – 963.

Opaschowski, H. W.: Deutschland 2030. Wie wir in Zukunft leben, Gütersloh 2008.

Ortner, Magdalena: War for Talents, Fachkräftemangel und die Attraktivität Deutschlands und Großbritanniens im Wettbewerb um hochqualifizierte Zuwanderer, VDM Verlag Dr. Müller, Saarbrücken 2009.

Ostwald, Dennis; Erhard, Tobias; Bruntsch Friedrich; Schmidt, Harald und Feil, Corinna: Fachkräftemangel – Stationärer und ambulanter Bereich bis zum Jahr 2030, hrsg. von PriceWaterHouseCoopers, WifOR 2010.

Paton, Rob; Peters, Geoff; Stonrey, John und Taylor, Scott: Handbook of Corporate University Development, Managing Strategic Learning Initiatives in Public and Private Domains, Gower Aldershot 2005.

Paivio, Allan: Mental representations: A dual-coding approach, New York: Oxford University Press, 1986.

Pesch, Andreas: Unternehmenserfolg durch Mitarbeiterbindung, in: www/personalmanagement.bdu.de

Pesendorfer, Ber: Zum Begriff der Arbeit, in: Ergänzungen – Ergebnisse der wissenschaftlichen Tagung anlässlich der Einweihung der Hochschule St. Gallen am 08.06.1989, Hrsg. Matthias Haller, Bern 1990, S. 315 – 326.

Pesendorfer, Ber: Angewandte Philosophie GmbH: Plädoyer – für eine lebendige Zeit – gegen die Raserei der Beschleunigung, isc St. Gallen, v. 27.05.2000.

Pink, Daniel H.: A Whole New Mind: Why Right-Brainers Will Rule the Future, Riverhead Trade 2006.

Pink, Daniel H.: Drive – Was sie wirklich motiviert. Ecowin, Salzburg 2009.

Plompen, Martine: Innovative Corporate Learning, Excellent Management Development Practice in Europe, Palgrave MacMillan, Basingstoke/New York 2005.

Plutchik, R.: The emotions: Facts, theories, and a new model. Random House, New York 1962.

Pohl, R.: Cognitive Illusions: A Handbook on Fallacies and Biases in Thinking, Judgement and Memory, in: Psychology Press, Hove (UK) 2004.

Porter, Michael E. und Kramer, Mark R.: The big idea: Creating shared value, in: Harvard Business Review, 2010.

Priller, E.: Der Bericht zur Lage und zu den Perspektiven des Bürgerschaftlichen Engagements in Deutschland – Erfahrungen, Erkenntnisse und Herausforderungen, in: Anheier, H. K. und Spengler, N.: Auf dem Weg zu einem Informationssystem Zivilgesellschaft, Bd. 1, Essen November 2009, S. 23.

Prognos AG: Bis 2030 fehlen bis zu 5,2 Mio Arbeitskräfte, wenn der Status Quo beibehalten wird. Mismatch/Saldo von Arbeitskräfteangebot und -nachfrage 2010.

Prognos AG: Work Life Balance – Motor für wirtschaftliches Wachstum und gesellschaftliche Stabilität. Analyse der volkswirtschaftlichen Effekte, Studie im Auftrag des BMFSFJ, Berlin 2005.

Quinn, Robert E.; Spreitzer, Gretchen und Brown, Matthew: Changing others through changing ourselves: The transformation of human systems, Journal of Management Inquiry, 9(2), 2000.

Rat für Nachhaltige Entwicklung (Hrsg.): Unternehmerische Verantwortung in einer globalisierten Welt – Ein deutsches Profil der Corporate Social Responsibility, Text Nr. 17, Berlin September 2006.

Reiman, Gabi und Mandl, Heinz: Psychologie des Wissensmanagements, Hogrefe, Göttingen 2004.

Reiss, Stephen: Multifaceted Nature of Intrinsic Motivation: The Theory of the 16 Basic Desires, in: Review of General Psychology, Vol 8, No.3, 2004.

Reiss, Stephen: Who am I? The 16 Basic Desires That Motivate our Actions and Define our Personalities, New York 2000.

Remdisch, Sabine: Forschungsprogramm „Qualität und Transparenz in der Quartären Bildung" des Instituts für Performance Management (IfP) der Leuphana Universität in Lüneburg im Auftrag des Stifterverbandes für die Deutsche Wissenschaft, Berlin, Essen 2011: Teilstudie: Quartäre Bildung als Bindungsinstrument in KMU: Mögliche Strategien für Retention Management.

Ries, Michael und Keil, Thomas: Zeitwertkonten als Instrument der Personalpolitik, Kompendium betriebliche Altersversorgung 2010, Hrsg. Markus Jähnig, FAZ-Institut für Management, Markt- und Medieninformation GmbH, S. 74 ff.

Rogers, Carl R.: Lernen in Freiheit. Zur Bildungsreform in Schule und Universität, Kösel-Verlag, München 1984.

Rotary-Magazin, Nr. 3/2010, S. 44.

Rump, Jutta: Institut für Beschäftigung und Employability, www.ibe-ludwigshafen.de

Rump, Jutta: Institut für Beschäftigung und Employability. Kooperationsprojekt des Landes Rheinland-Pfalz, der Universität Ludwigshafen und der EU, www.lebensphasenorientierte-personalpolitik.de

Rump, Jutta und Biegel, Isabell: Arbeit und Freizeit: Wie wir in Zukunft leben und arbeiten werden, Talheimer Verlag, Mössingen-Talheim 2009.

Rump, Jutta und Eilers, Silke: Betriebliche Projektwirtschaft. Eine Vermessung, Eine Studie des Institutes für Beschäftigung und Employability (IBE) im Auftrag von Hays International, 2010.

Rump, Jutta und Sattelberger, Thomas (Hrsg.): Employability Management 2.0, Verlag Wissenschaft und Praxis, Sternenfeld 2011.

Ryan, Liz: Your Brilliant Second Career, Blomberg Businessweek, 23. June 2007.

Ryan, R. M., und Deci, E. L.: Self-determination theory and the facilitation of intrinsic motivation, social development, and well-being. American Psychologist, 55, 2000, 68 – 78.

Sattelberger, Thomas: Systembalance. Mens sana in corpore sane. Vortrag Netzwerktreffen Selbst-GmbH, Köln v. 26.05.2011.

Schiessl, Michaela: Ich und die Anderen – Heule nicht, handle!, Spiegel Online Wissenschaft, 21.04.2009.

Schirrmacher, F: Payback: Warum wir im Informationszeitalter gezwungen sind zu tun, was wir nicht tun wollen, und wie wir die Kontrolle über unser Denken zurückgewinnen. Karl Blessing Verlag, 2009.

Schlüter, Arnd: Vorwort zu „Innovationsfaktor Kooperation", Bericht des Stifterverbandes zur Zusammenarbeit zwischen Unternehmen und Hochschulen, (Hrsg.) Stifterverband für die Deutsche Wirtschaft, Essen 2009.

Schneider, H. und Stein, D.: Personalpolitische Strategien deutscher Unternehmen zur Bewältigung demografisch bedingter Rekrutierungsengpässe bei Führungskräften, Bonn, IZA Research Report, No. 6, 2006.

Schumacher, Florian und Geschwill, Roland: Employer Branding, Human Resources Management für die Unternehmensführung, Gabler, Wiesbaden 2007.

Schumacher, Ulrich: Wirtschaft in Echtzeit, Ein Essay über die Macht der Innovationszyklen, in: ChangeX Partnerforum v. 10.01.2003.

Schuster, Claus: Begrüßungsrede des Selbst-GmbH Netzwerktreffens, Erlangen, Mai 2010.

Schwalbach, J.; Schwerk, A.; Fischer, S. und Taubken, N. (Hrsg.): Studie „Corporate Volunteering als Recruiting-Maßnahme für Spitzenkräfte in Deutschland" – Eine Studie aus Sicht deutscher Großunternehmen. Gemeinschaftsprojekt des Instituts für Management der Humboldt-Universität zu Berlin und Scholz & Friends Reputation in Zusammenarbeit mit der Financial Times Deutschland, Berlin 2008.

Schwarz, T.: Am Abschiedsabend hatte ich Tränen in den Augen, in: Stuttgarter Zeitung, v. 15.03.2011.

Seligman, Martin E.: Der Glücksfaktor: warum Optimisten länger leben, Ehrenwirth, Bergisch Gladbach 2003.

Seligman, Martin E.: Learned Optimism, Knopf, New York 1990 und 1998.

Simon, Hermann: Hidden Champions des 21. Jahrhunderts, Campus, Frankfurt 2007.

Spreitzer, Gretchen: Psychological Empowerment in the Workplace: Dimensions, Measurement And Validaton, University of Southern California, Academy of Management Journal, Vol. 38, No. 5., 1995.

Spiegel online v. 23.10.2010: Fachkräftemangel – Ökonomen rechnen mit 45-Stunden-Woche.

Spitzer, Manfred: Kritik der Disziplin aus (neuro-)biologischer Sicht, in: Brumlik, M. (Hrsg.): Vom Missbrauch der Disziplin. Beltz, Weinheim/Basel 2007, S. 169 – 203.

Statistisches Bundesamt, 12. koordinierte Bevölkerungsvorausberechnung 2009.

Stöcker-Gietl, I.: Kommentar „Kühne Träume" in: Mittelbayerische Zeitung v. 24.03.2011, Seite 13.

Stolzenberg, Kerstin und Heberle, Krischan: Change Management, Veränderungsprozesse erfolgreich gestalten – Mitarbeiter mobilisieren, 2. Auflage, Springer, Heidelberg 2009.

Strack, R.; Baier, J. und Fahlander, A.: Managing the Demographic Risk, in: Harvard Business Review (Sonderdruck), Februar 2008.

Strenger, C. und Ruttenberg, A.: The Existential Necessity of Midlife Change, in: Harvard Business Review, Februar 2008.

Studie „Generation 05": Was Studenten über ihre Zukunft denken. Eine Kooperation von Manager Magazin und Mc Kinsey 2005, www.manager-magazin.de/unternehmen/karriere/0,2828,345522,00.html

Taylor, Charles: Quellen des Selbst – Die Entstehung der neuzeitlichen Identität, Suhrkamp, Frankfurt 1994.

Towers Watson in Kooperation mit Fiebes in Company, Studie: Benefits Survey, Germany 2008.

Trauner, S. und dpa: „Generation sowohl-als-auch" will alles auf einmal, in: Mittelbayerische Zeitung v. 24.03.2011, S. 13.

Trost, Armin (Hrsg.): Employer Branding, Arbeitgeber positionieren und präsentieren, Luchterhand, Köln 2009.

UN Population Division, World Population Prospects, The 2008 Revision.

Vogt, D.: Mit Frauenförderung gegen den Fachkräftemangel, in: Handelsblatt, Nr. 39, v. 24.02.2011, S. 69.

Wagner, Dieter und Voigt, Bernd-Friedrich (Hrsg.): Diversity-Management als Leitbild von Personalpolitik, Gabler, Wiesbaden 2007.

Watzlawick, Paul: Wie wirklich ist die Wirklichkeit – Wahn, Täuschung, Verstehen, Piper, München 1996.

Watzlawick, Paul: Vom Unsinn des Sinns oder vom Sinn des Unsinns. Piper, Wien 1992.

Watzlawick, Paul: Die erfundene Wirklichkeit – Wie wissen wir, was wir zu wissen glauben, Piper, München 1981.

Weber, Winfried W.: Peter Drucker – der Mann, der das Management geprägt hat, Göttingen 2009.

Welt online v. 04.12.2010, Umfrage: Familie ist den Arbeitnehmern wichtiger als Geld.

Welt online v. 24.01.2011: „Fachkräftemangel kostet Mittelstand 30 Milliarden"

Weinberg, Tamar: Social Media Marketing, Strategien für Twitter, Facebook & Co., O'Reilly, Köln 2010.

Wenderoth, A.: Manager üben sich im Meditieren, in: Zeit online, 26. Januar 2011.

Wessels, Mirjam und Oellerich, Heike: Kundalini-Yoga, Graefe und Unzer, München 2010.

Wichelhaus, Pia: Corporate Volunteering, Untersuchung der unternehmensexternen und -internen Faktoren für die unterschiedliche Verbreitung in den USA und Deutschland, VDM, Saarbrücken 2007.

Wirtschaftswoche: Ich bin viele – aber wer eigentlich zurzeit? Brüche im Lebenslauf kommen immer häufiger vor, Nr. 21, v. 23. Mai 2011.

Wissenschaftliches Institut der AOK: Fehlzeitenreport 2010. www.wido.de/fzr_2010.html

Woeckel, D. und P.: Jobreport Engineering, München 2001.

Wucknitz, Uwe D. und Heyse, Volker: Retention Management, Schlüsselkräfte entwickeln und binden, Arbeitsblätter, Checklisten, Softwarelösung, Waxmann, Münster 2008.

Yunus, Muhammad: Creating a World without Poverty: Social Business and the Future of Capitalism, Perseus Books, New York 2009.

Yunus, Muhammad: Social Business – von der Vision zur Tat, Hanser Verlag, München 2010.

Zeckra, C.: Gesundes Unternehmen (Vortrag), anlässlich des Selbst-GmbH-Netzwerktreffens in Köln am 27.05.2011.

Websites:

www.aascb.com

www.absolventa.de

www.amba.com

www.authentichappiness.sas.upenn.edu.

www.charakterstaerken.org

www.desertec.org

www.destatis.de

www.druckerinstitute.com

www.druckersociety.at

www.efmd.org/index.php/accreditation-/clip--corporate/accredited-members

www.fibaa.de

www.greatplacetowork.de

www.horx.de

www.lebensphasenorientierte-personalpolitik.de

www.manager-magazin.de/unternehmen/it/0,2828,625126,00.html

www.manager-ohne-grenzen.de

http//mediathek.daserste/daserste/servlet/content/487872

www.nobelprize.org

www.nokia.de

www.ped-world.org

www.peterdrucker.at

www.rolandberger.com/company/press/releases/corporate_volunteering_is_often_standard_business_de.htm

www.seitenwechsel.com

www.toparbeiter.com

www.unglobalcompact.org

www.welt.de/wirtschaft/article11690307/Manager-bezahlen-fuer-die-eigene-Sozialarbeit.html

Danke ...

... wollen wir all denjenigen sagen, die uns in anregenden Gesprächen, durch viele Fragen, Diskussionen und kritische Anmerkungen Impulse für die inhaltliche Gestaltung dieses Buchs gegeben haben. Das gilt insbesondere für viele schlaue Köpfe, mit denen wir im Rahmen von Veranstaltungen des Personaler-Netzwerks der Selbst-GmbH, der Ashridge Business School und der European Foundation for Management Development (EFMD) oder auch im Forschungsprojekt zur quartären Bildung des Stifterverbandes für die Deutsche Wissenschaft diskutieren konnten.

Außerdem haben zahllose Gespräche mit Kunden und mit Geschäftspartnern unsere Theorien und Konzepte immer wieder herausgefordert und weiterentwickelt. Nicht zu vergessen sind die vielen Kollegen im beruflichen Umfeld, insbesondere die Kollegen von Ashridge Consulting, und die Teilnehmer an unseren Führungsprogrammen und Seminaren, die für unsere Konzepte ein besonders hilfreicher Resonanzboden waren.

Namentlich wollen wir uns bedanken bei Carola Kupfer, die uns konzeptionell beraten hat. Sehr angenehm und professionell war die Zusammenarbeit mit dem Team von Haufe-Lexware. Programmleiter Heiner Huss und Produktmanagerin Elvira Plitt waren geduldige Kooperationspartner und haben uns exzellent bei der Entstehung des Buchs beraten. Helmut Haunreiter war weit mehr als nur ein kritischer Lektor. Er hat immer wieder zur Verbesserung der Qualität unserer Gedanken beigetragen. Für die kreative Unterstützung durch unseren Grafiker Wolfgang Glomb bei diesem Projekt (und bei vielen anderen Projekten) bedanken wir uns herzlich. Die Kooperation war, wie immer, nicht nur hilfreich, sondern eine Freude. Vielen Dank auch an Philipp Bösenberg für die gute Beratung zu den verschiedenen Aspekten des Buch-Handelns.

Und von Herzen danken wir Hannah und Henrik – einfach so.

Christina Bösenberg und Bernhard Küppers

Stichwortverzeichnis